JN028826

SPSSによる
分散分析・混合モデル・多重比較の手順

石村光資郎著・石村貞夫監修

東京図書

まえがき

SPSSの威力はすばらしい‼

その分析能力，分析結果の信頼性のみならず，操作性にもすぐれている．

「SPSSは非常に使いやすい！」

という一言につきます！

実際にSPSSを使ってみると，マウスの操作一つで，どのような統計処理も簡単に行うことができます．

「まさに，信じられない!!」

右手に持ったマウスでカチッ，カチッとクリックしていく感覚は，言ってみればコンピュータゲームで敵の陣地を一つ一つ攻略している，といった感覚にも似ているのではないでしょうか？

ところで，データ解析における問題点は……

その1. 最適な統計処理は？

その2. データ入力とその手順は？

その3. 統計処理の手順は？

その4. 出力結果の読み取り方は？

この4点．

そこで……

その 1.　データ解析で最初に頭を悩ませるものは統計処理の選び方．

「このデータにはどの統計処理を選べばよいのか？」

しかし，この悩みはデータの型をパターン化することによって，

簡単に解決することができます．

詳しくは『すぐわかる統計処理の選び方』（東京図書）を *!!*

その 2 と **その 3.**　次に頭を悩ませるものは

「このデータ入力の手順は？」

「この統計処理のための手順は？」

しかし，SPSS の画面 1 枚，1 枚によるこの本の図解で，

どんな人にでも，すぐデータ入力や統計処理の手順を

ふむことができるようになりました．

その 4.　出力結果の読み取り方……最後に頭を悩ませるものがここ．しかし

「まあ，いっか *!*」

といった気楽な気持ちで，この本の【出力結果の読み取り方】をご覧ください．

案外，やさしいものです．

まずは，この本を左手に，マウスを右手に

「SPSS の世界に，飛び込んでみよう *!!*」

ところで，…

研究者にとって，大切なことの１つは

「研究成果を学会や論文で発表する」

ことではないでしょうか？　そして，…

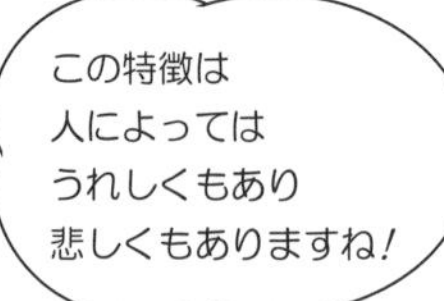

その研究成果を客観的に記述する方法，それが

「統計解析」

なのです．

統計解析には，多くの手法がありますが，その中でも

「混合モデル」

は，最も注目されている手法のひとつです．

混合モデルの特徴のひとつは

「ユーザー指定によるモデル」

つまり，自分でモデルを自由に構築できるという点です．

混合モデルのもう１つの特徴，これは誰にとっても，ウレシイはず?!

それは，研究者の悩みの種，つまり

「欠損値の処理」

です．

とくに，経時測定データの場合，欠損値のない状況は考えられません．

今までの分析では，欠損値があると，そのケースは分析から取り除かれたり，
欠損値の代わりに，テキトーに平均値を代入したりしていました.

ところが，

混合モデルを使うと，欠損値があっても，そのケースは分析から
取り除かれません．つまり，

「混合モデルは**欠損値の悩みを一気に解決!!**」

というわけです.

いろいろな統計解析のテクニックを使って，あなたも

「研究者の主張」

をしてみませんか!

最後に，お世話になった日本IBMの牧野泰江さん，磯崎幸子さん，西澤英子さん，
猪狩沙織さん，元東京図書の宇佐美敦子さん，東京図書編集部の河原典子さんに
深く感謝の意を表します.

2021年5月15日

お願い１　データ入力の手順については
「SPSSによる統計処理の手順」
を参照してください

お願い２　「実験計画」については
参考文献［3］をおすすめします

◆本書で使われているデータは，
東京図書のホームページ http://www.tokyo-tosho.co.jp
よりダウンロードすることができます．
また，使用しているオプションモジュールは以下のとおりです．

第 4 章　IBM SPSS Advanced Statistics
第 7 章　IBM SPSS Advanced Statistics
第 11 章　IBM SPSS Advanced Statistics

正確確率検定をする場合には，
オプションモジュール IBM SPSS Exact Tests が必要です．

◆本書では IBM SPSS Statistics 27 を使用しています．
SPSS 製品に関する問い合わせ先：
〒 103-8510 東京都中央区日本橋箱崎町 19-21
日本アイ・ビー・エム株式会社 クラウド事業本部 SPSS 営業部
Tel. 03-5643-5500　Fax. 03-3662-7461
URL https://www.ibm.com/jp-ja/analytics/spss-statistics-software

もくじ

第1章　線型モデルと混合モデルのはなし

第2章　1元配置（対応のない因子）の分散分析と多重比較

第3章 クラスカル・ウォリスの検定と多重比較

第4章 反復測定（対応のある因子）による1元配置の分散分析と多重比較

第5章 フリードマンの検定と多重比較

第6章 ２元配置（対応のない因子と対応のない因子）の分散分析と多重比較

第7章 ２元配置（対応のない因子と対応のある因子）の分散分析と多重比較

第8章 くり返しのない２元配置の分散分析

第9章 3元配置の分散分析

第10章 共分散分析と多重比較

第11章 多変量分散分析と多重比較

第15章 混合モデルによる2元配置の分散分析——経時測定データ

第16章 欠損値のある経時測定データを混合モデルで分析すると…

装幀 今垣知沙子（戸田事務所）

イラスト 石村多賀子

SPSSによる

分散分析・混合モデル・多重比較の手順

第1章 線型モデルと混合モデルのはなし

1.1 線型モデルのはなし

次の表 1.1.1 は，回帰分析用のデータです．

表 1.1.1　回帰分析のデータの型

No.	従属変数 y	独立変数 x_1	独立変数 x_2
1	y_1	x_{11}	x_{21}
2	y_2	x_{12}	x_{22}
⋮	⋮	⋮	⋮
N	y_N	x_{1N}	x_{2N}

急いで分析を始めたい人は
１章をとばして
２章，３章へどうぞ！

このとき，回帰分析のモデルは，次のようになります．

回帰分析のモデル

$$y_i = \beta_0 + \beta_1 x_{1i} + \beta_2 x_{2i} + \varepsilon_i \quad (i = 1,\ 2,\ \cdots,\ \mathrm{N})$$

β_0：定数項　β_1, β_2：偏回帰係数　ε_i：誤差

ただし

誤差 ε_i は，互いに独立に正規分布 $\mathrm{N}(0,\ \sigma^2)$ に従う

【回帰分析のモデルの行列表現】

表 1.1.1 を式で表すと……

$$
\begin{aligned}
y_1 &= \beta_0 + \beta_1 x_{11} + \beta_2 x_{21} + \varepsilon_1 \\
y_2 &= \beta_0 + \beta_1 x_{12} + \beta_2 x_{22} + \varepsilon_2 \\
&\vdots \\
y_N &= \beta_0 + \beta_1 x_{1N} + \beta_2 x_{2N} + \varepsilon_N
\end{aligned}
$$

計画行列のことを
“デザイン行列”
ともいうよ！

[ ]・[ ] は
行列の掛け算です
参考文献[4]

この式を行列で表現すると……

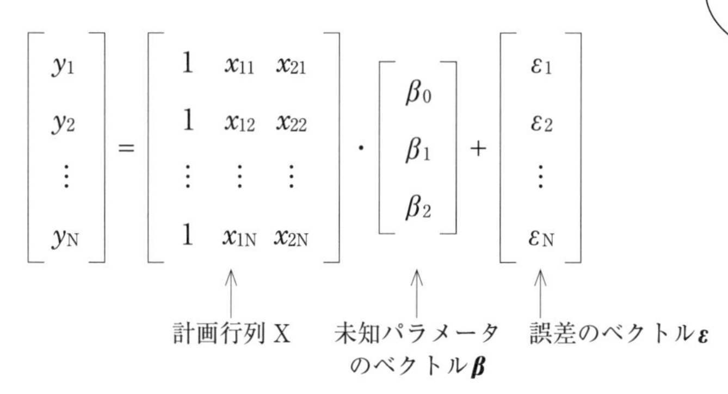

$$
\mathrm{Y} = \mathrm{X} \cdot \boldsymbol{\beta} + \varepsilon
$$

このとき，Y の期待値 E(Y) と分散 Var(Y) は

$$
\mathrm{E}(\mathrm{Y}) = \mathrm{X} \cdot \boldsymbol{\beta}
$$

$$
\mathrm{Var}(\mathrm{Y}) = \mathrm{Var}(\boldsymbol{\varepsilon}) = \begin{bmatrix} \sigma^2 & 0 & \cdots & 0 \\ 0 & \sigma^2 & \cdots & 0 \\ \vdots & \vdots & \ddots & \vdots \\ 0 & 0 & \cdots & \sigma^2 \end{bmatrix}
$$

となります．

次の表 1.1.2 は，分散分析用のデータです．

表 1.1.2　分散分析のデータの型

因子 A	測　定　値			
水準 A_1	y_{11}	y_{12}	$\cdots$	y_{1N_1}
水準 A_2	y_{21}	y_{22}	$\cdots$	y_{2N_2}
水準 A_3	y_{31}	y_{32}	$\cdots$	y_{3N_3}

このとき，分散分析のモデルは，次のようになります．

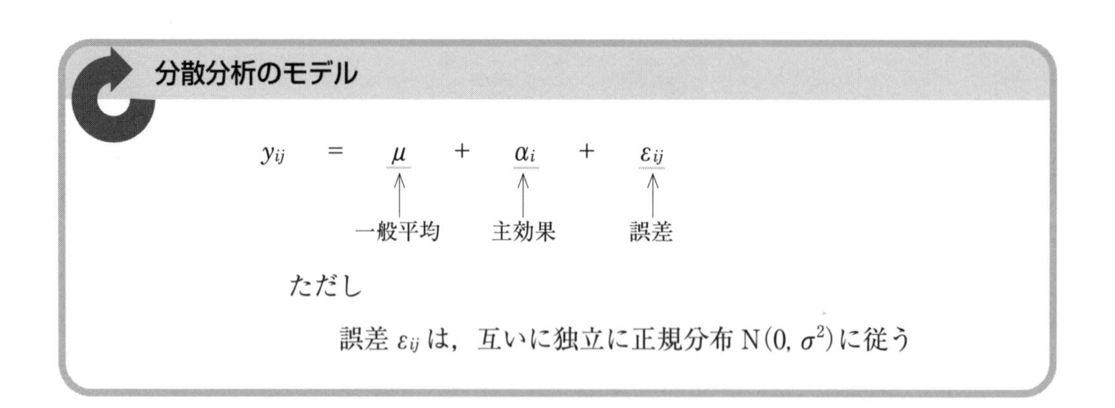

分散分析のモデル

$$y_{ij} = \mu + \alpha_i + \varepsilon_{ij}$$

μ：一般平均　α_i：主効果　ε_{ij}：誤差

ただし

誤差 ε_{ij} は，互いに独立に正規分布 $N(0, \sigma^2)$ に従う

【分散分析モデルの行列表現】

表 1.1.2 を式で表すと……

$$
\left.\begin{array}{lcl}
y_{11} & = & \mu + \alpha_1 + \varepsilon_{11} \\
\vdots & & \vdots \\
y_{1N_1} & = & \mu + \alpha_1 + \varepsilon_{1N_1}
\end{array}\right\} \text{水準 } A_1
$$

$$
\left.\begin{array}{lcl}
y_{21} & = & \mu + \alpha_2 + \varepsilon_{21} \\
\vdots & & \vdots \\
y_{2N_2} & = & \mu + \alpha_2 + \varepsilon_{2N_2}
\end{array}\right\} \text{水準 } A_2
$$

$$
\left.\begin{array}{lcl}
y_{31} & = & \mu + \alpha_3 + \varepsilon_{31} \\
\vdots & & \vdots \\
y_{3N_3} & = & \mu + \alpha_3 + \varepsilon_{3N_3}
\end{array}\right\} \text{水準 } A_3
$$

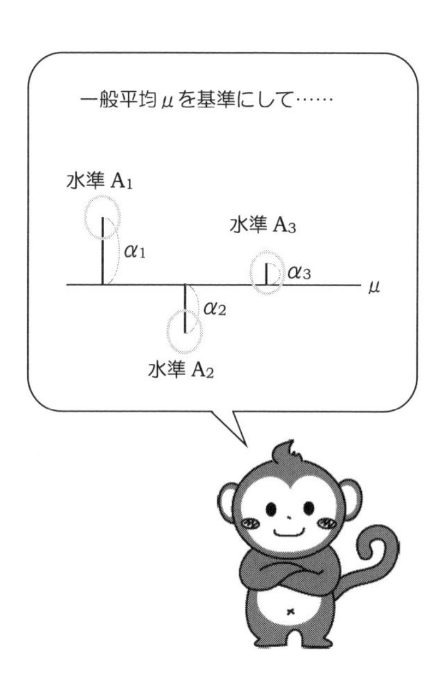

すこし変形して……

$$
\left.\begin{array}{lcl}
y_{11} & = & 1\cdot\mu + 1\cdot\alpha_1 + 0\cdot\alpha_2 + 0\cdot\alpha_3 + \varepsilon_{11} \\
\vdots & & \vdots \\
y_{1N_1} & = & 1\cdot\mu + 1\cdot\alpha_1 + 0\cdot\alpha_2 + 0\cdot\alpha_3 + \varepsilon_{1N_1}
\end{array}\right\} \text{水準 } A_1
$$

$$
\left.\begin{array}{lcl}
y_{21} & = & 1\cdot\mu + 0\cdot\alpha_1 + 1\cdot\alpha_2 + 0\cdot\alpha_3 + \varepsilon_{21} \\
\vdots & & \vdots \\
y_{2N_2} & = & 1\cdot\mu + 0\cdot\alpha_1 + 1\cdot\alpha_2 + 0\cdot\alpha_3 + \varepsilon_{2N_2}
\end{array}\right\} \text{水準 } A_2
$$

$$
\left.\begin{array}{lcl}
y_{31} & = & 1\cdot\mu + 0\cdot\alpha_1 + 0\cdot\alpha_2 + 1\cdot\alpha_3 + \varepsilon_{31} \\
\vdots & & \vdots \\
y_{3N_3} & = & 1\cdot\mu + 0\cdot\alpha_1 + 0\cdot\alpha_2 + 1\cdot\alpha_3 + \varepsilon_{3N_3}
\end{array}\right\} \text{水準 } A_3
$$

そこで，行列で表現すると……

$$
\begin{bmatrix} y_{11} \\ \vdots \\ y_{1N_1} \\ y_{21} \\ \vdots \\ y_{2N_2} \\ y_{31} \\ \vdots \\ y_{3N_3} \end{bmatrix}
=
\begin{bmatrix} 1 & 1 & 0 & 0 \\ \vdots & \vdots & \vdots & \vdots \\ 1 & 1 & 0 & 0 \\ 1 & 0 & 1 & 0 \\ \vdots & \vdots & \vdots & \vdots \\ 1 & 0 & 1 & 0 \\ 1 & 0 & 0 & 1 \\ \vdots & \vdots & \vdots & \vdots \\ 1 & 0 & 0 & 1 \end{bmatrix}
\cdot
\begin{bmatrix} \mu \\ \alpha_1 \\ \alpha_2 \\ \alpha_3 \end{bmatrix}
+
\begin{bmatrix} \varepsilon_{11} \\ \vdots \\ \varepsilon_{1N_1} \\ \varepsilon_{21} \\ \vdots \\ \varepsilon_{2N_2} \\ \varepsilon_{31} \\ \vdots \\ \varepsilon_{3N_3} \end{bmatrix}
$$

↑計画行列 X　↑未知パラメータのベクトル$\boldsymbol{\beta}$　↑誤差のベクトル$\boldsymbol{\varepsilon}$

$$
\mathrm{Y} = \mathrm{X} \cdot \boldsymbol{\beta} + \boldsymbol{\varepsilon}
$$

このとき，

Y の期待値 E(Y) と分散 Var(Y) は

$$
\mathrm{E(Y)} = \mathrm{X} \cdot \boldsymbol{\beta}
$$

$$
\mathrm{Var(Y)} = \mathrm{Var}(\boldsymbol{\varepsilon}) = \begin{bmatrix} \sigma^2 & 0 & \cdots & 0 \\ 0 & \sigma^2 & \cdots & 0 \\ \vdots & \vdots & \ddots & \vdots \\ 0 & 0 & \cdots & \sigma^2 \end{bmatrix}
$$

となります．

回帰分析のモデルや分散分析のモデルのように

> Y の期待値 E(Y) が未知パラメータ $\boldsymbol{\beta}$ の 1 次式
>
> $$E(Y) = X \cdot \boldsymbol{\beta}$$
>
> で表される

とき，そのモデルを

"線型モデル"

といいます．

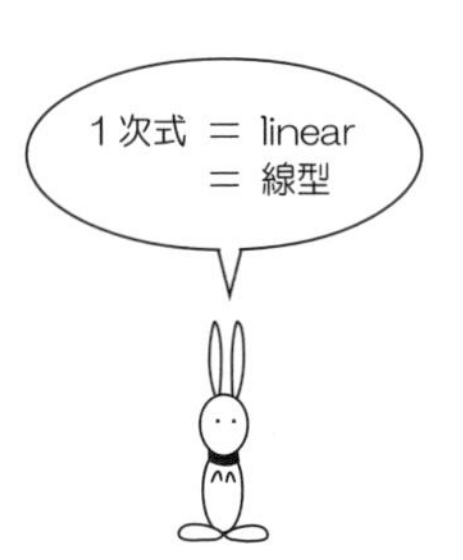

理論に入らずんばモデルを得ず…

次の式も，線型モデルです．

$$
\begin{aligned}
y_1 &= \beta_0 + \beta_1 x_1 + \beta_2 x_1^2 + \varepsilon_1 \\
y_2 &= \beta_0 + \beta_1 x_2 + \beta_2 x_2^2 + \varepsilon_2 \\
&\vdots \\
y_N &= \beta_0 + \beta_1 x_N + \beta_2 x_N^2 + \varepsilon_N
\end{aligned}
$$

$$
\begin{bmatrix} y_1 \\ y_2 \\ \vdots \\ y_N \end{bmatrix} = \begin{bmatrix} 1 & x_1 & x_1^2 \\ 1 & x_2 & x_2^2 \\ \vdots & \vdots & \vdots \\ 1 & x_N & x_N^2 \end{bmatrix} \cdot \begin{bmatrix} \beta_0 \\ \beta_1 \\ \beta_2 \end{bmatrix} + \begin{bmatrix} \varepsilon_1 \\ \varepsilon_2 \\ \vdots \\ \varepsilon_N \end{bmatrix}
$$

$$Y = X \cdot \boldsymbol{\beta} + \varepsilon$$

1.2 固定モデルのはなし

分散分析の因子が“すべて固定因子”のとき，分散分析のモデルを

“固定モデル”

といいます．

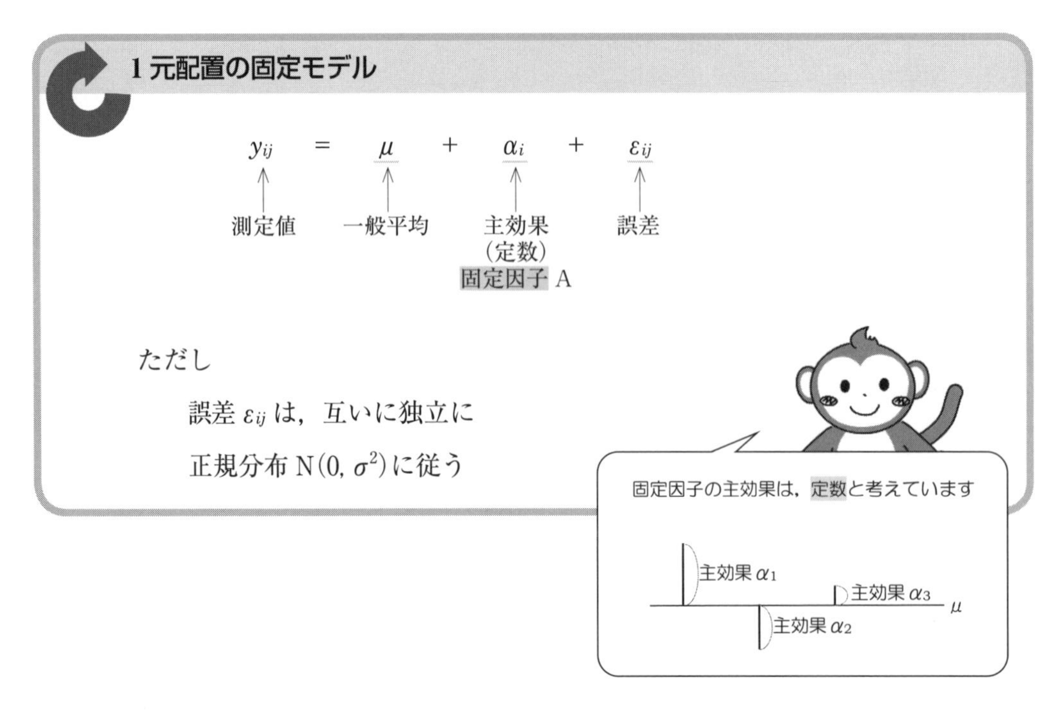

【固定因子の例】

- 研究対象として固定した 3 種類のドッグフード
- 研究対象として固定した 4 種類の犬

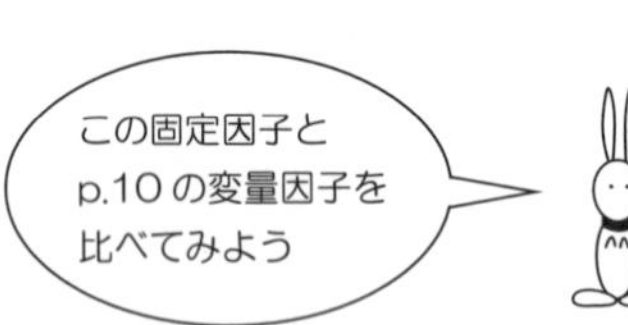

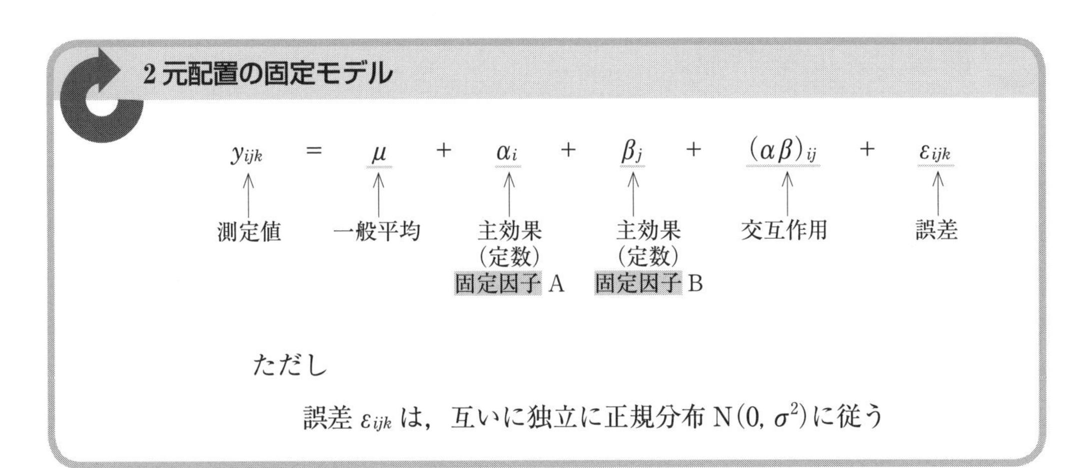

表 1.2.1　主効果 α_i, β_j と交互作用 $(\alpha\beta)_{ij}$

因子 A ＼ 因子 B	水準 B_1	水準 B_2	水準 B_3	←固定因子 B
水準 A_1	交互作用 $(\alpha\beta)_{11}$	交互作用 $(\alpha\beta)_{12}$	交互作用 $(\alpha\beta)_{13}$	主効果 α_1
水準 A_2	交互作用 $(\alpha\beta)_{21}$	交互作用 $(\alpha\beta)_{22}$	交互作用 $(\alpha\beta)_{23}$	主効果 α_2
水準 A_3	交互作用 $(\alpha\beta)_{31}$	交互作用 $(\alpha\beta)_{32}$	交互作用 $(\alpha\beta)_{33}$	主効果 α_3
↑固定因子 A	主効果 β_1	主効果 β_2	主効果 β_3	

横方向にながめて
“周辺” といいます

各セルに
交互作用 $(\alpha\beta)_{ij}$
があります

縦方向にながめて
“周辺” といいます

1.3 変量モデルのはなし

分散分析の因子が“すべて変量因子”のとき，分散分析のモデルを

“変量モデル”

といいます．

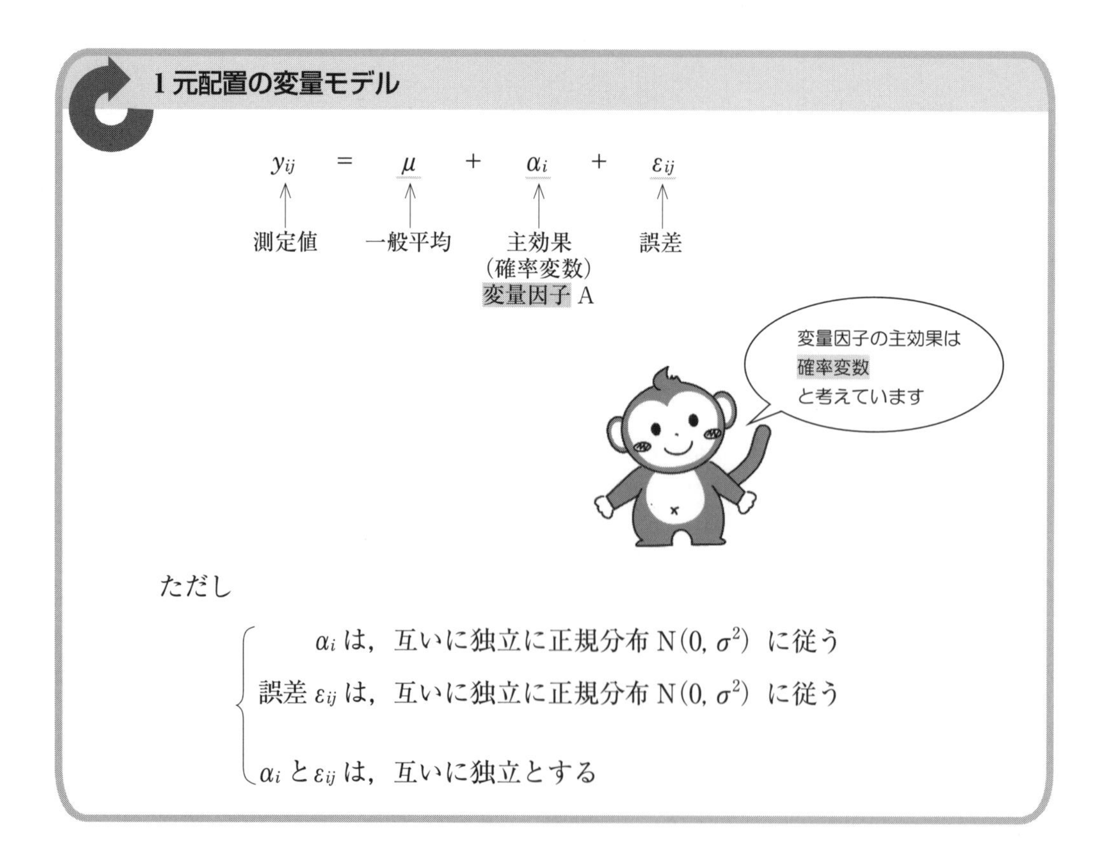

1元配置の変量モデル

$$y_{ij} = \mu + \alpha_i + \varepsilon_{ij}$$

- y_{ij}：測定値
- μ：一般平均
- α_i：主効果（確率変数）変量因子 A
- ε_{ij}：誤差

ただし

- α_i は，互いに独立に正規分布 $N(0, \sigma^2)$ に従う
- 誤差 ε_{ij} は，互いに独立に正規分布 $N(0, \sigma^2)$ に従う
- α_i と ε_{ij} は，互いに独立とする

【変量因子の例】

- たくさん種類のある中から無作為に選ばれた 3 種類のドッグフード
- たくさん種類のある中から無作為に選ばれた 4 種類の犬

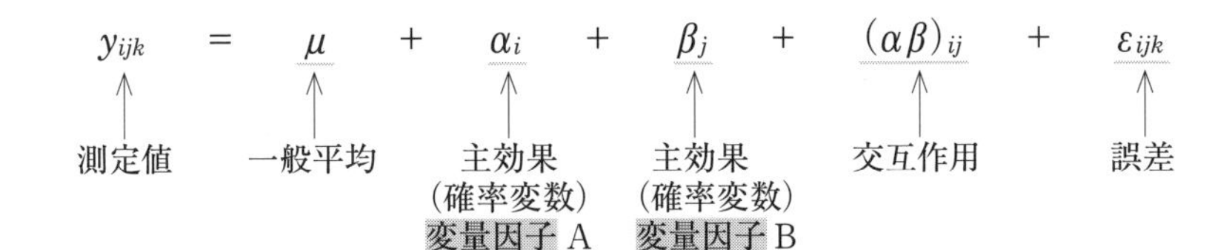

ただし

$$
\begin{cases}
\alpha_i \text{ は，互いに独立に正規分布 } N(0, \sigma_\alpha^2) \text{ に従う} \\
\beta_j \text{ は，互いに独立に正規分布 } N(0, \sigma_\beta^2) \text{ に従う} \\
(\alpha\beta)_{ij} \text{ は，互いに独立に正規分布 } N(0, \sigma_{\alpha\beta}^2) \text{ に従う} \\
\text{誤差 } \varepsilon_{ijk} \text{ は，互いに独立に正規分布 } N(0, \sigma^2) \text{ に従う} \\
\alpha_i,\ \beta_j,\ (\alpha\beta)_{ij},\ \varepsilon_{ijk} \text{ は，互いに独立とする}
\end{cases}
$$

広津千尋著
『実験データの解析』
が参考になります

1.4 混合モデルのはなし

分散分析の因子が“固定因子と変量因子”からなるとき，分散分析のモデルを

“混合モデル”

といいます.

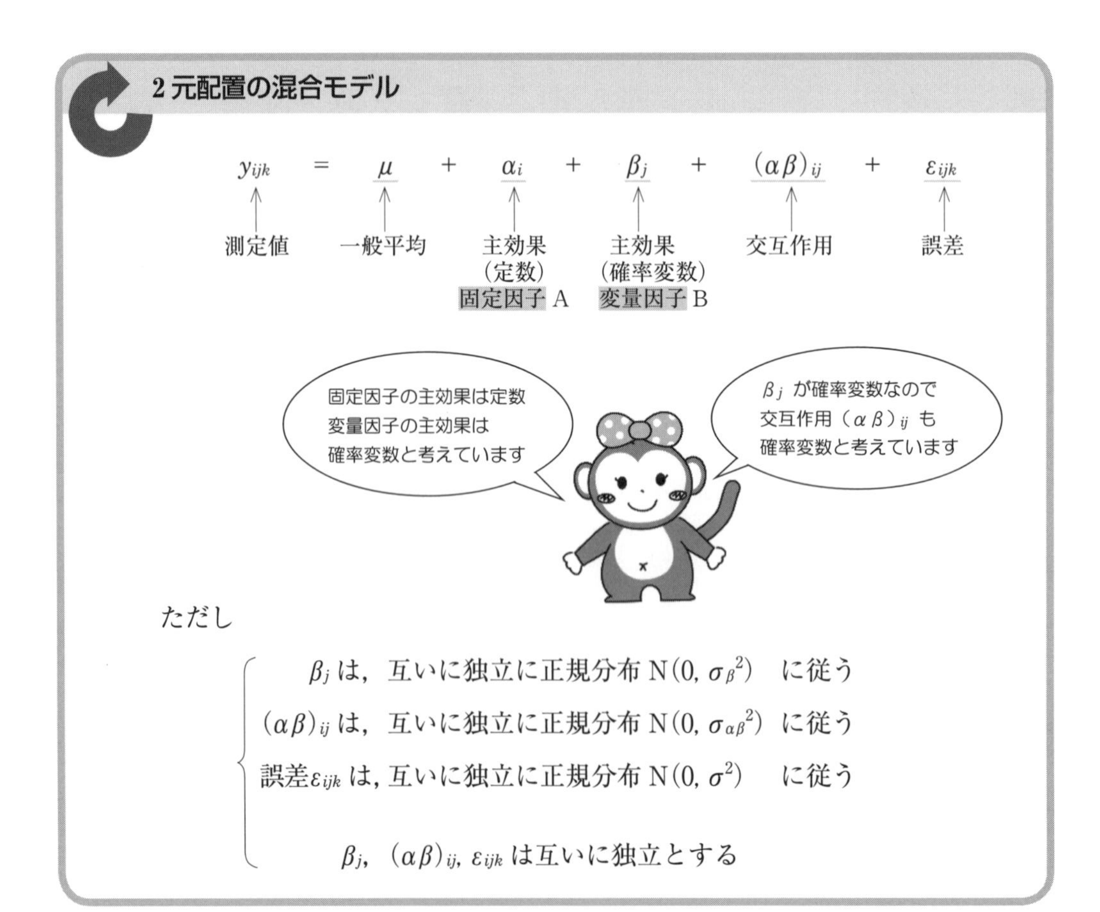

【混合モデルの例】

- たくさん種類のある中から無作為に選ばれた 4 種類の犬が研究対象として固定した 3 種類のドッグフードを 2 回食べる実験

表 1.4.1　混合モデルのデータ

因子 B ＼ 因子 A	犬 B_1	犬 B_2	犬 B_3	犬 B_3
ドッグフード A_1	測定値 y_{111} y_{112}	測定値 y_{121} y_{122}	測定値 y_{131} y_{132}	測定値 y_{141} y_{142}
ドッグフード A_2	測定値 y_{211} y_{212}	測定値 y_{221} y_{222}	測定値 y_{231} y_{232}	測定値 y_{241} y_{242}
ドッグフード A_3	測定値 y_{311} y_{312}	測定値 y_{321} y_{322}	測定値 y_{331} y_{332}	測定値 y_{341} y_{342}

←変量因子 B

2 回食べる

2 回食べる

2 回食べる

↑固定因子 A

【混合モデルの行列表現】

混合モデルの行列表現を考えましょう.

次の例を使います.

表 1.4.2　混合モデルの測定値と主効果と交互作用

因子 A ＼ 因子 B	水準 B_1		水準 B_2		←変量因子 B
	測定値	交互作用	測定値	交互作用	主効果
水準 A_1	y_{111} y_{112}	$(\alpha\beta)_{11}$	y_{121} y_{122}	$(\alpha\beta)_{12}$	α_1
	測定値	交互作用	測定値	交互作用	主効果
水準 A_2	y_{211} y_{212}	$(\alpha\beta)_{21}$	y_{221} y_{222}	$(\alpha\beta)_{22}$	α_2
↑固定因子 A	主効果		主効果		
	β_1		β_2		

marginal

周辺です

$$y_{ijk} = \mu + \alpha_i + \beta_j + (\alpha\beta)_{ij} + \varepsilon_{ijk}$$

交互作用を
モデルの中に入れるかどうかは
研究者にまかされています

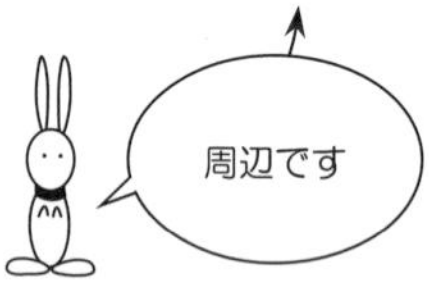

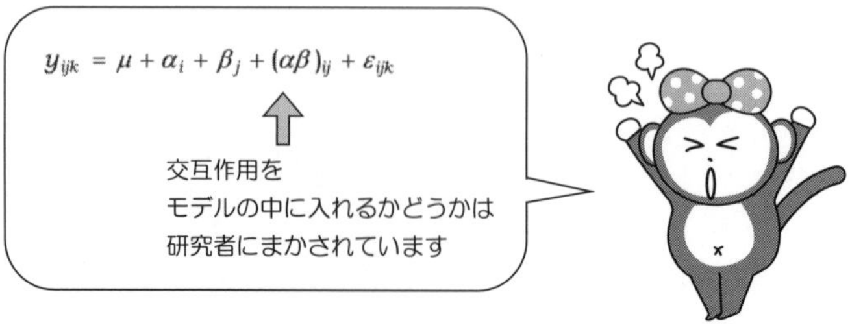

表 1.4.2 を式で表すと……

$$
\begin{aligned}
y_{111} &= \mu + \alpha_1 + \beta_1 + (\alpha\beta)_{11} + \varepsilon_{111} \\
y_{112} &= \mu + \alpha_1 + \beta_1 + (\alpha\beta)_{11} + \varepsilon_{112} \\
y_{121} &= \mu + \alpha_1 + \beta_2 + (\alpha\beta)_{12} + \varepsilon_{121} \\
y_{122} &= \mu + \alpha_1 + \beta_2 + (\alpha\beta)_{12} + \varepsilon_{122} \\
y_{211} &= \mu + \alpha_2 + \beta_1 + (\alpha\beta)_{21} + \varepsilon_{211} \\
y_{212} &= \mu + \alpha_2 + \beta_1 + (\alpha\beta)_{21} + \varepsilon_{212} \\
y_{221} &= \mu + \alpha_2 + \beta_2 + (\alpha\beta)_{22} + \varepsilon_{221} \\
y_{222} &= \mu + \alpha_2 + \beta_2 + (\alpha\beta)_{22} + \varepsilon_{222}
\end{aligned}
$$

すこし，変形して……

$$
\begin{aligned}
y_{111} &= 1\cdot\mu + 1\cdot\alpha_1 + 0\cdot\alpha_2 + 1\cdot\beta_1 + 0\cdot\beta_2 + 1\cdot(\alpha\beta)_{11} + 0\cdot(\alpha\beta)_{12} + 0\cdot(\alpha\beta)_{21} + 0\cdot(\alpha\beta)_{22} + \varepsilon_{111} \\
y_{112} &= 1\cdot\mu + 1\cdot\alpha_1 + 0\cdot\alpha_2 + 1\cdot\beta_1 + 0\cdot\beta_2 + 1\cdot(\alpha\beta)_{11} + 0\cdot(\alpha\beta)_{12} + 0\cdot(\alpha\beta)_{21} + 0\cdot(\alpha\beta)_{22} + \varepsilon_{112} \\
y_{121} &= 1\cdot\mu + 1\cdot\alpha_1 + 0\cdot\alpha_2 + 0\cdot\beta_1 + 1\cdot\beta_2 + 0\cdot(\alpha\beta)_{11} + 1\cdot(\alpha\beta)_{12} + 0\cdot(\alpha\beta)_{21} + 0\cdot(\alpha\beta)_{22} + \varepsilon_{121} \\
y_{122} &= 1\cdot\mu + 1\cdot\alpha_1 + 0\cdot\alpha_2 + 0\cdot\beta_1 + 1\cdot\beta_2 + 0\cdot(\alpha\beta)_{11} + 1\cdot(\alpha\beta)_{12} + 0\cdot(\alpha\beta)_{21} + 0\cdot(\alpha\beta)_{22} + \varepsilon_{122} \\
y_{211} &= 1\cdot\mu + 0\cdot\alpha_1 + 1\cdot\alpha_2 + 1\cdot\beta_1 + 0\cdot\beta_2 + 0\cdot(\alpha\beta)_{11} + 0\cdot(\alpha\beta)_{12} + 1\cdot(\alpha\beta)_{21} + 0\cdot(\alpha\beta)_{22} + \varepsilon_{211} \\
y_{212} &= 1\cdot\mu + 0\cdot\alpha_1 + 1\cdot\alpha_2 + 1\cdot\beta_1 + 0\cdot\beta_2 + 0\cdot(\alpha\beta)_{11} + 0\cdot(\alpha\beta)_{12} + 1\cdot(\alpha\beta)_{21} + 0\cdot(\alpha\beta)_{22} + \varepsilon_{212} \\
y_{221} &= 1\cdot\mu + 0\cdot\alpha_1 + 1\cdot\alpha_2 + 0\cdot\beta_1 + 1\cdot\beta_2 + 0\cdot(\alpha\beta)_{11} + 0\cdot(\alpha\beta)_{12} + 0\cdot(\alpha\beta)_{21} + 1\cdot(\alpha\beta)_{22} + \varepsilon_{221} \\
y_{222} &= 1\cdot\mu + 0\cdot\alpha_1 + 1\cdot\alpha_2 + 0\cdot\beta_1 + 1\cdot\beta_2 + 0\cdot(\alpha\beta)_{11} + 0\cdot(\alpha\beta)_{12} + 0\cdot(\alpha\beta)_{21} + 1\cdot(\alpha\beta)_{22} + \varepsilon_{222}
\end{aligned}
$$

そこで，行列で表現すると……

$$
\begin{bmatrix} y_{111} \\ y_{112} \\ y_{121} \\ y_{122} \\ y_{211} \\ y_{212} \\ y_{221} \\ y_{222} \end{bmatrix}
=
\begin{bmatrix} 1 & 1 & 0 \\ 1 & 1 & 0 \\ 1 & 1 & 0 \\ 1 & 1 & 0 \\ 1 & 0 & 1 \\ 1 & 0 & 1 \\ 1 & 0 & 1 \\ 1 & 0 & 1 \end{bmatrix}
\cdot
\begin{bmatrix} \mu \\ \alpha_1 \\ \alpha_2 \end{bmatrix}
+
\begin{bmatrix} 1 & 0 & 1 & 0 & 0 & 0 \\ 1 & 0 & 1 & 0 & 0 & 0 \\ 0 & 1 & 0 & 1 & 0 & 0 \\ 0 & 1 & 0 & 1 & 0 & 0 \\ 1 & 0 & 0 & 0 & 1 & 0 \\ 1 & 0 & 0 & 0 & 1 & 0 \\ 0 & 1 & 0 & 0 & 0 & 1 \\ 0 & 1 & 0 & 0 & 0 & 1 \end{bmatrix}
\cdot
\begin{bmatrix} \beta_1 \\ \beta_2 \\ (\alpha\beta)_{11} \\ (\alpha\beta)_{12} \\ (\alpha\beta)_{21} \\ (\alpha\beta)_{22} \end{bmatrix}
+
\begin{bmatrix} \varepsilon_{111} \\ \varepsilon_{112} \\ \varepsilon_{121} \\ \varepsilon_{122} \\ \varepsilon_{211} \\ \varepsilon_{212} \\ \varepsilon_{221} \\ \varepsilon_{222} \end{bmatrix}
$$

↑計画行列　↑未知パラメータのベクトル　↑計画行列　↑未知パラメータのベクトル　↑誤差のベクトル

$$
\mathrm{Y} = \mathrm{X} \cdot \boldsymbol{\beta} + \mathrm{Z} \cdot \boldsymbol{u} + \boldsymbol{\varepsilon}
$$

このとき，Y の期待値 E(Y) と分散(Y) は

$$E(Y) = X \cdot \boldsymbol{\beta}$$

$$Var(Y) = Z \cdot Var(\boldsymbol{u}) \cdot {}^tZ + Var(\boldsymbol{\varepsilon})$$

となります.

1.5 一般線型モデル GLM のはなし

線型モデル

$$Y = X \cdot \boldsymbol{\beta} + \boldsymbol{\varepsilon}$$

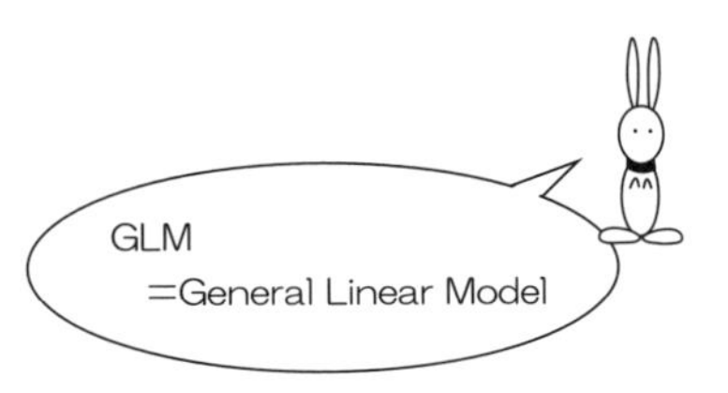

では，誤差 $\boldsymbol{\varepsilon}$ の分布に対して

“$\boldsymbol{\varepsilon}$は互いに独立に正規分布 $N(0, \sigma^2)$ に従う”

という条件が付いています．

このことは

“N 個のデータ $\{y_1 \ \ y_2 \ \cdots \ y_N\}$ は，互いに独立に１つの正規分布に従う”

といっても同じです．

そこで，この条件をさらに

“N 個のデータ $\{y_1 \ \ y_2 \ \cdots \ y_N\}$ は，互いに独立に１つの指数分布族に従う”

におきかえると，一般線型モデルの定義になります．

指数分布族とは

- 正規分布
- ガンマ分布
- ２項分布
- 多項分布
- ポアソン分布

などの確率分布を意味します．

【一般線型モデルの例】

●ガンマ分布

$$y^{-1} = \beta_0 + \beta_1 x_1 + \beta_2 x_2 + \cdots + \beta_p x_p$$

●２項分布

$$\log \frac{y}{1-y} = \beta_0 + \beta_1 x_1 + \beta_2 x_2 + \cdots + \beta_p x_p$$

●ポアソン分布

$$\log y = \beta_0 + \beta_1 x_1 + \beta_2 x_2 + \cdots + \beta_p x_p$$

●プロビット

$$\Phi^{-1}(y) = \beta_0 + \beta_1 x_1 + \beta_2 x_2 + \cdots + \beta_p x_p$$

●補ログ・マイナス・ログ

$$\log[-\log(1-y)] = \beta_0 + \beta_1 x_1 + \beta_2 x_2 + \cdots + \beta_p x_p$$

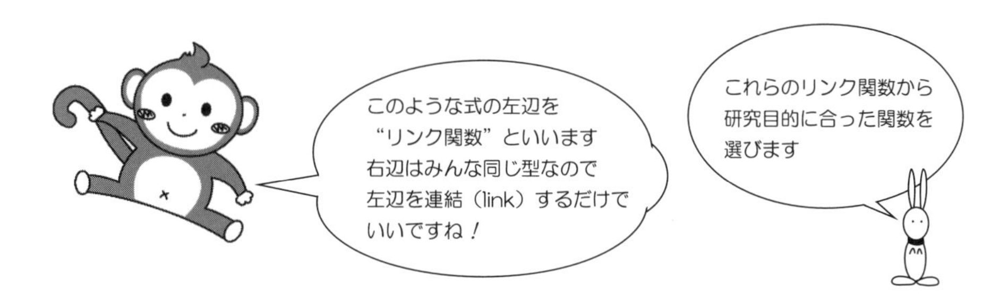

第2章 1元配置（対応のない因子）の分散分析と多重比較

2.1 はじめに

次のデータは，オタマジャクシの細胞分裂をステージ51からステージ61まで，5つのグループについて測定した結果です．

5つのステージの細胞分裂に差があるのでしょうか？

表 2.1.1　オタマジャクシの表皮細胞分裂

ステージ	細胞分裂		
ステージ 51	12.2	18.8	18.2
ステージ 55	22.2	20.5	14.6
ステージ 57	20.8	19.5	26.3
ステージ 59	26.4	32.6	31.3
ステージ 61	24.5	21.2	22.4

↑
対応のない因子と
5つの水準

ステージ51からステージ61までの
5つのグループ間に
対応はありません！

参考文献［13］第2章

【1元配置（対応のない因子）のデータ入力の型】

表 2.1.1 のデータは**「対応のない因子」**です.

対応関係がないときは，次のようにデータをタテに入力します.

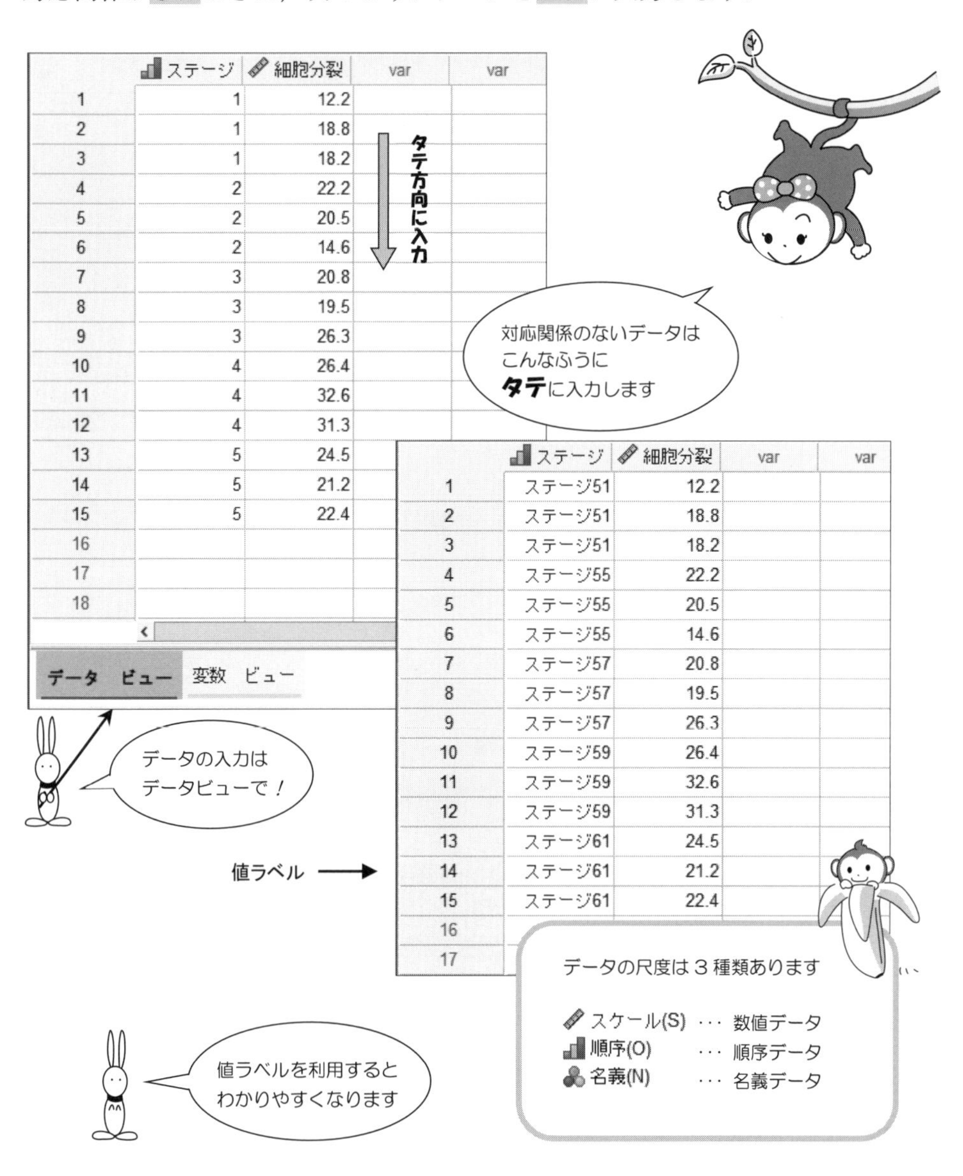

	ステージ	細胞分裂	var	var
1	1	12.2		
2	1	18.8		
3	1	18.2		
4	2	22.2		
5	2	20.5		
6	2	14.6		
7	3	20.8		
8	3	19.5		
9	3	26.3		
10	4	26.4		
11	4	32.6		
12	4	31.3		
13	5	24.5		
14	5	21.2		
15	5	22.4		
16				
17				
18				

	ステージ	細胞分裂	var	var
1	ステージ51	12.2		
2	ステージ51	18.8		
3	ステージ51	18.2		
4	ステージ55	22.2		
5	ステージ55	20.5		
6	ステージ55	14.6		
7	ステージ57	20.8		
8	ステージ57	19.5		
9	ステージ57	26.3		
10	ステージ59	26.4		
11	ステージ59	32.6		
12	ステージ59	31.3		
13	ステージ61	24.5		
14	ステージ61	21.2		
15	ステージ61	22.4		
16				
17				

【変数名の入力方法】

表 2.1.1 のデータは，5 つのグループに分かれているので

グループ分けのための変数 をステージとします．

ステージ	因子 A
ステージ 51	水準 A_1
ステージ 55	水準 A_2
ステージ 57	水準 A_3
ステージ 59	水準 A_4
ステージ 61	水準 A_5

⇨

ステージ
1
2
3
4
5

そこで，変数名は次のように **変数ビュー** を利用して

ステージ，細胞分裂と入力します．

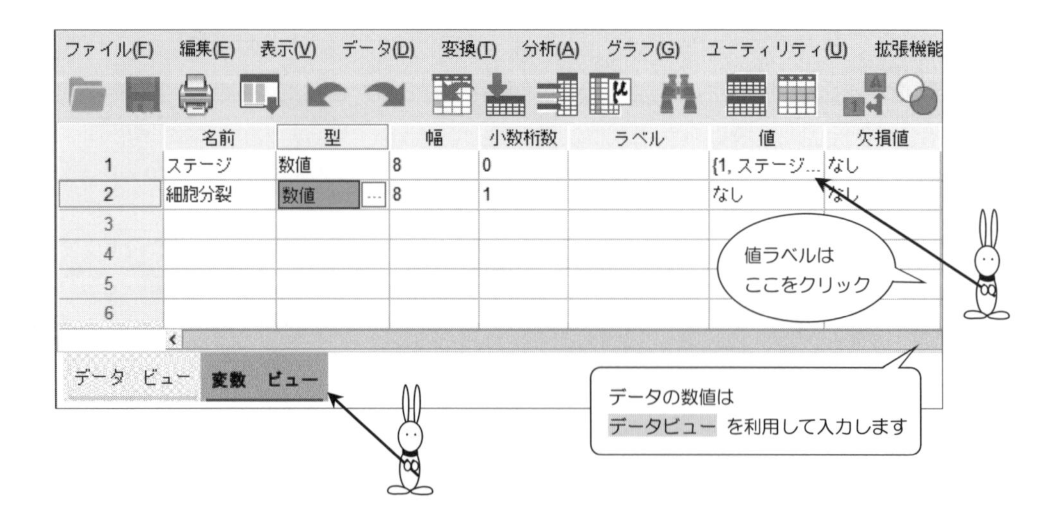

【値ラベルの利用方法】

変数ビュー の 値 のところをクリックして

次のように値とラベルを対応させます．

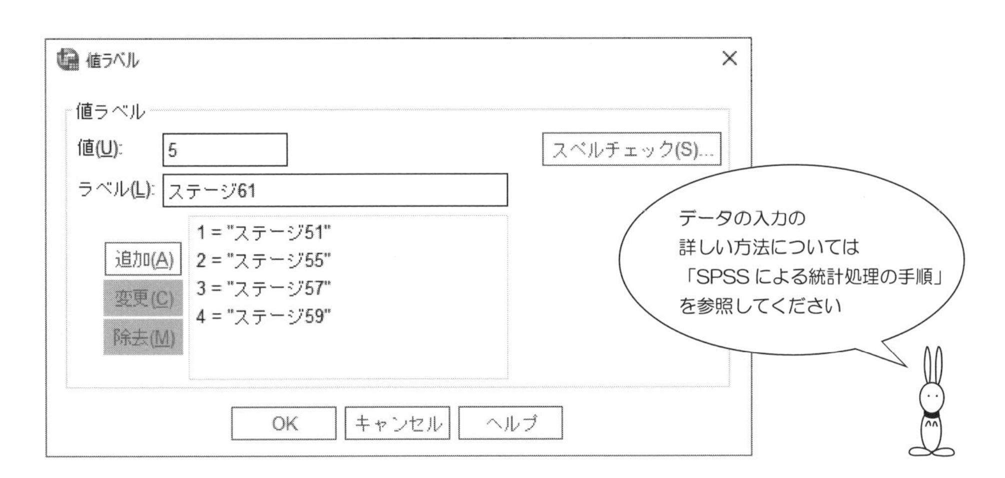

【データの尺度の選択方法】

変数ビュー の 尺度 のところをクリックして

次のようにデータの尺度を選択します．

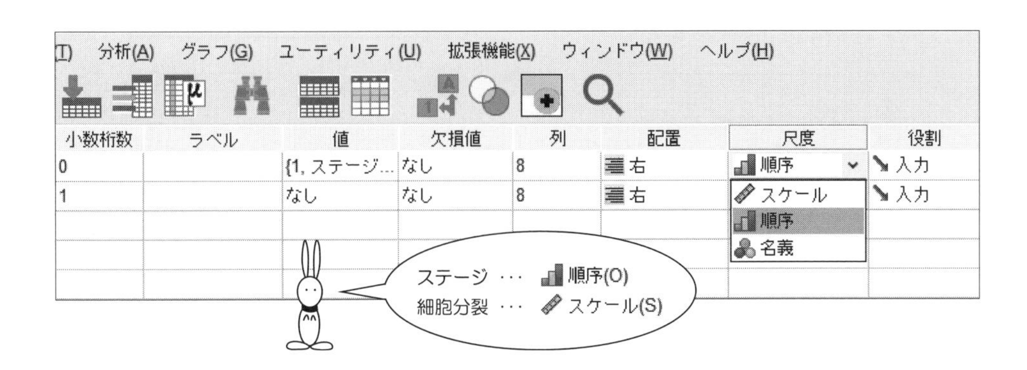

2.2 1元配置（対応のない因子）の分散分析の手順

【統計処理の手順】

手順 1 データを入力したら，次のように 分析(A) の中から

平均の比較(M) の中の 一元配置分散分析(O) を選択します.

ファイル(F)　編集(E)　表示(V)　データ(D)　変換(T)　分析(A)　グラフ(G)　ユーティリティ(U)　拡張機能(X)　ウィンドウ(W)　ヘルプ(H)

検定力分析(P) >
報告書(P) >
記述統計(E) >
ベイズ統計(B) >
テーブル(B) >
平均の比較(M) >
一般線型モデル(G) >
一般化線型モデル(Z) >
混合モデル(X) >
相関(C) >
回帰(R) >
対数線型(O) >

グループの平均(M)...
1 サンプルの t 検定(S)...
独立したサンプルの t 検定(T)...
独立したサンプルの要約の t 検定
対応のあるサンプルの t 検定(P)...
一元配置分散分析(O)...

	ステージ	細胞分裂
1	1	12.2
2	1	18.8
3	1	18.2
4	2	22.2
5	2	20.5
6	2	14.6
7	3	20.8
8	3	19.5
9	3	26.3
10	4	26.4

手順 2 次の画面が現れるので，細胞分裂をマウスでカチッとして，

従属変数リスト(E) の ➡ をクリック.

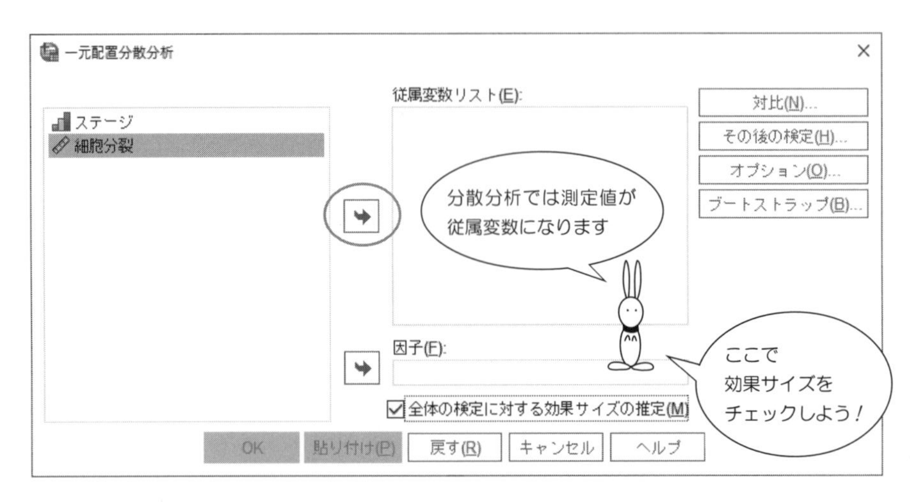

手順 3 細胞分裂が 従属変数リスト(E) の中に入るので，続いて
ステージをカチッとして，因子(F) の ➡ をクリック．

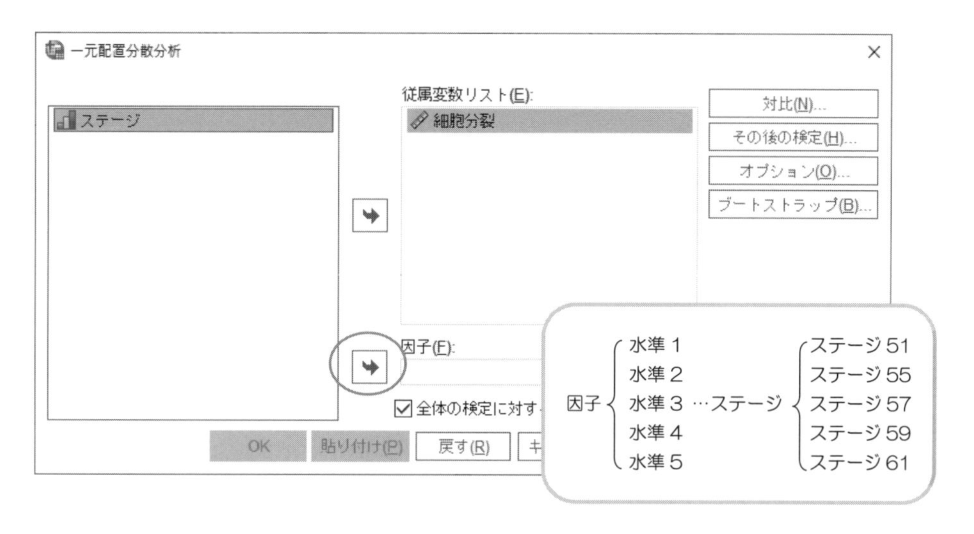

手順 4 すると，因子(F) のワクの中が，次のようになります．
等分散性の検定をしたいときは，画面右の オプション(O) を
クリックすると……

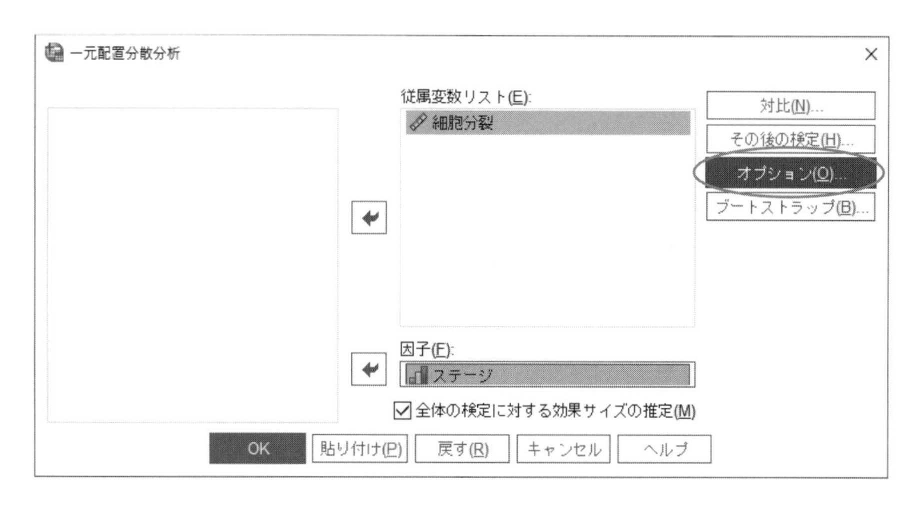

手順 5 次のオプションの画面になるので

□等分散性の検定(H)

をチェックして，[続行].

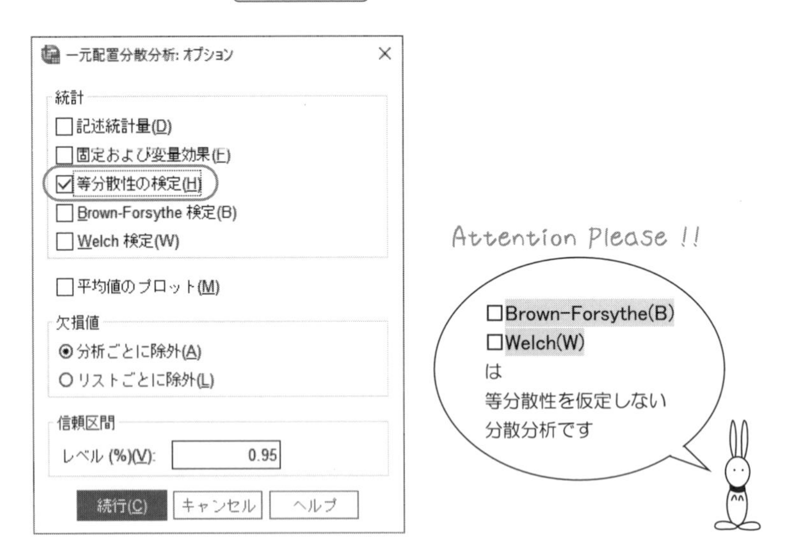

手順 6 多重比較をしたいときには，[その後の検定(H)] をクリック.

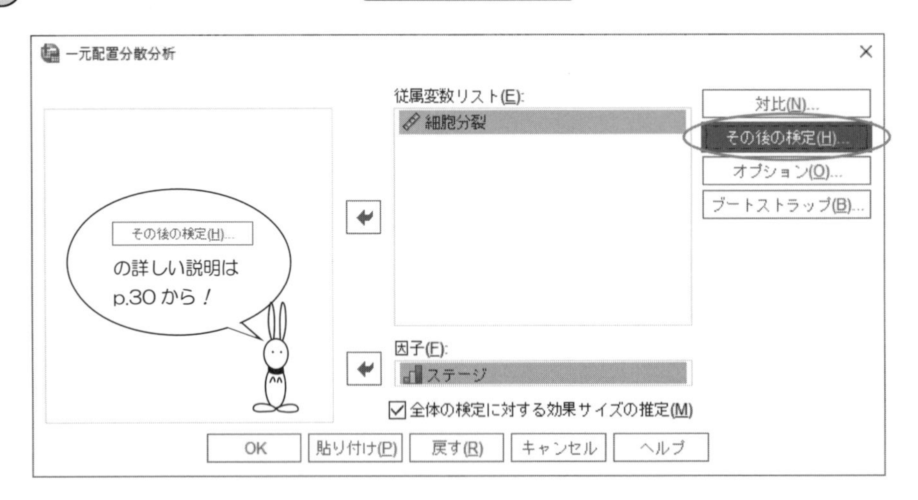

手順 7 シェフェの線型対比による多重比較をしたいときには

画面右の 対比(N) をクリックします.

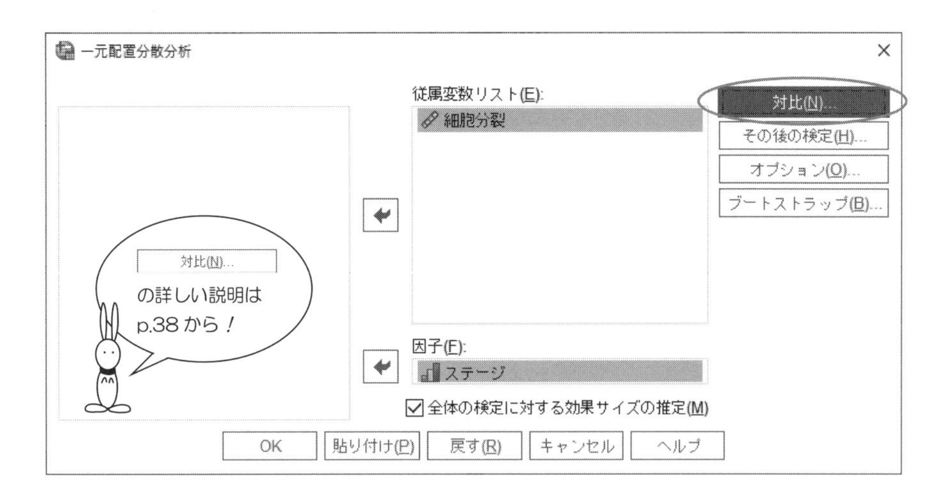

手順 8 あとは, OK ボタンをマウスでカチッ！

【SPSS による出力】——１元配置の分散分析——

一元配置分析

等分散性の検定

		Levene 統計量	自由度 1	自由度 2	有意確率
細胞分裂	平均値に基づく	.971	4	10	.465
	中央値に基づく	.126	4	10	.970
	中央値と調整済み自由度に基づく	.126	4	8.201	.969
	トリム平均値に基づく	.845	4	10	.528

← ①

分散分析

細胞分裂

	平方和	自由度	平均平方	F 値	有意確率
グループ間	317.580	4	79.395	7.122	.006
グループ内	111.480	10	11.148		
合計	429.060	14			

← ②

分散分析効果サイズ[a,b]

		ポイント推定
細胞分裂	イータの 2 乗	.740
	イプシロンの 2 乗	.636
	オメガの 2 乗の固定効果	.620
	オメガの 2 乗のランダム効果	.290

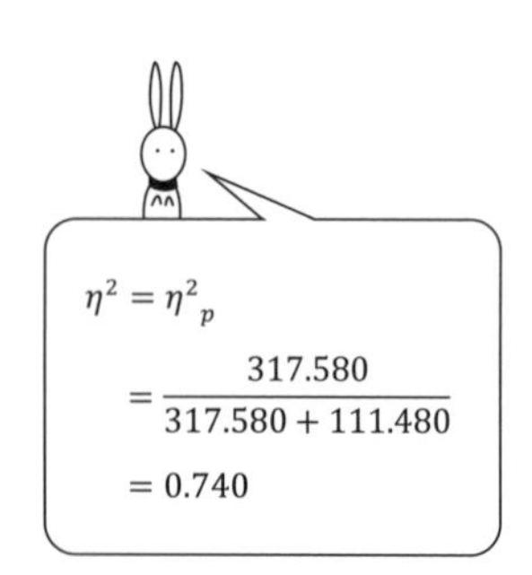

$$\eta^2 = \eta^2_{\ p} = \frac{317.580}{317.580 + 111.480} = 0.740$$

【出力結果の読み取り方】

⬅① ルビーンの等分散性の検定です．次の仮説

仮説 H_0：“5つのステージのバラツキは互いに等しい”

を検定しています．

検定統計量が F＝0.971 で，そのときの有意確率が 0.465．つまり

有意確率 0.465 ＞有意水準 0.05

なので，仮説 H_0 は棄てられません．

そこで“等分散性が成り立っている”と仮定します．

⬅② 分散分析は，次の仮説

仮説 H_0：“5つのステージの母平均は等しい”を検定しています．

検定統計量 F 値＝7.122 で，そのときの有意確率は 0.006 です．

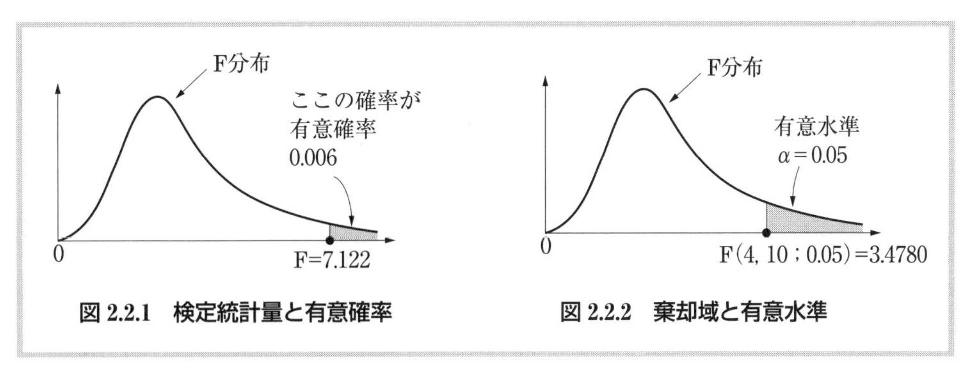

図 2.2.1　検定統計量と有意確率

図 2.2.2　棄却域と有意水準

この有意確率を有意水準と比べてみると

有意確率 0.006 ≦有意水準 0.05

なので，仮説 H_0 は棄てられます．したがって，

“5つのステージの細胞分裂の母平均に差がある”

ことがわかります．さらに，どのステージとどのステージの間に差があるのかを

調べるときは多重比較をします． ☞ p. 30

2.3 多重比較の手順 ―Tukey と Scheffe と Bonferroni―

【統計処理の手順】

手順 1 多重比較は，次の一元配置分散分析の画面から始まります．

その後の検定(H) をマウスでカチッ．

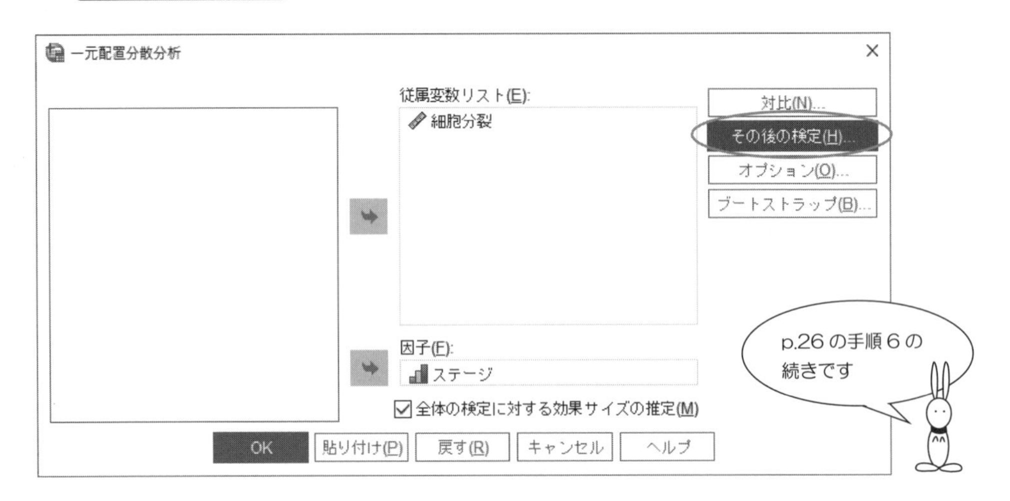

手順 2 次のように，実にさまざまな多重比較が開発されています．

一元配置分散分析: その後の多重比較

等分散を仮定する

LSD(L)
Bonferroni(B)
Sidak(I)
Scheffe(F)
R-E-G-W の F(R)
R-E-G-W の Q(Q)
Student-Newman-Keuls(S)
Tukey(T)
Tukey の b(K)
Duncan(D)
Hochberg の GT2(H)
Gabriel(G)
Waller-Duncan(W)
タイプ I /タイプ II 誤り比 (/)
Dunnett(E)
対照カテゴリ(Y): 最後
検定
両側(2)　< 対照カテゴリ(O)　> 対照カテゴリ(N)

等分散を仮定しない

Tamhane の T2(M)　Dunnett の T3(3)　Games-Howell(A)　Dunnett の C(U)

多重比較の
選択に迷ったら
Tukey(T)
を選択しましょう

手順 3 ここでは，Tukey(T) と Scheffe(C) と Bonferroni(B) を選択．

それぞれの□のところをチェックして，続行 をクリック．

一元配置分散分析: その後の多重比較

等分散を仮定する

☐ LSD(L) ☐ Student-Newman-Keuls(S) ☐ Waller-Duncan(W)

☑ Bonferroni(B) ☑ Tukey(T) タイプI/タイプII誤り比(/) 100

☐ Sidak(I) ☐ Tukey の b(K) ☐ Dunnett(E)

☑ Scheffe(F) ☐ Duncan(D) 対照カテゴリ(Y): 最初

☐ R-E-G-W の F(R) ☐ Hochberg の GT2(H) 検定

☐ R-E-G-W の Q(Q) ☐ Gabriel(G) ◉ 両側(2) ◯ < 対照カテゴリ(O) ◯ > 対照カテゴリ(N)

等分散を仮定しない

☐ Tamhane の T2(M) ☐ Dunnett の T3(3) ☐ Games-Howell(A) ☐ Dunnett の C(U)

帰無仮説の検定

◉「オプション」の設定と同じ有意水準 [アルファ] を使用(P)

◯ その後の検定のための有意水準 [アルファ] を指定(I)

レベル(V): 0.05

続行(C) キャンセル ヘルプ

LSD (L) は
多重比較ではありません
LSD＝最小有意差
＝Least significant
difference

手順 4 次の画面に戻るはずなので，

あとは OK ボタンをマウスでカチッ！

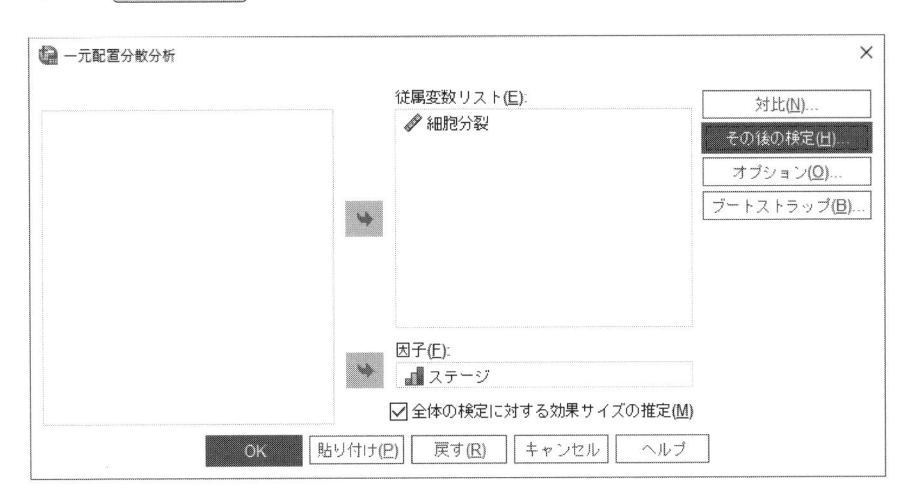

【SPSS による出力】——多重比較　Tukey・Scheffe・Bonferroni —

その後の検定

多重比較

従属変数:　細胞分裂

	(I) ステージ	(J) ステージ	平均値の差 (I-J)	標準誤差	有意確率	95% 信頼区間 下限	上限
Tukey HSD	ステージ51	ステージ55	-2.7000	2.7262	.854	-11.672	6.272
		ステージ57	-5.8000	2.7262	.281	-14.772	3.172
		ステージ59	-13.7000*	2.7262	.004	-22.672	-4.728
		ステージ61	-6.3000	2.7262	.218	-15.272	2.672
	ステージ55	ステージ51	2.7000	2.7262	.854	-6.272	11.672
		ステージ57	-3.1000	2.7262	.784	-12.072	5.872
		ステージ59	-11.0000*	2.7262	.016	-19.972	-2.028
		ステージ61	-3.6000	2.7262	.686	-12.572	5.372
	ステージ57	ステージ51	5.8000	2.7262	.281	-3.172	14.772
		ステージ55	3.1000	2.7262	.784	-5.872	12.072
		ステージ59	-7.9000	2.7262	.092	-16.872	1.072
		ステージ61	-.5000	2.7262	1.000	-9.472	8.472
Scheffe	ステージ51	ステージ55	-2.7000	2.7262	.906	-12.868	7.468
		ステージ57	-5.8000	2.7262	.395	-15.968	4.368
		ステージ59	-13.7000*	2.7262	.008	-23.868	-3.532
		ステージ61	-6.3000	2.7262	.323	-16.468	3.868
	ステージ55	ステージ51	2.7000	2.7262	.906	-7.468	12.868
		ステージ57	-3.1000	2.7262	.856	-13.268	7.068
		ステージ59	-11.0000*	2.7262	.033	-21.168	-.832
		ステージ61	-3.6000	2.7262	.780	-13.768	6.568
	ステージ57	ステージ51	5.8000	2.7262	.395	-4.368	15.968
		ステージ55	3.1000	2.7262	.856	-7.068	13.268
		ステージ59	-7.9000	2.7262	.156	-18.068	2.268
		ステージ61	-.5000	2.7262	1.000	-10.668	9.668
Bonferroni	ステージ51	ステージ55	-2.7000	2.7262	1.000	-12.464	7.064
		ステージ57	-5.8000	2.7262	.593	-15.564	3.964
		ステージ59	-13.7000*	2.7262	.005	-23.464	-3.936
		ステージ61	-6.3000	2.7262	.434	-16.064	3.464
	ステージ55	ステージ51	2.7000	2.7262	1.000	-7.064	12.464
		ステージ57	-3.1000	2.7262	1.000	-12.864	6.664
		ステージ59	-11.0000*	2.7262	.024	-20.764	-1.236
		ステージ61	-3.6000	2.7262	1.000	-13.364	6.164
	ステージ57	ステージ51	5.8000	2.7262	.593	-3.964	15.564
		ステージ55	3.1000	2.7262	1.000	-6.664	12.864
		ステージ59	-7.9000	2.7262	.159	-17.664	1.864
		ステージ61	-.5000	2.7262	1.000	-10.264	9.264

←③ (Tukey HSD)

←④ (Scheffe)

←⑤ (Bonferroni)

【出力結果の読み取り方】

⬅③　テューキーの方法による多重比較です.

平均値の差のところを見ると，＊印のついている組合せがあります.

この組合せに有意水準５％（$\alpha = 0.05$）で差があります.

したがって，細胞分裂に差がある組合せは，次の２組です！

＊……{ ステージ 51　と　ステージ 59 }

＊……{ ステージ 55　と　ステージ 59 }

⬅④　シェフェの方法による多重比較です.

⬅⑤　ボンフェローニの方法による多重比較です.

● 等質サブグループについては p. 41 を見てください.

結廬在大吟醸

多重比較の前に，かならずしも１元配置の分散分析をする必要はありません.

１元配置の分散分析の結果，仮説が棄てられなくても，多重比較をしてみると，

差のある組合せが見つかることがあります.

シェフェの多重比較の結果は，１元配置の分散分析の結果に一致するといわれています.

2.4 ダネットによる多重比較の手順

【統計処理の手順】

手順 1 ダネットによる多重比較は，次の画面から始まります．

その後の検定(H) をマウスでカチッ．

手順 2 次のその後の多重比較の画面のなかから

□ Dunnett(E)

をチェック．

一元配置分散分析: その後の多重比較

等分散を仮定する

□ LSD(L)	□ Student-Newman-Keuls(S)	□ Waller-Duncan(W)
□ Bonferroni(B)	□ Tukey(T)	タイプＩ/タイプⅡ誤り比(/) 100
□ Sidak(I)	□ Tukey の b(K)	☑ Dunnett(E)
□ Scheffe(F)	□ Duncan(D)	対照カテゴリ(Y): 最後
□ R-E-G-W の F(R)	□ Hochberg の GT2(H)	検定
□ R-E-G-W の Q(Q)	□ Gabriel(G)	◉ 両側(2) ○ < 対照カテゴリ(O) ○ > 対照カテゴリ(N)

等分散を仮定しない

□ Tamhane の T2(M)　□ Dunnett の T3(3)　□ Games-Howell(A)　□ Dunnett の C(U)

手順 3 対照カテゴリの ▼ をクリックして

最初 を選択します．そして 続行 ．

一元配置分散分析: その後の多重比較

等分散を仮定する

LSD(L) / Bonferroni(B) / Sidak(I) / Scheffe(F) / R-E-G-W の F(R) / R-E-G-W の Q(Q)

Student-Newman-Keuls(S) / Tukey(T) / Tukey の b(K) / Duncan(D) / Hochberg の GT2(H) / Gabriel(C)

Waller-Duncan(W) / タイプ I/タイプ II 誤り比 (/) 100 / ☑ Dunnett(E)

対照カテゴリ(Y) 最初 ［最初 / 最後］

検定 ◉ 両側(2) ○ <

等分散を仮定しない

Tamhane の T2(M) / Dunnett の T3(3) / Games-Howell(A) / Dunnett の C(U)

帰無仮説の検定

◉「オプション」の設定と同じ有意水準 [アルファ] を使用(P)

○ その後の検定のための有意水準 [アルファ] を指定(])

レベル(V): 0.05

続行(C) キャンセル ヘルプ

手順 4 次の画面にもどったら，

あとは， OK ボタンをマウスでカチッ！

一元配置分散分析

従属変数リスト(E): 細胞分裂

因子(F): ステージ

☑ 全体の検定に対する効果サイズの推定(M)

対比(N)... / その後の検定(H)... / オプション(O)... / ブートストラップ(B)...

OK 貼り付け(P) 戻す(R) キャンセル ヘルプ

【SPSSによる出力】——ダネットの多重比較——

分散分析

細胞分裂

	平方和	自由度	平均平方	F 値	有意確率
グループ間	317.580	4	79.395	7.122	.006
グループ内	111.480	10	11.148		
合計	429.060	14			

多重比較

従属変数: 細胞分裂

Dunnett t (両側)[a]

(I) ステージ	(J) ステージ	平均値の差 (I-J)	標準誤差	有意確率	95% 信頼区間 下限	95% 信頼区間 上限
ステージ55	ステージ51	2.7000	2.7262	.725	-5.180	10.580
ステージ57	ステージ51	5.8000	2.7262	.169	-2.080	13.680
ステージ59	ステージ51	13.7000*	2.7262	.002	5.820	21.580
ステージ61	ステージ51	6.3000	2.7262	.127	-1.580	14.180

← ⑥

*. 平均値の差は 0.05 水準で有意です。

a. Dunnett の t-検定は対照として 1 つのグループを扱い、それに対する他のすべてのグループを比較します。

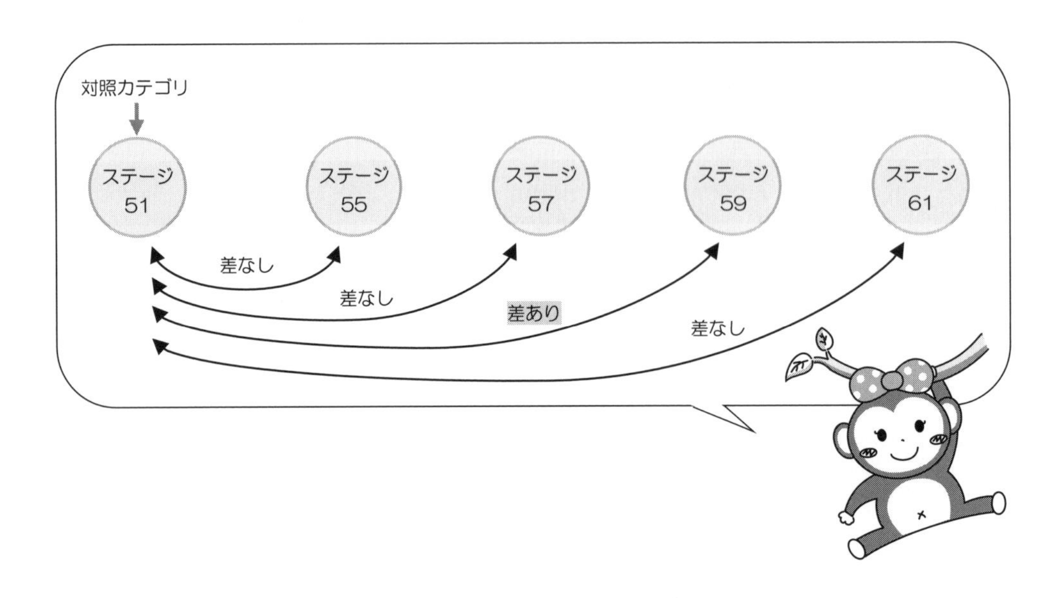

【出力結果の読み取り方】

⬅⑥　平均値の差（I－J）のところを見ると，

＊印のついている組合せがあります．

この＊印のついている組合せに，有意水準5%で差があります．

＊ ……｛ステージ59　と　ステージ51｝

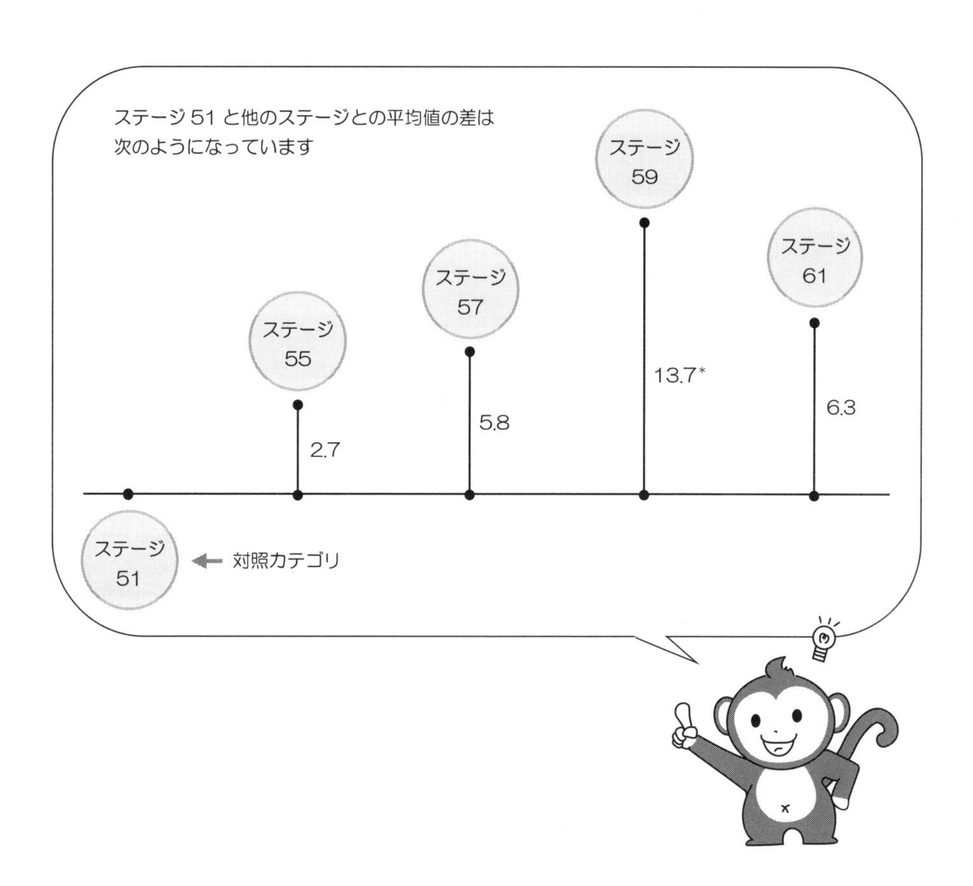

2.5 シェフェの線型対比による多重比較の手順

【統計処理の手順】

たとえば，次の仮説

$$\text{仮説 } H_0 : \frac{A_1 + A_2 + A_3}{3} - \frac{A_4 + A_5}{2} = 0$$

を検定したい場合，シェフェの線型対比を利用してみましょう．

この仮説は，次の仮説と同じです．

$$\text{仮説 } H_0 : 2A_1 + 2A_2 + 2A_3 - 3A_4 - 3A_5 = 0$$

このような1次式の形をした仮説を線型対比といいます．

ところで
p.42 の出力結果は
多重比較の検定では
ありません

多重比較をするためには
p.43 のように検定統計量を
少し修正する必要があります

手順 1 次の一元配置分散分析の画面から始めます．

まず，［対比(N)］をマウスでクリックすると……

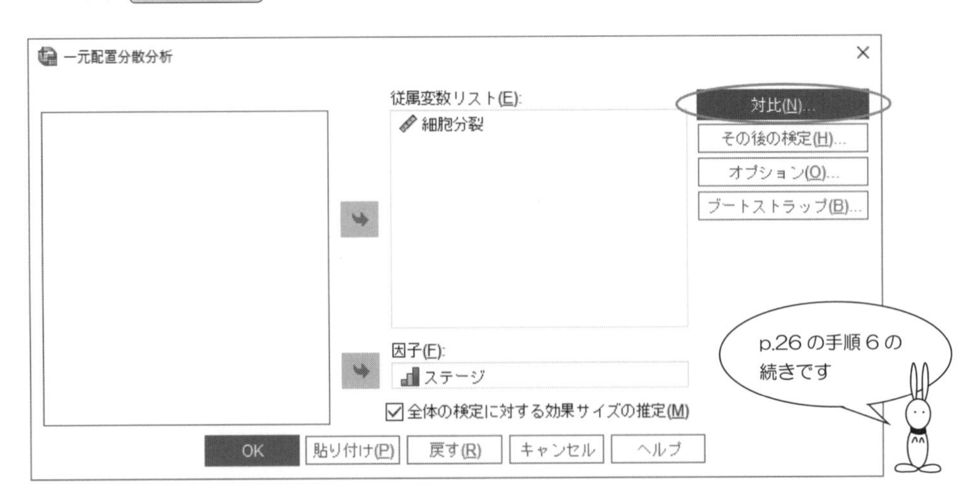

手順 2 次の対比の画面が現れます.

ここで,

マウスを 係数(O) のワク [　　] の中へもってゆき……

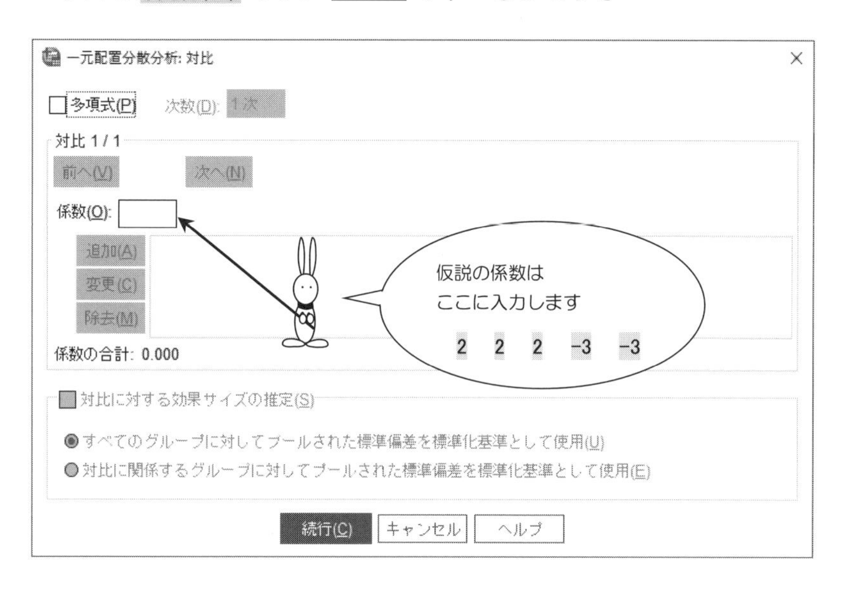

手順 3 次のように 2 を入力,

そして, すぐ下の 追加(A) をクリック.

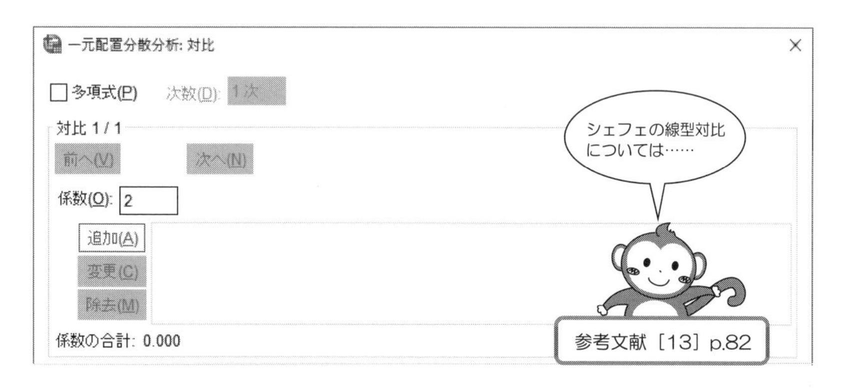

手順 4 続いて，係数(O) のワクの中へ

⇨　2 ⇨ 追加(A)

⇨　2 ⇨ 追加(A)

⇨ −3 ⇨ 追加(A)

⇨ −3 ⇨ 追加(A)

のように，入力とクリックをくり返します．

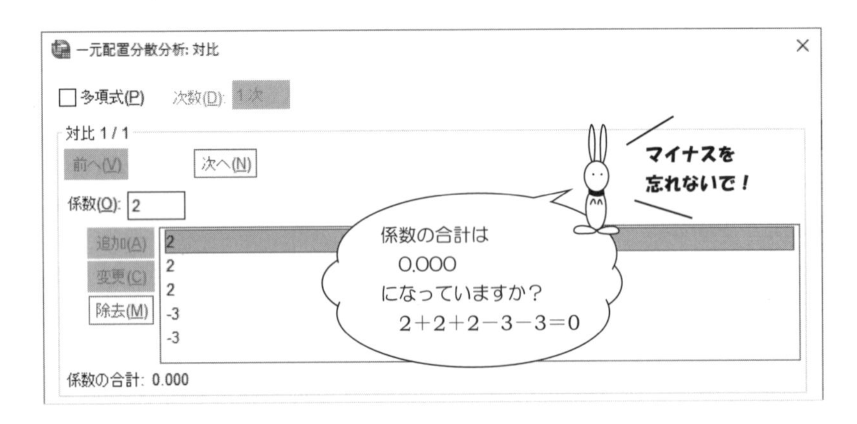

手順 5 続行 をクリックすると，次の画面に戻るので，

あとは，OK ボタンをマウスでカチッ！

心遠地エール

等質サブグループ

	ステージ	度数	α= 0.05 のサブグループ 1	2
Tukey HSD[a]	ステージ51	3	16.400	
	ステージ55	3	19.100	
	ステージ57	3	22.200	22.200
	ステージ61	3	22.700	22.700
	ステージ59	3		30.100
	有意確率		.218	.092
Scheffe[a]	ステージ51	3	16.400	
	ステージ55	3	19.100	
	ステージ57	3	22.200	22.200
	ステージ61	3	22.700	22.700
	ステージ59	3		30.100
	有意確率		.323	.156

均質なサブセットのグループに対する平均値が表示されます。

a. 調和平均サンプル サイズ = 3.000 を使用

この等質サブグループは，互いに有意差のない水準たちを
グループごとにまとめたものです．

たとえば，テューキーの方法の場合，次の４つの水準

{ ステージ 51　ステージ 55　ステージ 57　ステージ 61 }

の間には，有意水準５％で有意差はない，ということを示しています．

また，次の３つの水準

{ ステージ 57　ステージ 61　ステージ 59 }

の間にも，互いに有意水準５％で有意差はない，といっています．

【SPSS による出力】——シェフェの線型対比——

対比係数

対比	ステージ ステージ51	ステージ55	ステージ57	ステージ59	ステージ61
1	2	2	2	-3	-3

← ⑦

対比の検定

		対比	対比の値	標準誤差	t 値	自由度	有意確率 (両側)
細胞分裂	等分散を仮定する	1	-43.000	10.5584	-4.073	10	.002
	等分散を仮定しない	1	-43.000	9.8380	-4.371	8.651	.002

↑ ⑧

df ⇔ 自由度

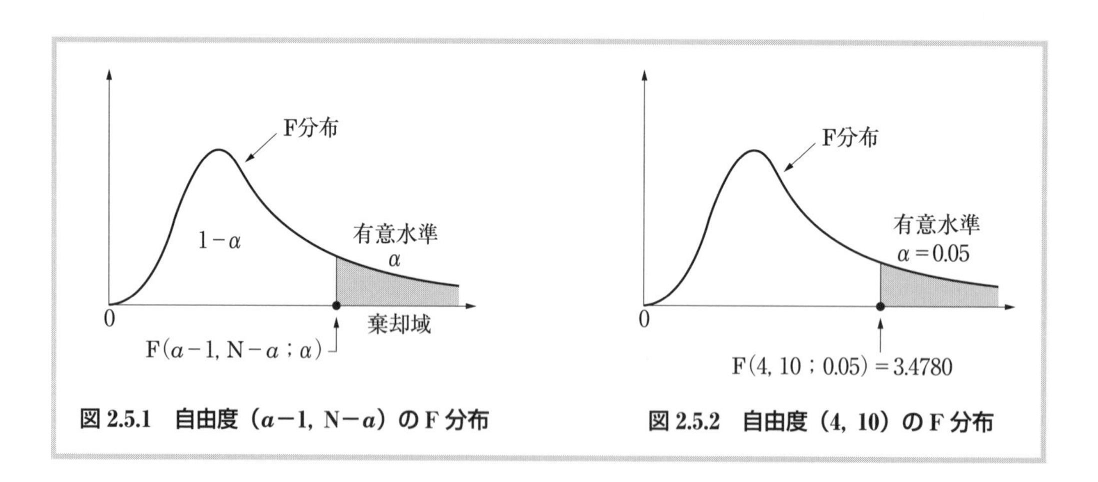

図 2.5.1　自由度（a−1, N−a）の F 分布

図 2.5.2　自由度（4, 10）の F 分布

【出力結果の読み取り方】

←⑦　この対比係数は，次の仮説

$$仮説\ H_0：2A_1 + 2A_2 + 2A_3 - 3A_4 - 3A_5 = 0$$

を表現しています．

←⑧　この対比の検定は線型対比です．

このままでは **多重比較ではない** ことに注意しましょう．

そこで，この出力結果を次のように修正すると，

多重比較の意味での線型対比にすることができます．つまり…

> $$\frac{(⑧で出力されたt値)^2}{a-1} \geqq F(a-1,\ N-a\ ;\ 0.05)$$
>
> のとき，有意水準５％の多重比較で仮説 H_0 は棄てられる．

この出力結果の場合

$$\frac{(-4.073)^2}{5-1} = 4.147 \geqq F(5-1,\ 15-5\ ;\ 0.05) = 3.4780$$

なので，仮説 H_0 は棄却されます．

この結果は
参考文献［13］p.89 のシェフェの多重比較の結果

$$\frac{|-7.166|}{\sqrt{\frac{5}{18} \times 11.15}} = |-4.073| \geqq \sqrt{(5-1) \times 3.4780}$$

と一致していることにも注目しておきましょう．

第3章 クラスカル・ウォリスの検定と多重比較

3.1 はじめに

次のデータは，３種類の局所麻酔薬

　　エチドカイン　　プロピトカイン　　リドカイン

について，麻酔の持続時間を測定した結果です．

３種類の麻酔薬の持続時間に差があるのでしょうか？

表 3.1.1　3 種類の麻酔薬の持続時間

エチドカイン 持続時間	プロピトカイン 持続時間	リドカイン 持続時間
43.6	27.4	18.3
56.8	38.9	21.7
27.3	59.4	29.5
35.0	43.2	15.6
48.4	15.9	9.7
42.4	22.2	16.0
25.3	52.4	7.5
51.7		

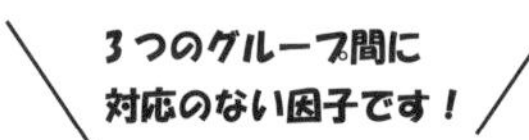

母集団の正規性や等分散性が疑わしいときは，

　　　　“ノンパラメトリック検定”

をオススメします‼

【1元配置（対応のない因子）のデータ入力の型】

このデータは**「対応のない因子」**です．

対応関係がないときは，次のようにデータをタテに入力します．

	麻酔薬	持続時間	var
1	1	43.6	
2	1	56.8	
3	1	27.3	
4	1	35.0	
5	1	48.4	
6	1	42.4	
7	1	25.3	
8	1	51.7	
9	2	27.4	
10	2	38.9	
11	2	59.4	
12	2	43.2	
13	2	15.9	
14	2	22.2	
15	2	52.4	
16	3	18.3	
17	3	21.7	
18	3	29.5	
19	3	15.6	
20	3	9.7	
21	3	16.0	
22	3	7.5	
23			

データ ビュー　変数 ビュー

	麻酔薬	持続時間	var
1	エチドカイン	43.6	
2	エチドカイン	56.8	
3	エチドカイン	27.3	
4	エチドカイン	35.0	
5	エチドカイン	48.4	
6	エチドカイン	42.4	
7	エチドカイン	25.3	
8	エチドカイン	51.7	
9	プロピトカイン	27.4	
10	プロピトカイン	38.9	
11	プロピトカイン	59.4	
12	プロピトカイン	43.2	
13	プロピトカイン	15.9	
14	プロピトカイン	22.2	
15	プロピトカイン	52.4	
16	リドカイン	18.3	
17	リドカイン	21.7	
18	リドカイン	29.5	
19	リドカイン	15.6	
20	リドカイン	9.7	
21	リドカイン	16.0	
22	リドカイン	7.5	
23			

タテ方向に入力

値ラベル

3.2 クラスカル・ウォリスの検定の手順

【統計処理の手順】

手順 1 データを入力したら， ノンパラメトリック検定(N) の中の

独立サンプル(I) を選択します．

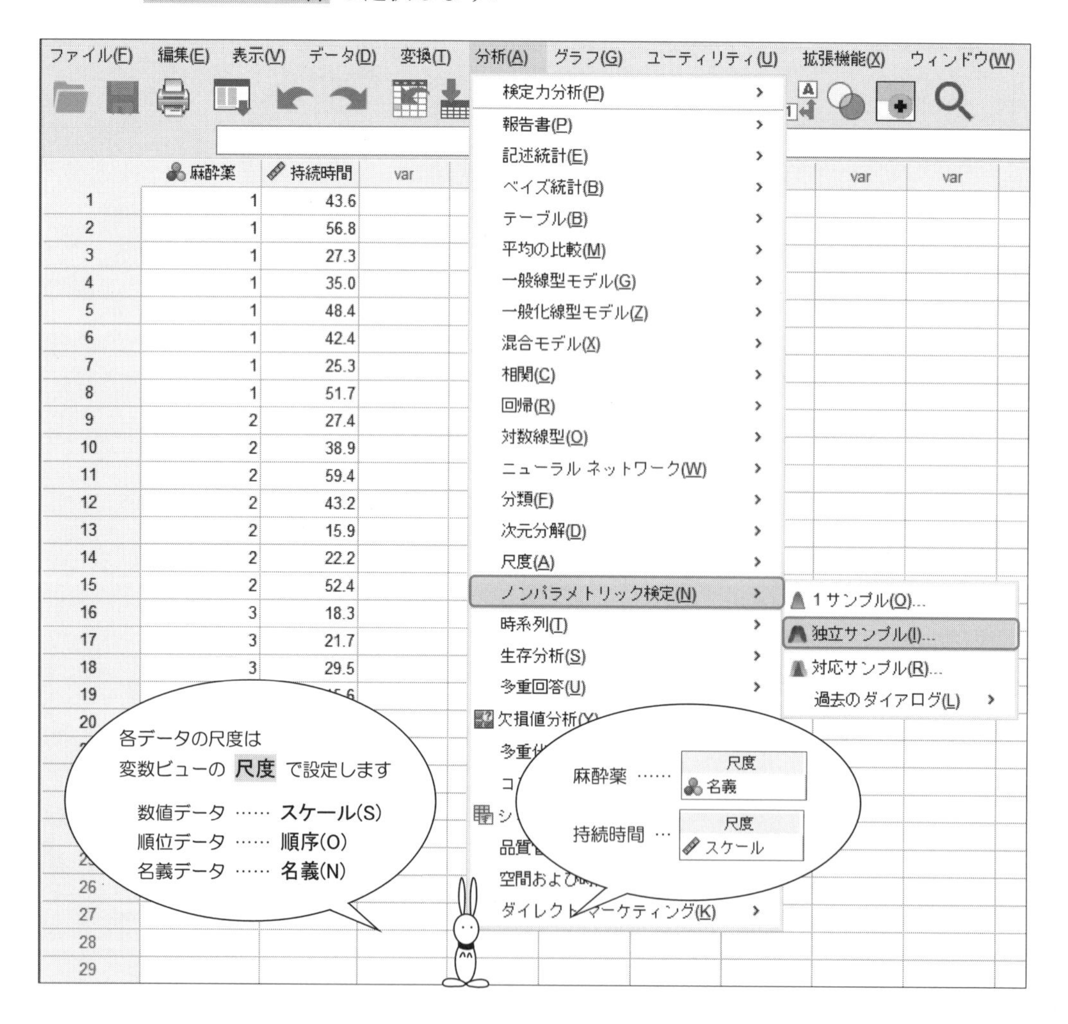

	麻酔薬	持続時間
1	1	43.6
2	1	56.8
3	1	27.3
4	1	35.0
5	1	48.4
6	1	42.4
7	1	25.3
8	1	51.7
9	2	27.4
10	2	38.9
11	2	59.4
12	2	43.2
13	2	15.9
14	2	22.2
15	2	52.4
16	3	18.3
17	3	21.7
18	3	29.5

手順 2 次の 2 個以上の独立サンプルの画面になったら

○ 分析のカスタマイズ(C)

をチェックします．

そして，フィールド をカチッ．

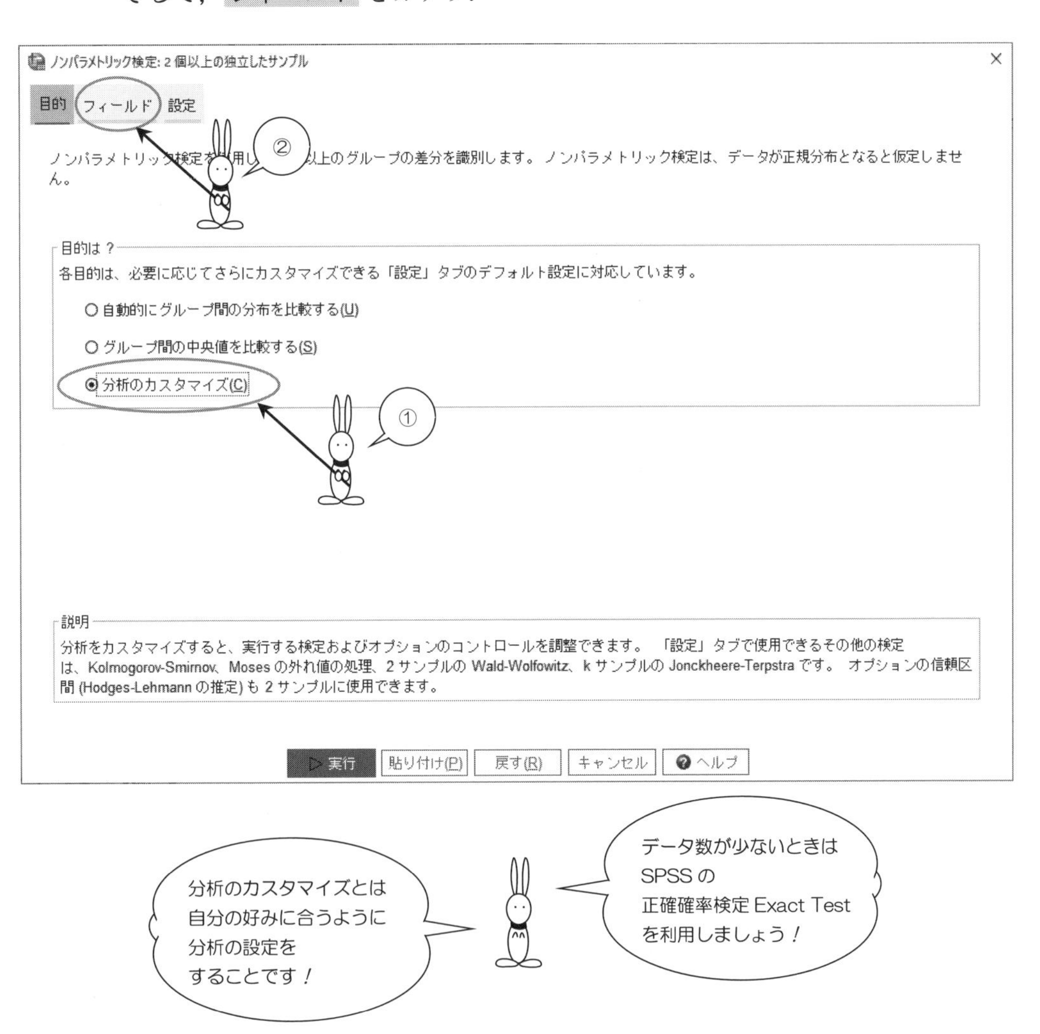

手順 3 次のフィールドの画面になったら，

持続時間を 検定フィールド(T) へ移します．

続いて，麻酔薬を グループ(G) へ移します．

そして， 設定 をクリック．

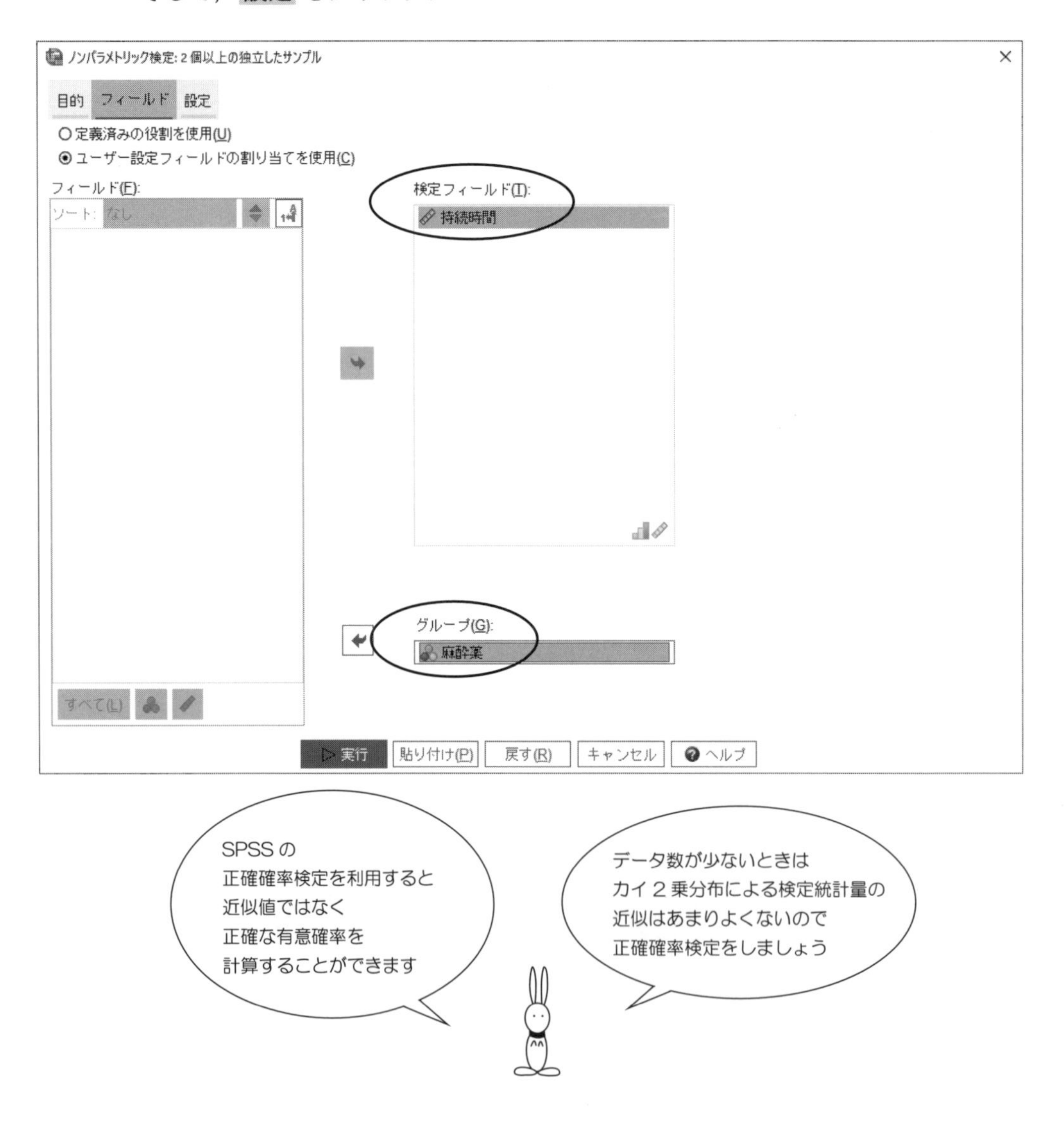

手順 4 次の設定の画面になったら，検定のカスタマイズ(C) をクリック．

□ Kruskal-Wallis(kサンプル)(W) をチェックします．

多重比較をしないときは，複数の比較(N) は なし を選びます．

あとは， 実行 ボタンをマウスでカチッ！

ノンパラメトリック検定: 2 個以上の独立したサンプル

目的　フィールド　設定

項目の選択(S):

検定を選択
検定オプション
ユーザー欠損値

○ データに基づいて検定を自動的に選択します。(U)
◉ 検定のカスタマイズ(C)

グループ間の分布を比較する

□ Mann-Whitney の U (2 サンプル)(H)
☑ Kruskal-Wallis (k サンプル)(W)
複数の比較(N): なし
□ Kolmogorov-Smirnov (2 サンプル)(V)
□ 順序付けのサンプルをテストする (k サンプルの Jonckheere-Terpstra)(J)
仮説順(Y): 最小から最大
複数の比較(A): すべてのペアごと
□ ランダム性の順序をテストする (2 サンプルの Wald-Wolfowitz)(Q)

グループ間の範囲を比較する

□ Moses の外れ値反応検定 (2 サンプル)(X)
◉ サンプルから外れ値を計算(E)
○ 外れ値のカスタム数(B)
外れ値(O): 1

グループ間の中央値を比較する

□ メディアン検定 (k サンプル)(K)
◉ プールされたサンプル中央値(E)
○ ユーザー指定(T)
中央値(D): 0
複数の比較(M): すべてのペアごと

グループ間の信頼区間を推定する

□ Hodges-Lehmann の推定 (2 サンプル)(G)

▷ 実行　貼り付け(P)　戻す(R)　キャンセル　ヘルプ

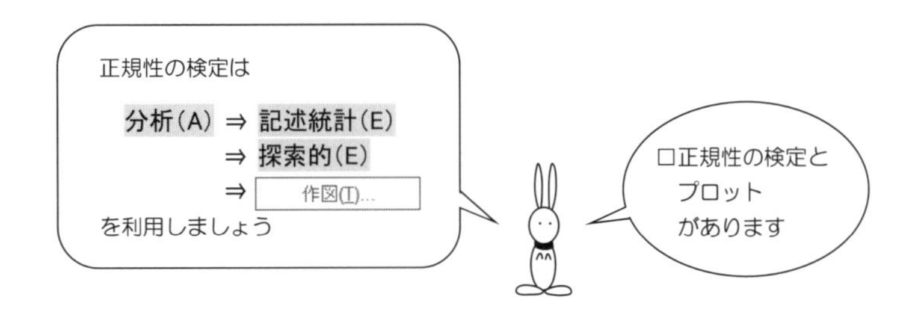

【SPSS による出力】——クラスカル・ウォリスの検定——

仮説検定の要約

	帰無仮説	検定	有意確率[a,b]	決定
1	持続時間 の分布は 麻酔薬 のカテゴリで同じです。	独立サンプルによる Kruskal-Wallis の検定	.006	帰無仮説を棄却します。

a. 有意水準は .050 です。

b. 漸近的な有意確率が表示されます。

独立サンプルによる Kruskal-Wallis の検定の要約

合計数	22
検定統計量	10.089[a] ← ①
自由度	2
漸近有意確率 (両側検定)	.006 ← ①

a. 検定統計量は同順位の調整が行われています。

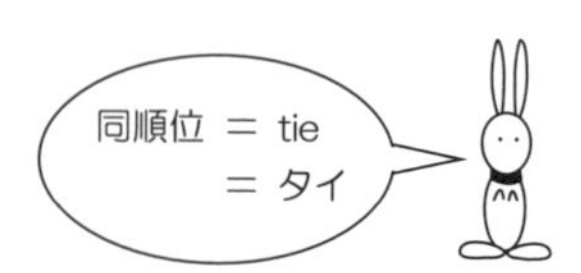

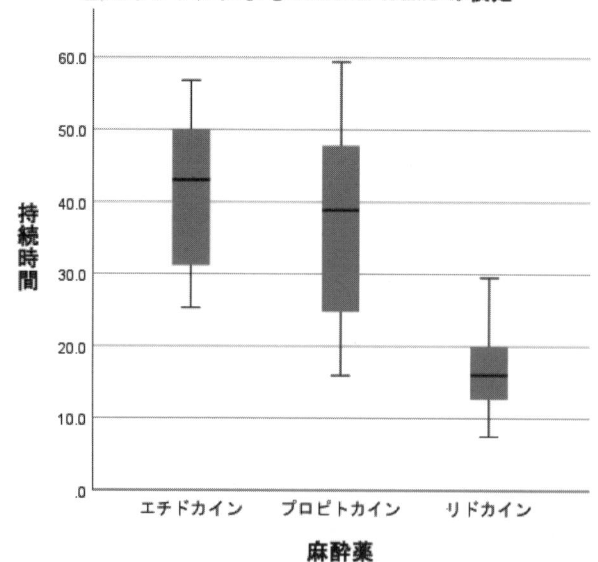

【出力結果の読み取り方】

←① クラスカル・ウォリスの検定は，次の仮説

仮説 H_0：“3種類の麻酔薬の持続時間は互いに等しい”

を検定しています．

検定統計量が 10.089 で，そのときの漸近有意確率が 0.006 です．

つまり

漸近有意確率 0.006 ≦有意水準 0.05

なので，仮説 H_0 は棄てられます．

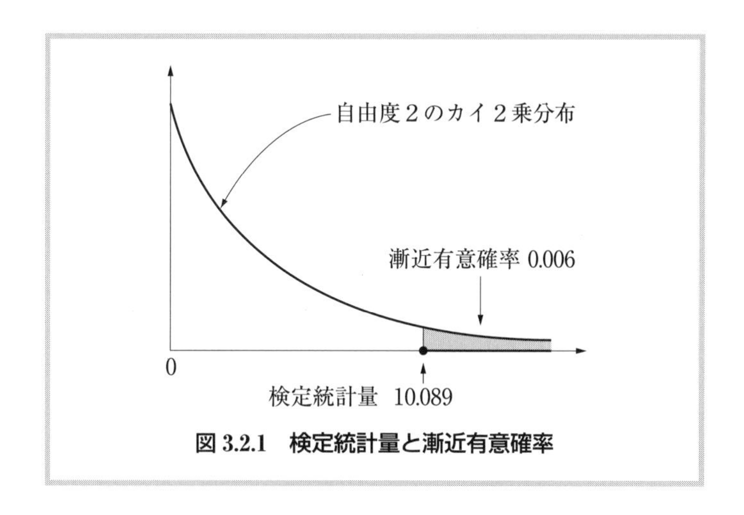

図 3.2.1　検定統計量と漸近有意確率

したがって，

“3種類の麻酔薬の持続時間は異なっている”

ことがわかります．

ところで，どの麻酔薬とどの麻酔薬の間に差があるのでしょうか？

このようなときは，多重比較へと進みます． ☞ p.52

3.3 多重比較の手順

【統計処理の手順】

手順 1 多重比較をしたいときは，次の画面で

複数の比較(N) の すべてのペアごと

を選択します．

あとは， 実行 ボタンをマウスでカチッ!!

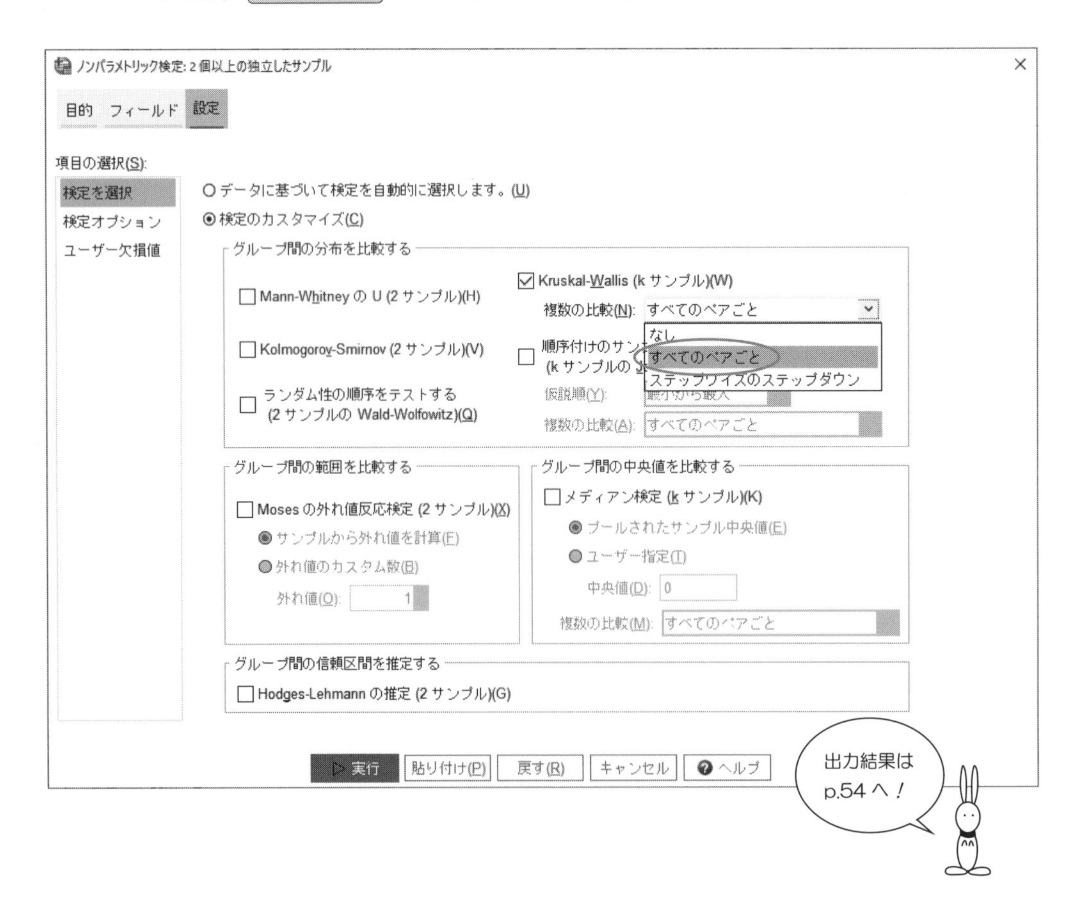

複数の比較(N) の中には

ステップワイズのステップダウン

も用意されています.

出力してみましょう!

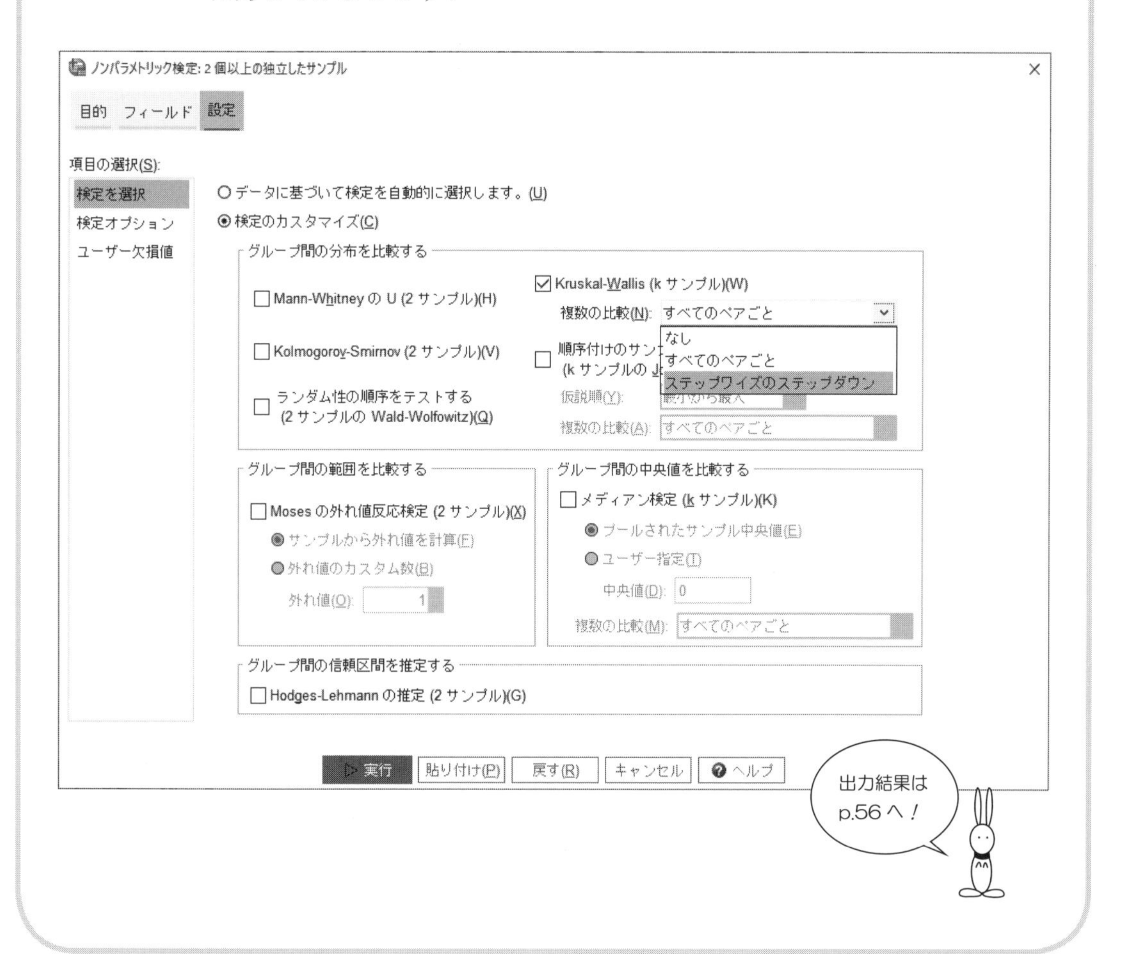

【SPSS による出力・その 1】

——クラスカル・ウォリスの検定の多重比較（すべてのペアごと の場合）——

麻酔薬 のペアごとの比較

Sample 1-Sample 2	検定統計量	標準誤差	標準化検定統計量	有意確率	調整済み有意確率[a]	
リドカイン-プロピトカイン	8.429	3.471	2.428	.015	.046	← ②
リドカイン-エチドカイン	10.107	3.361	3.007	.003	.008	← ③
プロピトカイン-エチドカイン	1.679	3.361	.499	.617	1.000	← ④

各行は、サンプル 1 とサンプル 2 の分布が同じであるという帰無仮説を検定します。
漸近的な有意確率 (両側検定) が表示されます。有意水準は .050 です。

a. Bonferroni 訂正により、複数のテストに対して、有意確率の値が調整されました。

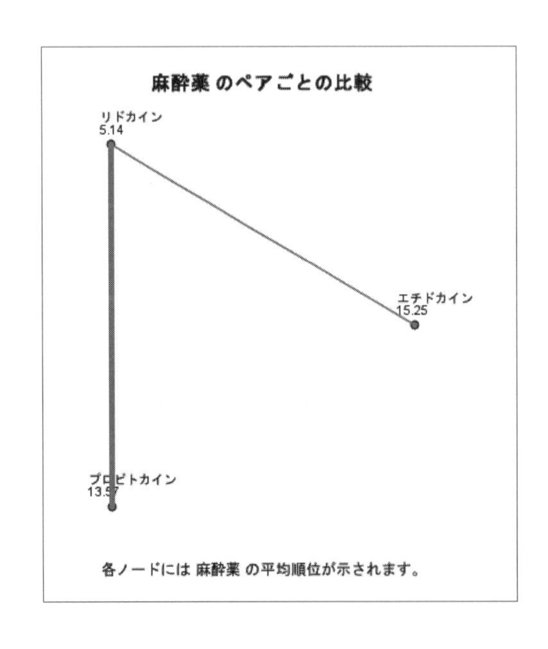

【出力結果の読み取り方・その 1】

⬅②③④　調整済み有意確率と有意水準 0.05 を比較すると，

有意差のある組合せは，次のようになります．

＊……{ リドカイン　と　エチドカイン }

＊……{ リドカイン　と　プロピトカイン }

此中有赤ワイン

②のところの計算は，次のようになっています．

その 1.　$\frac{8.429}{3.471} = 2.428$ のときの右側の確率は 0.0076 です．

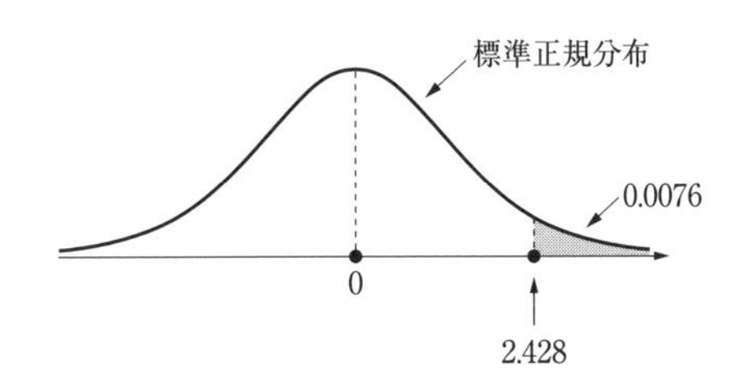

図 3.3.1　標準化された正規分布

その 2.　両側有意確率なので，２倍します．

有意確率 = 2 × 0.0076 = 0.01517

その 3.　ボンフェローニの不等式による調整をします．

$_3C_2 = \frac{3 \times 2}{2 \times 1} = 3$　なので

調整済み有意確率　=　0.01517 × 3 = 0.046

【SPSSによる出力・その2】

――クラスカル・ウォリスの検定の等質サブセット

（ステップワイズのステップダウンの場合）――

麻酔薬に基づく等質サブセット

		サブセット 1	サブセット 2
サンプル[a]	リドカイン	5.143	
	プロピトカイン		13.571
	エチドカイン		15.250
検定統計量		.[b]	.214
有意確率（両側検定）		.	.643
調整済み有意確率（両側検定）		.	.643

等質サブセットは、漸近有意確率に基づきます。有意水準は .050 です。

a. 各セルには 麻酔薬 の平均順位が示されます。

b. サブセットにサンプルが 1 つしかないため計算できません。

← ⑤

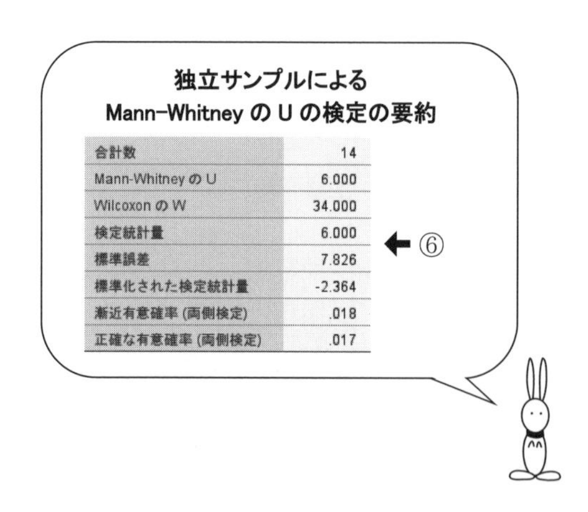

独立サンプルによる Mann-Whitney の U の検定の要約

合計数	14
Mann-Whitney の U	6.000
Wilcoxon の W	34.000
検定統計量	6.000
標準誤差	7.826
標準化された検定統計量	-2.364
漸近有意確率（両側検定）	.018
正確な有意確率（両側検定）	.017

【出力結果の読み取り方・その 2】

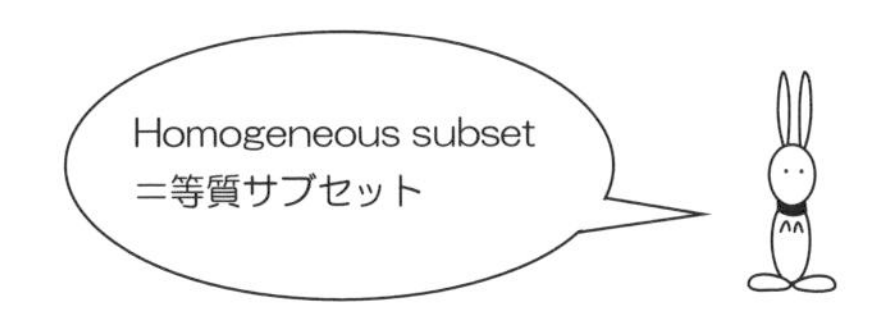

⬅⑤　等質サブセットとは，

“互いに有意差のない水準たちのグループ”

のことです．

有意差のないグループは

- グループ 1　…｛ リドカイン ｝
- グループ 2　…｛ プロピトカイン　エチドカイン ｝

のようになっています．

⬅⑥　表 3.1.1 の中のプロピトカインとリドカインのデータを選択し，

p.52 の手順①のところで，Mann-Whitney の U 検定をすると

左のような出力結果が得られます．

- データ　⇨　ケースの選択
- 分析　⇨　ノンパラメトリック検定　⇨　Mann-Whitney の U

第4章 反復測定（対応のある因子）による1元配置の分散分析と多重比較

4.1 はじめに

次のデータは，薬物投与による心拍数を

{ 1回目 投与前 ⟶ 2回目 投与1分後 ⟶ 3回目 投与5分後 ⟶ 4回目 投与10分後 }

のように，4回続けて測定した結果です．

薬物投与によって，被験者の心拍数は変化したのでしょうか？

表 4.1.1 薬物投与による心拍数 (D. M. Fisher)

被験者＼時間	投与前	投与1分後	投与5分後	投与10分後
A_1	67	92	87	68
A_2	92	112	94	90
A_3	58	71	69	62
A_4	61	90	83	66
A_5	72	85	72	69

←反復測定
対応のある因子
被験者内因子

これは対応のある因子です！

【反復測定による 1 元配置のデータ入力の型】

このデータは**「対応のある因子」**です。

対応関係があるときは，次のようにデータをヨコに入力します．

4.2 反復測定による1元配置の分散分析の手順

【統計処理の手順】

手順 1 データを入力したら，一般線型モデル(G) の中の 反復測定(R) を選択.

手順 2 次の反復測定の因子の定義の画面が現れるので，

被験者内因子名(W) の中の factor 1 を時間に変えます.

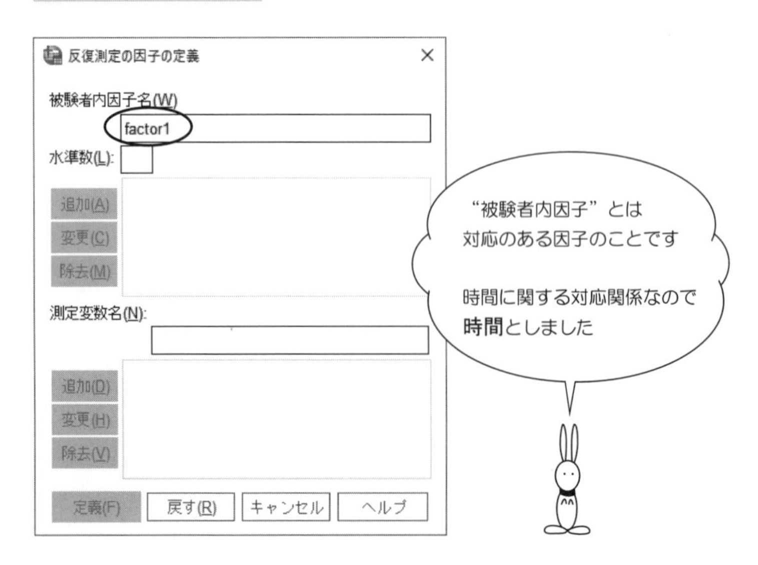

手順 3 次に 水準数(L) のワクの中へ4と入力．

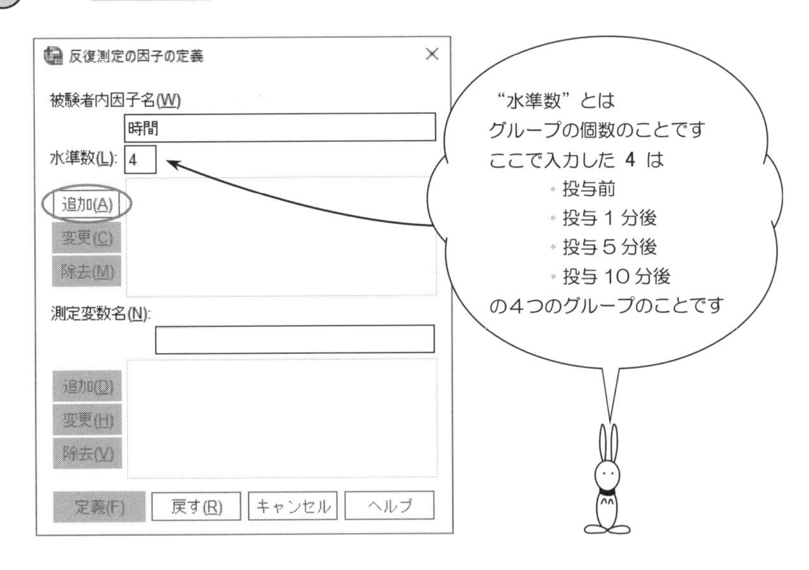

手順 4 続いて， 追加(A) をマウスでカチッとすると，

ワクの中が 時間 (4) となるので， 定義(F) をクリック．

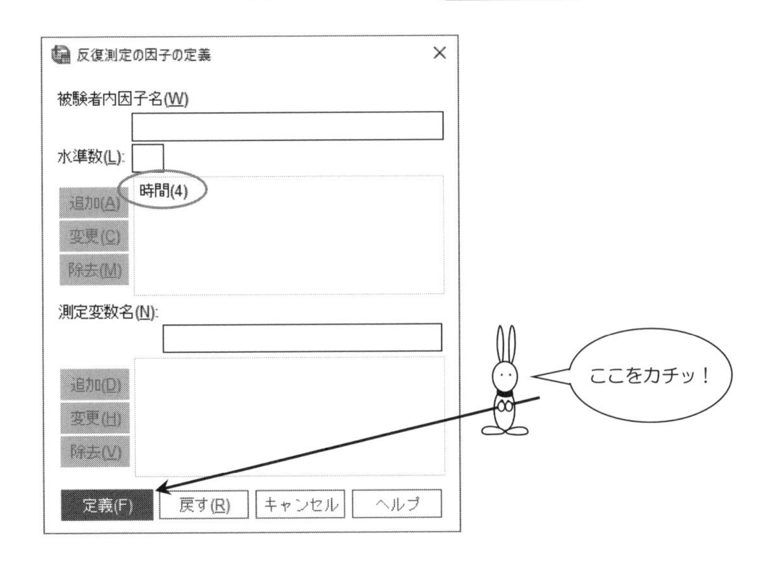

手順 5 次の反復測定の画面になったら，

反復測定の順に，投与前から投与 10 分後までを

被験者内変数(W) のワクの中へ移動します．

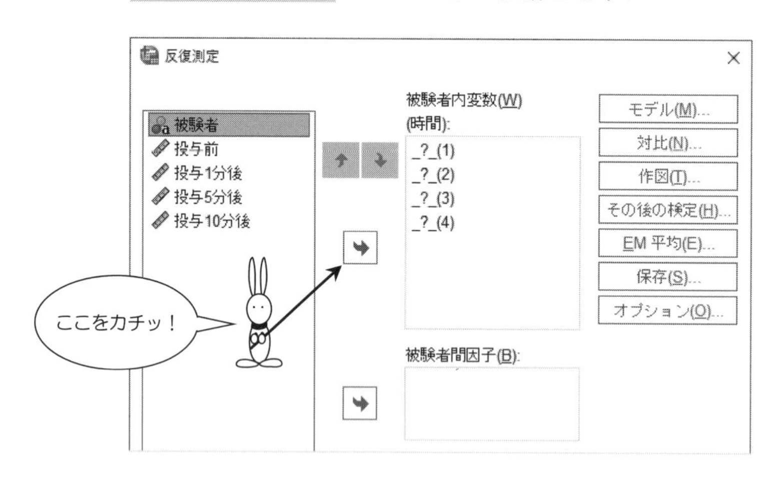

手順 6 次のようになったら， オプション(O) をクリックします．

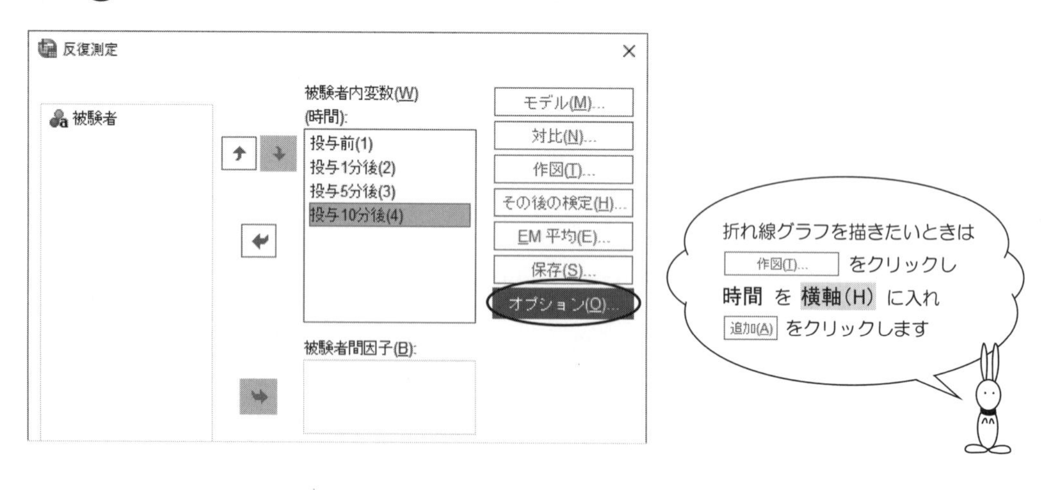

手順 7 次のオプションの画面になったら，

バートレットの球面性の検定をするために

残差SSCP行列(C) をチェックして， 続行(C) .

手順6の画面にもどったら， OK ボタンをマウスでカチッ！

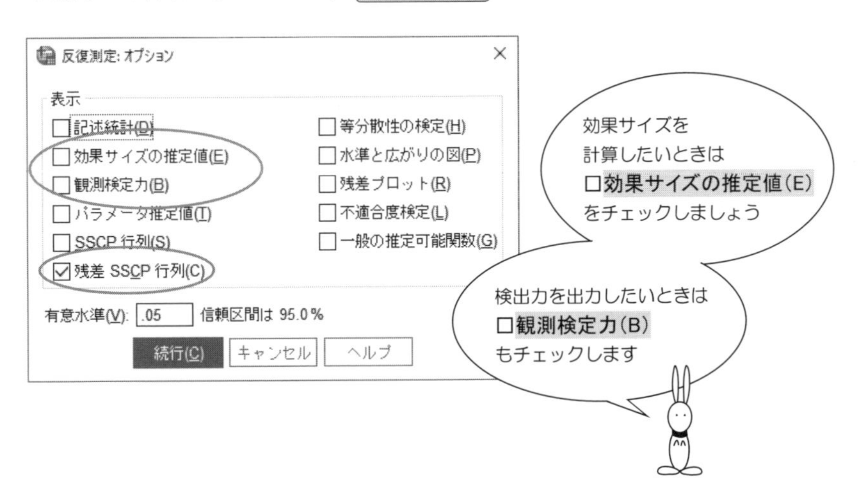

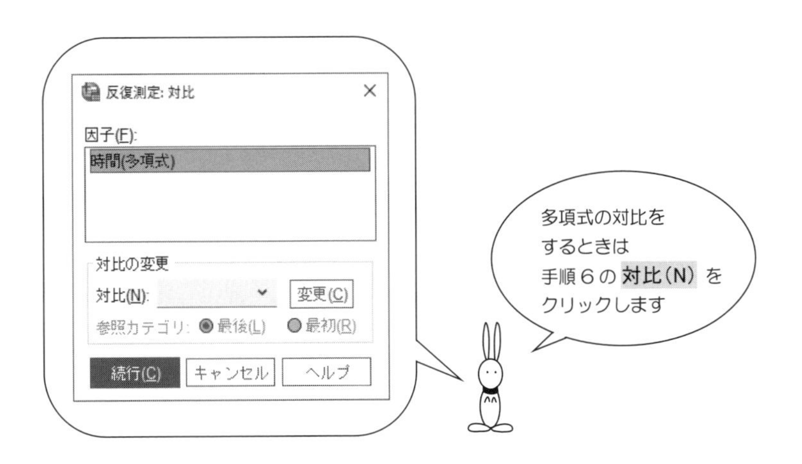

【SPSS による出力・その 1】——反復測定による 1 元配置の分散分析——

一般線型モデル

被験者内因子

測定変数名: MEASURE

時間	従属変数
1	投与前
2	投与1分後
3	投与5分後
4	投与10分後

Bartlett の球面性の検定[a]

尤度比	.000
近似カイ 2 乗	19.871
自由度	9
有意確率	.044

← ②

残差共分散行列が単位行列に比例するという帰無仮説を検定します。

a. 計画: 切片
被験者計画内: 時間

多変量検定[a]

効果		値	F 値	仮説自由度	誤差自由度	有意確率
時間	Pillai のトレース	.933	9.236[b]	3.000	2.000	.099
	Wilks のラムダ	.067	9.236[b]	3.000	2.000	.099
	Hotelling のトレース	13.854	9.236[b]	3.000	2.000	.099
	Roy の最大根	13.854	9.236[b]	3.000	2.000	.099

← ①

a. 計画: 切片
被験者計画内: 時間

b. 正確統計量

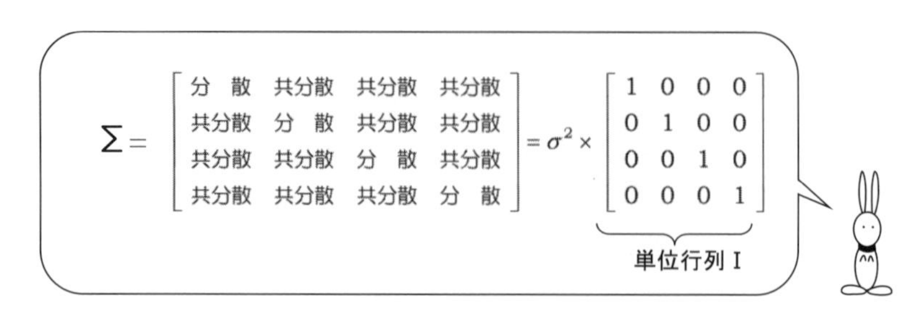

$$\Sigma = \begin{bmatrix} 分\ 散 & 共分散 & 共分散 & 共分散 \\ 共分散 & 分\ 散 & 共分散 & 共分散 \\ 共分散 & 共分散 & 分\ 散 & 共分散 \\ 共分散 & 共分散 & 共分散 & 分\ 散 \end{bmatrix} = \sigma^2 \times \underbrace{\begin{bmatrix} 1 & 0 & 0 & 0 \\ 0 & 1 & 0 & 0 \\ 0 & 0 & 1 & 0 \\ 0 & 0 & 0 & 1 \end{bmatrix}}_{単位行列 I}$$

【出力結果の読み取り方・その1】

⬅① ここの多変量検定は多変量分散分析のことで，次の仮説を検定しています．

$$仮説\ H_0：(x_2 - x_1,\ x_3 - x_1,\ x_4 - x_1) = (0, 0, 0)$$

ただし，x_1 ＝投与前，x_2 ＝投与1分後，x_3 ＝投与5分後，x_4 ＝投与10分後．

したがって，仮説 H_0 が棄てられないときは

$$x_2 - x_1 = 0, \quad x_3 - x_1 = 0, \quad x_4 - x_1 = 0$$

となるので，この仮説は

“投与前＝投与1分後＝投与5分後＝投与10分後”

を意味します．出力結果を見ると

有意確率 0.099 ＞有意水準 0.05

心拍数に差がない
ということです

なので，仮説 H_0 は棄てられません．

よって，“薬物投与によって心拍数に変化はなかった”と考えられます．

この多変量検定は，④の被験者内効果の検定に比べて差が出にくいと考えられています．

⬅② バートレットの球面性の検定は，次の仮説 H_0 を検定しています．

$$仮説\ H_0：\Sigma = \sigma^2 \cdot I$$

ただし，Σは4変数 x_1，x_2，x_3，x_4 の分散共分散行列です．

この仮説は，

“4変数は等分散で，しかも互いに無相関である”

ということと同じです．

出力結果を見ると有意確率が 0.044 なので，仮説 H_0 は棄てられます．

したがって，この4変数は無相関ではない，つまり，

“この4変数の間には何らかの関連がある”ことがわかります．

【SPSS による出力・その 2】——反復測定による 1 元配置の分散分析——

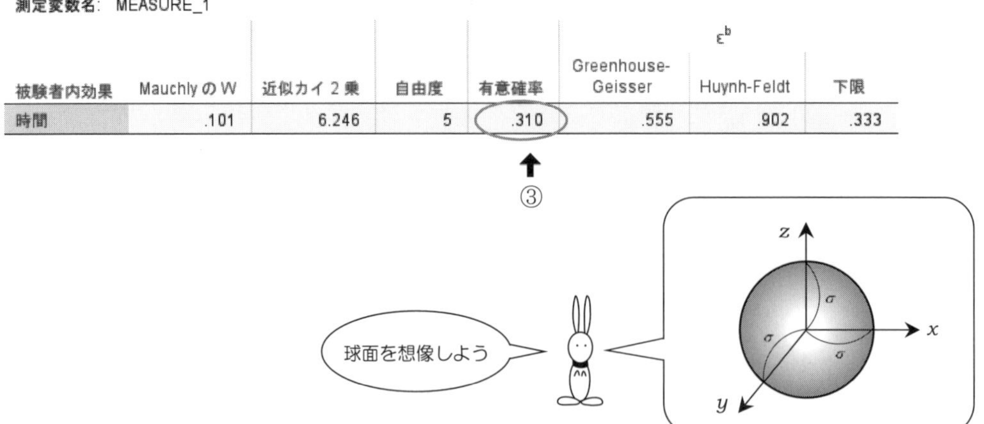

Mauchly の球面性検定[a]

測定変数名: MEASURE_1

					ε[b]		
被験者内効果	Mauchly の W	近似カイ 2 乗	自由度	有意確率	Greenhouse-Geisser	Huynh-Feldt	下限
時間	.101	6.246	5	.310	.555	.902	.333

統計万事爺翁がうまくいく

モークリーの球面性の仮説が成り立たないときは,
被験者内効果の検定の有意確率が小さくなることが知られています.

この仮説をホイン・フェルトの条件ともいいます.

球面性の仮定が成り立たないときには,
グリーンハウス・ゲイザーや，ホイン・フェルトのイプシロンを利用して
F 分布の自由度を小さくし，F 分布の有意確率を計算しなおします.

p.68 の被験者内効果の検定を見ると…

- グリーンハウス・ゲイザーの自由度

$$1.664 = 3 \times 0.555$$

- ホイン・フェルトの自由度

$$2.706 = 3 \times 0.902$$

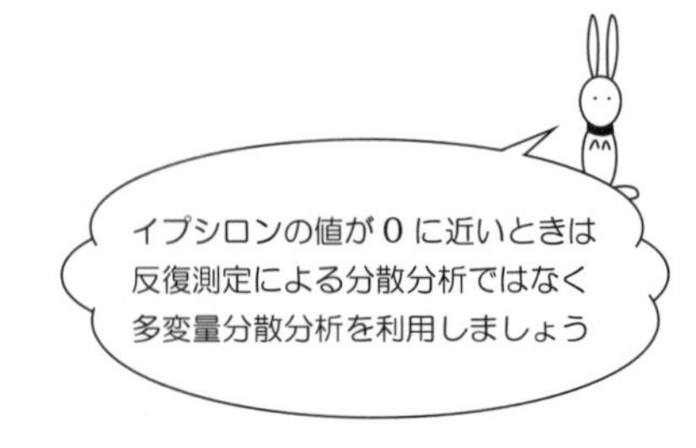

【出力結果の読み取り方・その 2】

⬅③　モークリーの球面性検定です．

たとえば，このデータの場合は，次の正規直交変換によって作られた

3 変数 z_1，z_2，z_3 の分散共分散行列を Σ としたとき，

表 4.2.1　正規直交変換

従属変数	変換された変数		
	z_1	z_2	z_3
投与前	−0.671	0.500	−0.224
投与 1 分後	−0.224	−0.500	−0.671
投与 5 分後	0.224	−0.500	0.671
投与10分後	0.671	0.500	0.224

次の仮説

$$仮説\ H_0 : \Sigma = \sigma^2 \cdot \begin{bmatrix} 1 & 0 & 0 \\ 0 & 1 & 0 \\ 0 & 0 & 1 \end{bmatrix}$$

が成り立つかどうかを検定しています．出力結果を見ると

有意確率 0.310 ＞有意水準 0.05

なので，仮説 H_0 は棄てられません．つまり，

“球面性の仮定が成り立っている”

と考えられます．

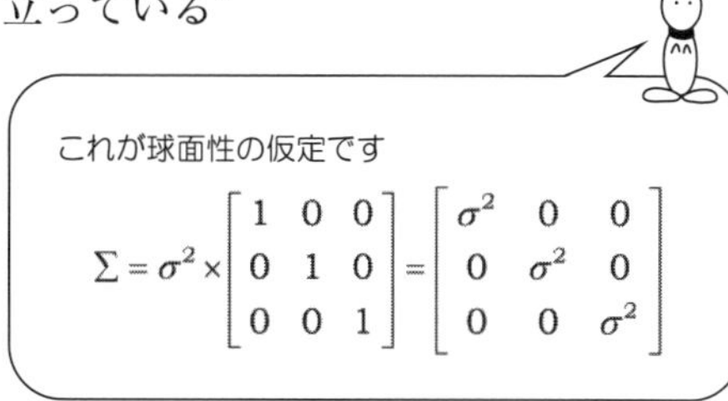

【SPSS による出力・その 3】——反復測定による 1 元配置の分散分析——

被験者内効果の検定

測定変数名: MEASURE_1

ソース		タイプ III 平方和	自由度	平均平方	F 値	有意確率
時間	球面性の仮定	1330.000	3	443.333	17.500	.000 ← ④
	Greenhouse-Geisser	1330.000	1.664	799.215	17.500	.003
	Huynh-Feldt	1330.000	2.706	491.515	17.500	.000
	下限	1330.000	1.000	1330.000	17.500	.014
誤差 (時間)	球面性の仮定	304.000	12	25.333		
	Greenhouse-Geisser	304.000	6.657	45.669		
	Huynh-Feldt	304.000	10.824	28.087		
	下限	304.000	4.000	76.000		

ソース		偏イータ 2 乗	非心度パラメータ	観測検定力[a]
時間	球面性の仮定	.814	52.500	1.000 ← ⑤
	Greenhouse-Geisser	.814	29.122	.981
	Huynh-Feldt	.814	47.354	.999
	下限	.814	17.500	.872

プロファイルプロット

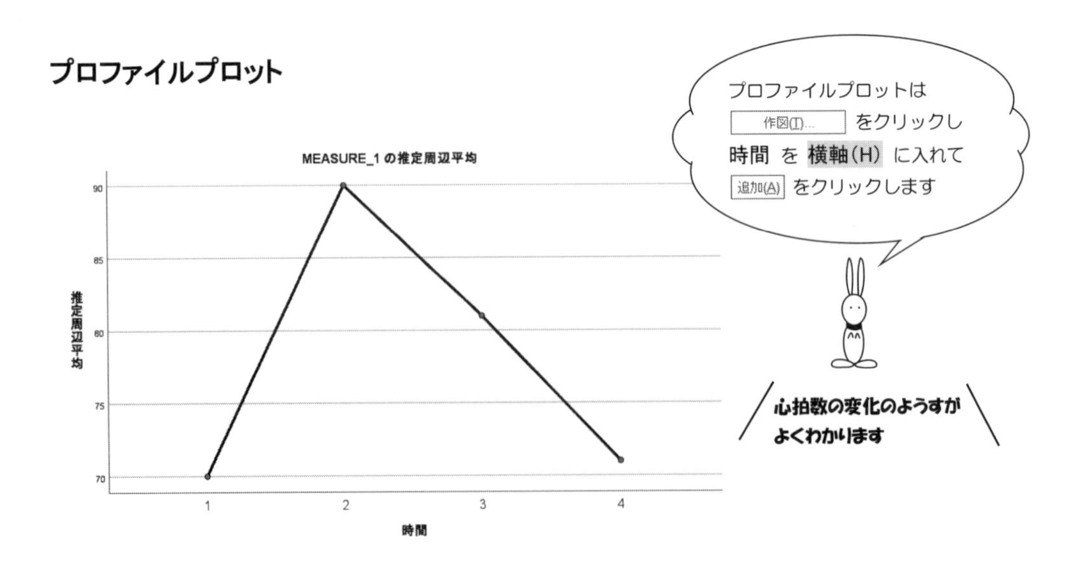

【出力結果の読み取り方・その 3】

⬅④　次の仮説

仮説 H_0：“投与前・投与 1 分後・投与 5 分後・投与 10 分後において
心拍数は変化していない”

を検定しています．

モークリーの球面性検定で仮説が棄却されなかったので，
球面性の仮定が成り立っていると考えられます．

そこで，**球面性の仮定**のところを見ます．

出力結果を見ると，**有意確率**が 0.000 になっています．つまり

有意確率 0.000 ≦有意水準 0.05

なので，仮説 H_0 は棄てられます．

したがって，

“投与前・投与 1 分後・投与 5 分後・投与 10 分後で
心拍数が変化している”

ことがわかります．

別の表現をすれば，

“この薬物は心拍数に影響を与えている”

ということになります．

ここが
反復測定による
1 元配置の分散分析の
中心部分です！

⬅⑤　効果サイズと検出力です．

$$\eta^2{}_{\mathrm{p}} = \frac{1330.000}{1330.000 + 304.000} = 0.814$$

【SPSS による多項式の対比の出力】

被験者内対比の検定

測定変数名: MEASURE_1

ソース	時間	タイプ III 平方和	自由度	平均平方	F 値	有意確率
時間	線型	9.000	1	9.000	.687	.454
	2 次	1125.000	1	1125.000	22.959	.009
	3 次	196.000	1	196.000	14.101	.020
誤差 (時間)	線型	52.400	4	13.100		
	2 次	196.000	4	49.000		
	3 次	55.600	4	13.900		

← ⑥

【多項式の対比の出力結果の読み取り方】

⬆⑥　一般線型モデルの対比には，次の 6 種類の検定が用意されています．

- 全平均との差
- 参照との差
- 逆 Helmert
- Helmert
- すぐ後との差
- 多項式（これがデフォルト）

⬅⑥　**多項式** の対比とは，

“m 個の被験者内因子の水準を独立変数 x としたとき

データを（$m-1$）次の多項式に当てはめてみる”

というものです．

表 4.1.1 の場合，被験者内因子の水準は

投与前　　投与 1 分後　　投与 5 分後　　投与 10 分後

の 4 個なので，3 次の多項式

$$y = \beta_0 + \beta_1 \cdot x + \beta_2 \cdot x^2 + \beta_3 \cdot x^3$$

の当てはめとなります．

出力結果は，次の仮説の検定をおこなっています．

1 次 …… 仮説 H_0：$\beta_1 = 0$

2 次 …… 仮説 H_0：$\beta_2 = 0$

3 次 …… 仮説 H_0：$\beta_3 = 0$

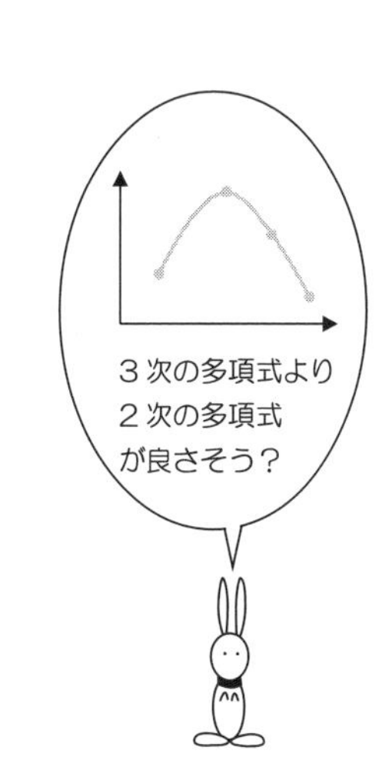

したがって，有意確率と有意水準 0.05 を比べてみると

$$\beta_2 \neq 0, \quad \beta_3 \neq 0$$

であることがわかります．

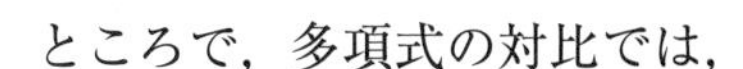

ところで，多項式の対比では，

“因子の水準は等間隔である”

という前提のもとにおこないます．

このデータの場合，被験者内因子の水準は等間隔であるとはいえないので，多項式の対比をおこなっても，あまり意味がありません．

4.3 反復測定における多重比較の手順（ダネットの方法）

反復測定によるデータや経時測定データのような対応のあるデータの場合，投与前→投与後といった変化のパターンを調べるのが主目的なので，被験者内因子に対して，テューキーの方法のような多重比較は行われません．

しかしながら

1. 投与前の心拍数と差がでるのは何分後か？
2. どの時点で心拍数が最高になるのか？

といったことには興味があります．

このようなときには，右ページのようにデータを並べ換えてダネットの方法による多重比較をしてみましょう．

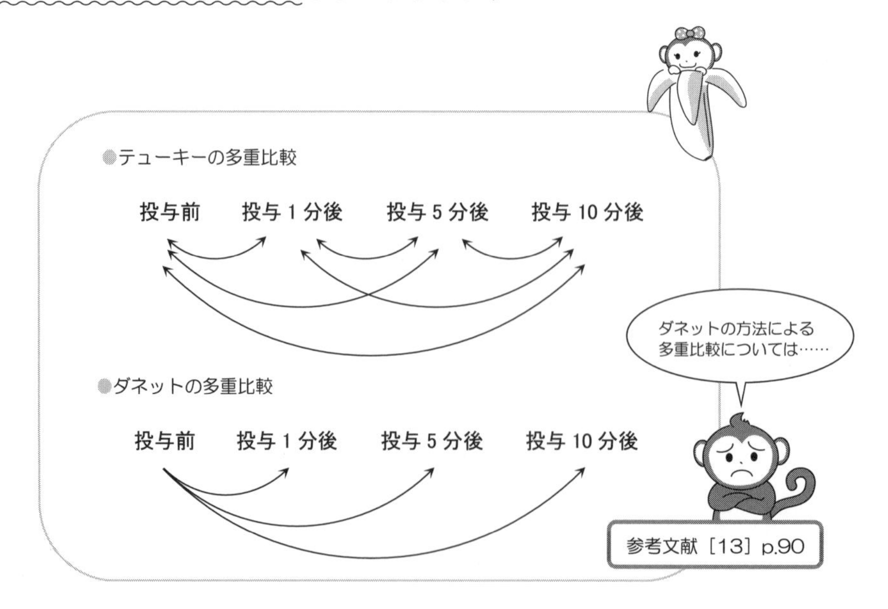

【くり返しのない2元配置のデータ入力の型】

次のようにデータを入力します.

	時間	被験者	心拍数	var
1	0	1	67	
2	0	2	92	
3	0	3	58	
4	0	4	61	
5	0	5	72	
6	1	1	92	
7	1	2	112	
8	1	3	71	
9	1	4		
10	1	5		
11	2	1		
12	2	2		
13	2	3		
14	2	4		
15	2	5		
16	3	1		
17	3	2		
18	3	3		
19	3	4		
20	3	5		
21				

反復測定による
1元配置の分散分析の結果は
くり返しのない2元配置の
分散分析の結果と
同じになります

ファイル(F)　編集(E)　表示(V)　データ(D)　変換(T)　分析(A)

	時間	被験者	心拍数	var
1	投与前	A1	67	
2	投与前	A2	92	
3	投与前	A3	58	
4	投与前	A4	61	
5	投与前	A5	72	
6	投与1分後	A1	92	
7	投与1分後	A2	112	
8	投与1分後	A3	71	
9	投与1分後	A4	90	
10	投与1分後	A5	85	
11	投与5分後	A1	87	
12	投与5分後	A2	94	
13	投与5分後	A3	69	
14	投与5分後	A4	83	
15	投与5分後	A5	72	
16	投与10分後	A1	68	
17	投与10分後	A2	90	
18	投与10分後	A3	62	
19	投与10分後	A4	66	
20	投与10分後	A5	69	
21				

値ラベル　値ラベル

こんなふうに
値ラベルを利用すると
わかりやすくなります

【統計処理の手順】

手順 1 データを入力したら，一般線型モデル(G) の中の 1 変量(U) を選択．

ファイル(F)　編集(E)　表示(V)　データ(D)　変換(T)　分析(A)　グラフ(G)　ユーティリティ(U)　拡張機能(X)　ウィンド

	時間	被験者	心拍数
1	0	1	67
2	0	2	92
3	0	3	58
4	0	4	61
5	0	5	72
6	1	1	92
7	1	2	112
8	1	3	71
9	1	4	90
10	1	5	85
11	2	1	87

検定力分析(P) >
報告書(P) >
記述統計(E) >
ベイズ統計(B) >
テーブル(B) >
平均の比較(M) >
一般線型モデル(G) >　1 変量(U)...　多変量(M)...　反復測定(R)...　分散成分(V)...
一般化線型モデル(Z) >
混合モデル(X) >
相関(C) >
回帰(R) >
対数線型(O) >
ニューラル ネットワーク(W) >

手順 2 次の 1 変量の画面が現れるので，心拍数をカチッとして，……

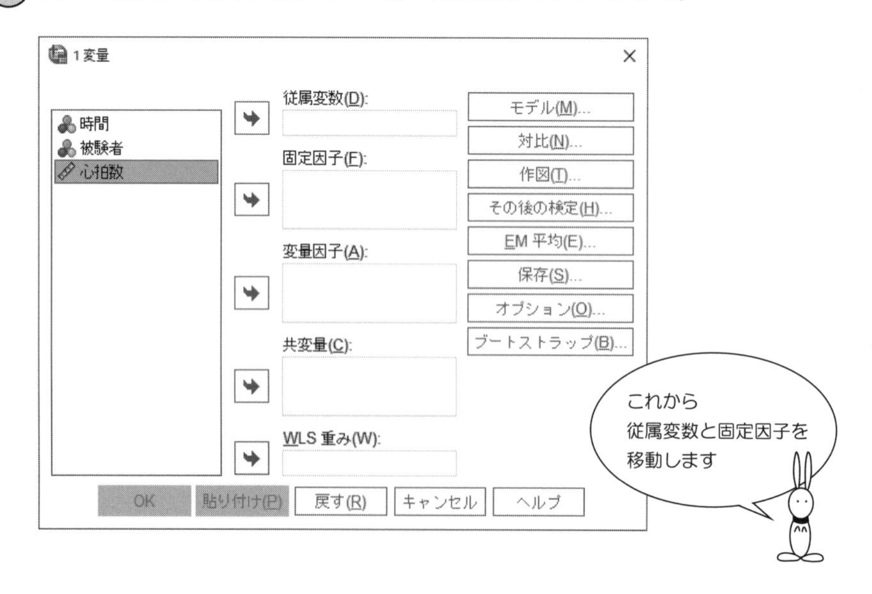

手順 3 従属変数(D) の ➡ をクリックすると，

心拍数が 従属変数(D) の中へ移動します．

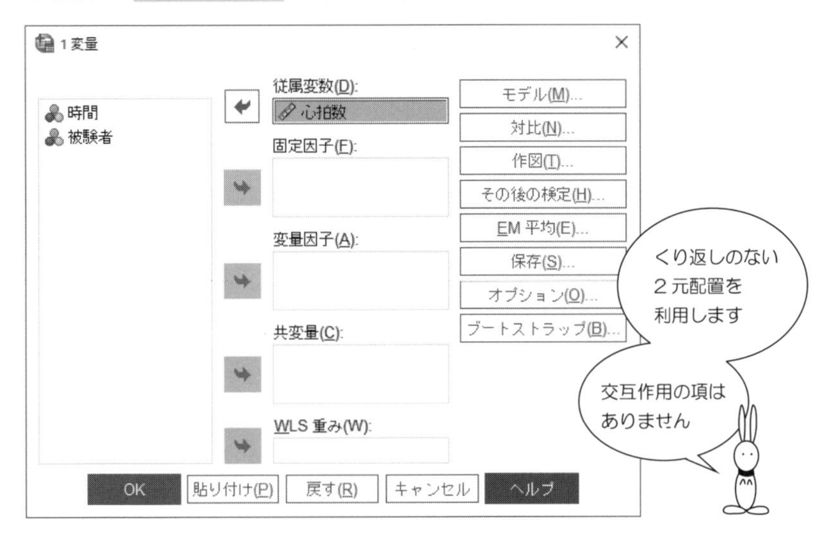

手順 4 時間と被験者をカチッとして， 固定因子(F) の ➡ をクリックすると

画面は，次のようになります．

そこで， その後の検定(H) をクリックすると……

手順 5 次の観測平均値のその後の多重比較画面になるので，

因子(F) の時間をカチッとして，

その後の検定(P) の左側の ➡ をクリック．

1 変量: 観測平均値のその後の多重比較

因子(F): 時間 被験者

その後の検定(P):

等分散を仮定する

最小有意差(L) Student-Newman-Keuls(S) Waller-Duncan(W)

Bonferroni(B) Tukey(T) タイプ I/タイプ II 誤り比(/) 100

Sidak(I) Tukey の b(K) Dunnett(E)

Scheffe(C) Duncan(D) 対照カテゴリ(Y): 最後

手順 6 このデータの場合には，投与前と差のあるグループを調べたいので，

多重比較の中から Dunnett(E) を選択します．

1 変量: 観測平均値のその後の多重比較

因子(F): 時間 被験者

その後の検定(P): 時間

等分散を仮定する

最小有意差(L) Student-Newman-Keuls(S) Waller-Duncan(W)

Bonferroni(B) Tukey(T) タイプ I/タイプ II 誤り比(/) 100

Sidak(I) Tukey の b(K) ☑ Dunnett(E)

Scheffe(C) Duncan(D) 対照カテゴリ(Y): 最後

R-E-G-W-F(R) Hochberg の GT2(H) 検定

R-E-G-W-Q(Q) Gabriel(G) ◉ 両側(2) ○ < 対照カテゴリ(O) ○ > 対照カテゴリ(N)

ここは？

等分散を仮定しない

Tamhane の T2(M) Dunnett の T3(3) Games-Howell(A) Dunnett の C(U)

続行(C) キャンセル ヘルプ

手順 7 投与前が対照カテゴリになるので，最後を最初に変えておきます．

手順 8 続行(C) をクリックしたら，次に交互作用のないモデルを作成します．

そのために，画面右上の モデル(M) をクリックすると……

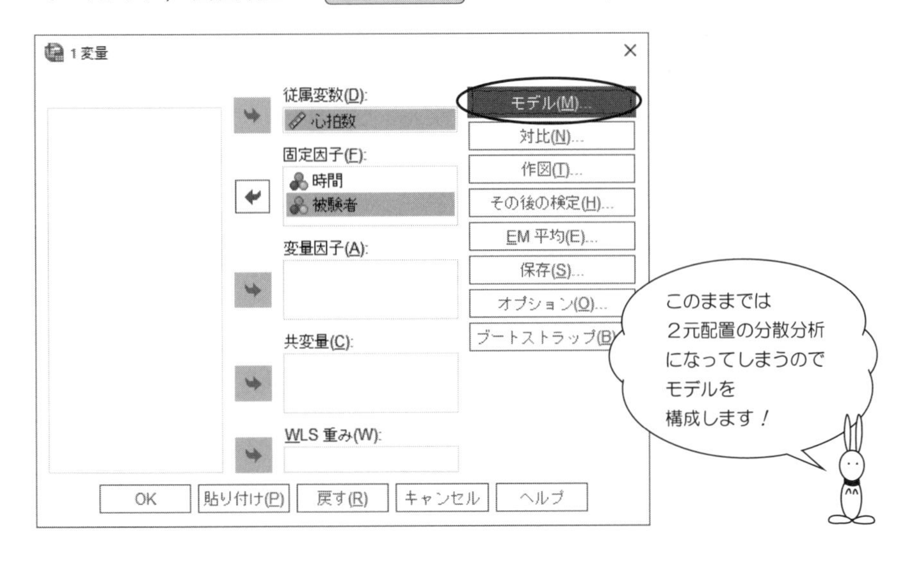

手順 9 次のモデルの画面が現れるので，**項の構築(B)** をクリック．

手順 10 すると画面の文字が黒くなるので，**被験者**をカチッとして

項の構築の ➡ をクリック．

手順 11 続いて，時間をカチッとして，➡をクリック．そして，続行(C)．

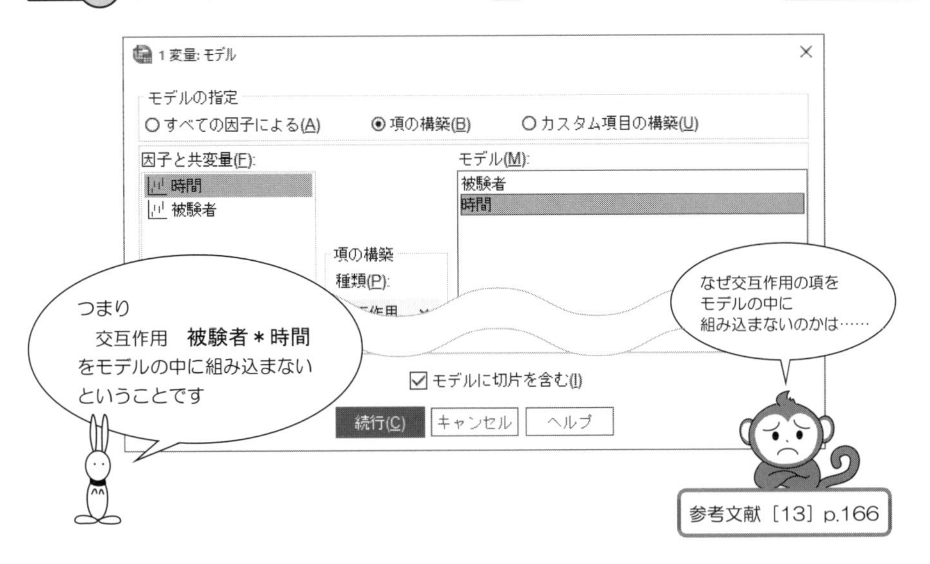

手順 12 次の画面にもどったら，OK ボタンをマウスでカチッ！

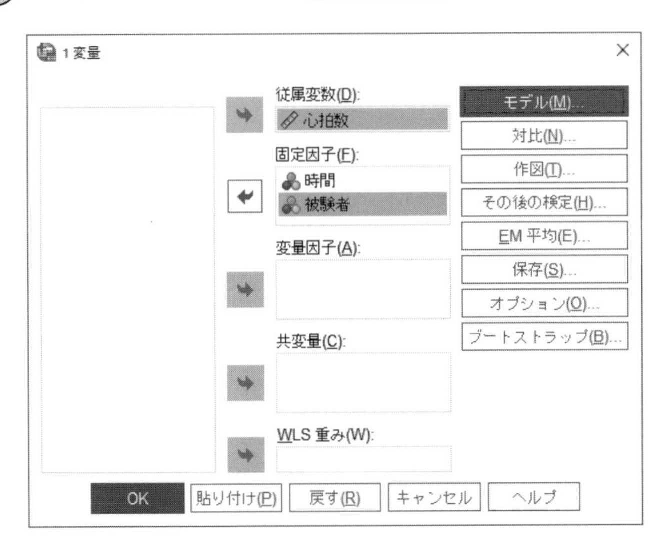

【SPSS による出力】——反復測定のときの多重比較（ダネットの方法）——

一変量の分散分析

被験者間効果の検定

従属変数: 心拍数

ソース	タイプ III 平方和	自由度	平均平方	F 値	有意確率
修正モデル	3536.000[a]	7	505.143	19.940	.000
切片	121680.000	1	121680.000	4803.158	.000
被験者	2206.000	4	551.500	21.770	.000
時間	1330.000	3	443.333	17.500	.000
誤差	304.000	12	25.333		
総和	125520.000	20			
修正総和	3840.000	19			

a. R2 乗 = .921 (調整済み R2 乗 = .875)

← ⑦

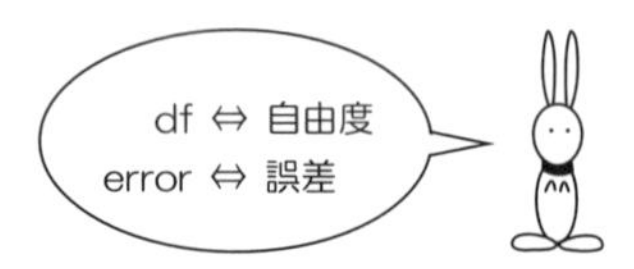

その後の検定

時間

多重比較

従属変数: 心拍数

Dunnett の t (2 サイドの)[a]

(I) 時間	(J) 時間	平均値の差 (I-J)	標準誤差	有意確率	95% 信頼区間 下限	95% 信頼区間 上限
投与1分後	投与前	20.00*	3.183	.000	11.46	28.54
投与5分後	投与前	11.00*	3.183	.012	2.46	19.54
投与10分後	投与前	1.00	3.183	.978	-7.54	9.54

← ⑧

対照カテゴリ

【出力結果の読み取り方】

⬅⑦　この検定は，くり返しのない２元配置の分散分析です．

注目すべきところは，

“時間に関するＦ値が 17.500 で，p.68 のＦ値と一致している”

という点．つまり，⑦の検定と p.68 の被験者内効果の検定④は同じ内容の検定をしているということです!!

⬅⑧　この多重比較はダネットの方法による多重比較です!!

平均値の差の中の＊印のついている水準の組合せのところに，有意水準５％で有意差があります．したがって，次の組合せ

｛ 投与前　と　投与１分後 ｝　　｛ 投与前　と　投与５分後 ｝

において，それぞれ心拍数に差があることがわかります．

つまり，

“薬物投与によって，１分後に心拍数の変化がみられ，

10 分後には投与前の心拍数に戻った”

と考えられます．

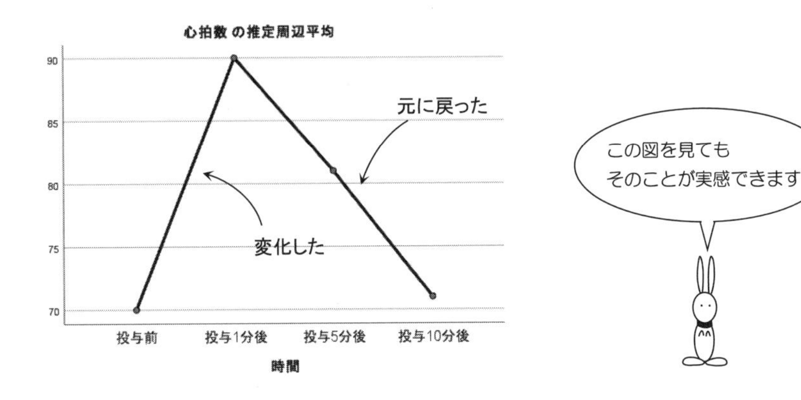

第5章 フリードマンの検定と多重比較

5.1 はじめに

次のデータは，薬物投与による心拍数を

1回目		2回目		3回目		4回目
投与前	⟶	投与1分後	⟶	投与5分後	⟶	投与10分後

と4回続けて測定した結果です．

薬物投与によって，被験者の心拍数は変化したのでしょうか？

表 5.1.1 薬物投与による心拍数 (D. M. Fisher)

被験者＼時間	投与前	投与1分後	投与5分後	投与10分後
A_1	67	92	87	68
A_2	92	112	94	90
A_3	58	71	69	62
A_4	61	90	83	66
A_5	72	85	72	69

←反復測定
対応のある因子

母集団の正規性を
仮定できないときは
ノンパラメトリック検定を
してみましょう

このデータは
表 4.1.1 と同じです

【反復測定による1元配置のデータ入力の型】

このデータは**「対応のある因子」**です.

対応関係があるときは，次のようにデータをヨコに入力します.

	被験者	投与前	投与1分後	投与5分後	投与10分後	var
1	A1	67	92	87	68	
2	A2	92	112	94	90	
3	A3	58	71	69	62	
4	A4	61	90	83	66	
5	A5	72	85	72	69	
6						
7						
8						

ヨコ方向に入力

データ ビュー　変数 ビュー

正規母集団を仮定した検定		正規母集団を仮定しない検定
対応のない因子による 1元配置の分散分析	⇔	クラスカル・ウォリスの検定
反復測定による 1元配置の分散分析	⇔	フリードマンの検定

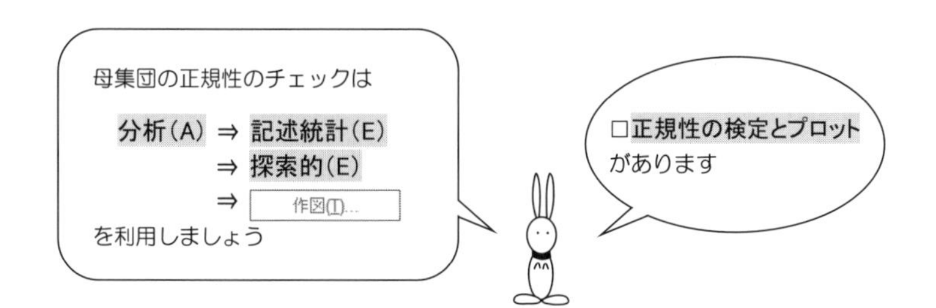

5.2 フリードマンの検定の手順

【統計処理の手順】

手順 1 データを入力したら，ノンパラメトリック検定(N) の中の対応サンプル(R) を選択します．

手順 2 次の 2 個以上の対応サンプルの画面になったら

○ 分析のカスタマイズ(C)

をチェックします.

そして, フィールド をクリック.

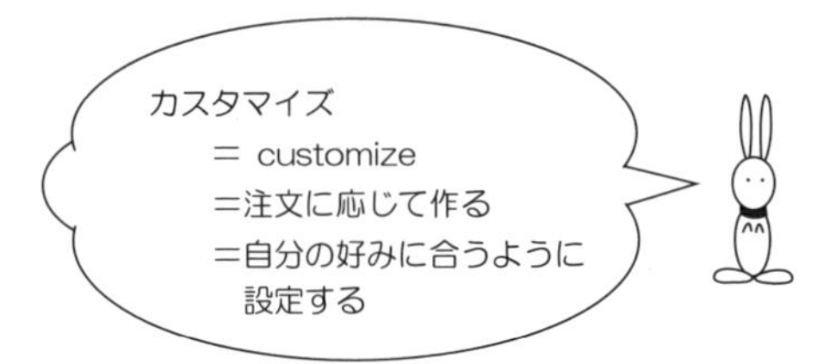

手順 3 次のフィールドの画面になったら

反復測定の順に　投与前，投与 1 分後，投与 5 分後，投与 10 分後

を 検定フィールド(T) に移します．そして，設定 をクリック．

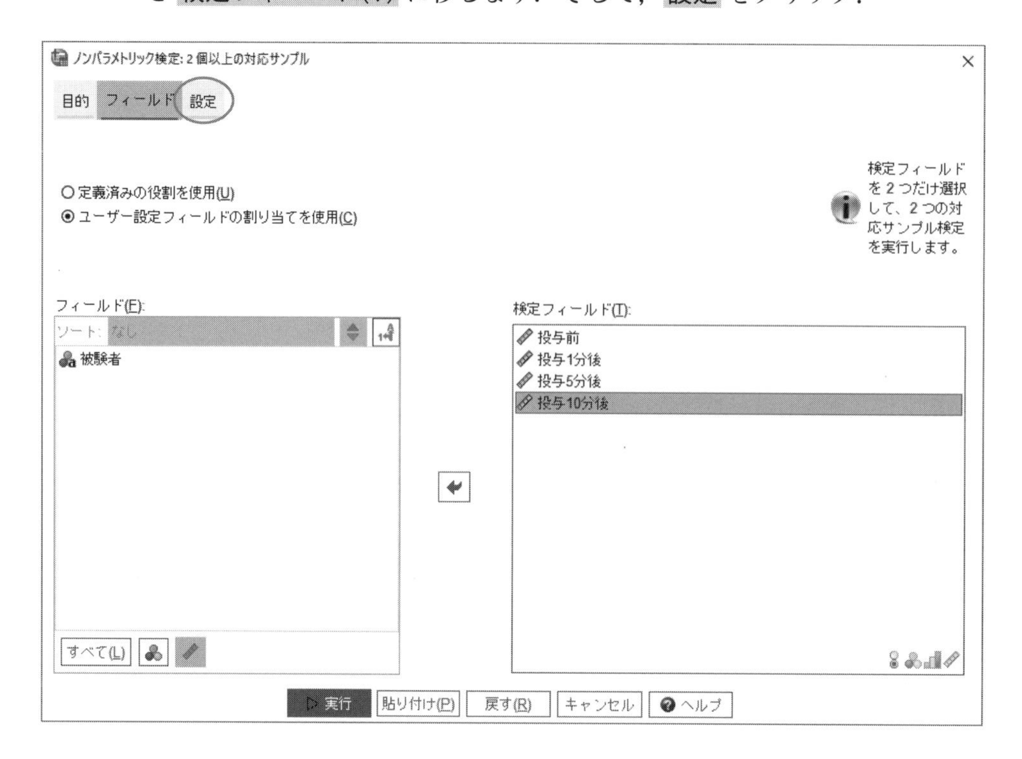

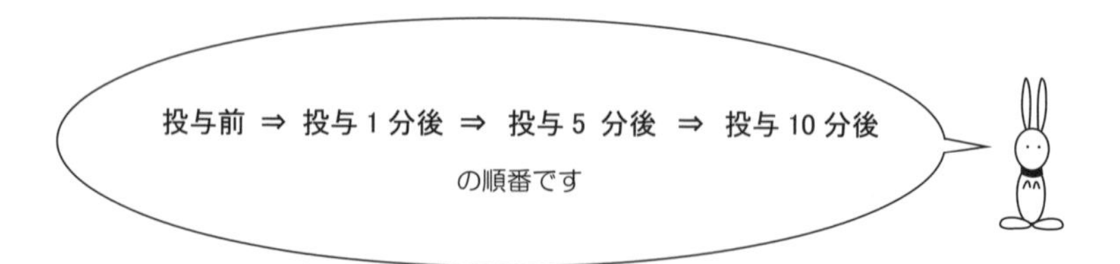

手順 4 次の設定の画面になったら，**検定のカスタマイズ(C)** をクリック．

□ **Friedman(kサンプル)(V)**

をチェックします．

多重比較をしないときは，**複数の比較(T)** は **なし** を選びます．

あとは，**実行** ボタンをマウスでカチッ！

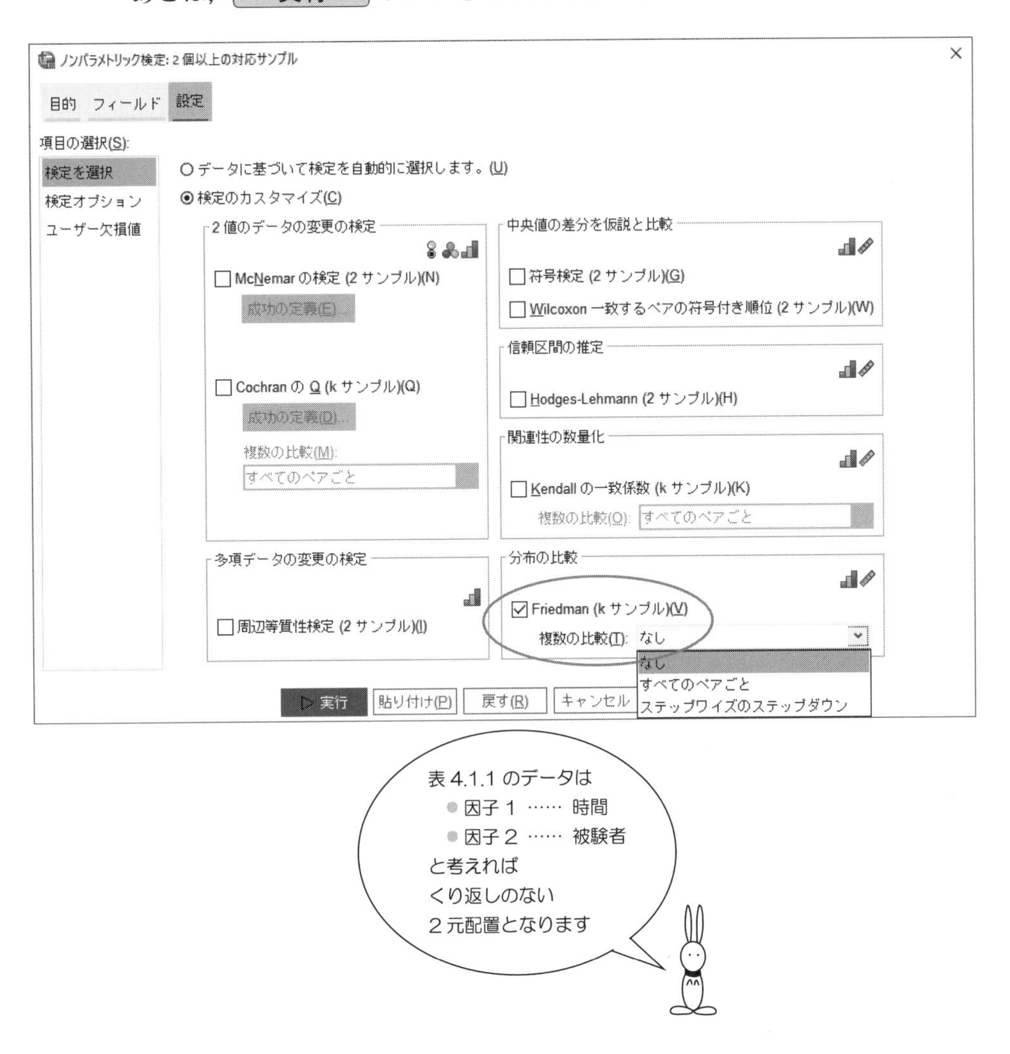

【SPSSによる出力】——フリードマンの検定——

仮説検定の要約

	帰無仮説	検定	有意確率[a,b]	決定
1	投与前、投与1分後、投与5分後および 投与10分後 の分布は同じです。	対応サンプルによる Friedman の順位付けによる変数の双方向分析	.005	帰無仮説を棄却します。

a. 有意水準は .050 です。

b. 漸近的な有意確率が表示されます。

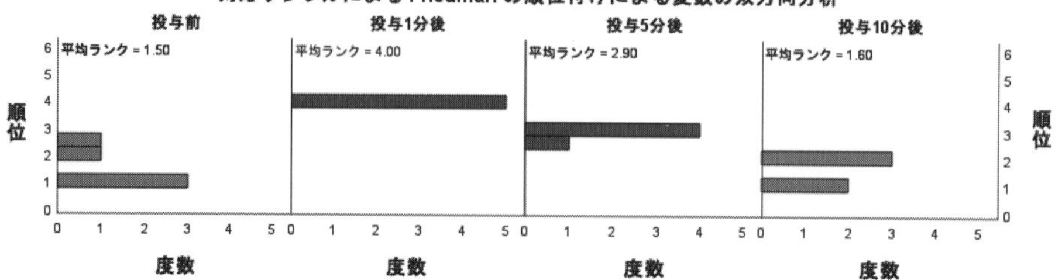

対応サンプルによる Friedman の順位付けによる変数の双方向分析の要約

合計数	5	
検定統計量	12.918	← ①
自由度	3	
漸近有意確率 (両側検定)	.005	← ①

【出力結果の読み取り方】

⬅① フリードマンの検定の仮説は

仮説 H_0：“投与前・1分後・5分後・10分後の心拍数に差はない”

となっています．

出力結果を見ると，検定統計量が 12.918 で，その漸近有意確率が 0.005．

つまり

漸近有意確率 0.005 ≦有意水準 0.05

なので，仮説 H_0 は棄てられます．

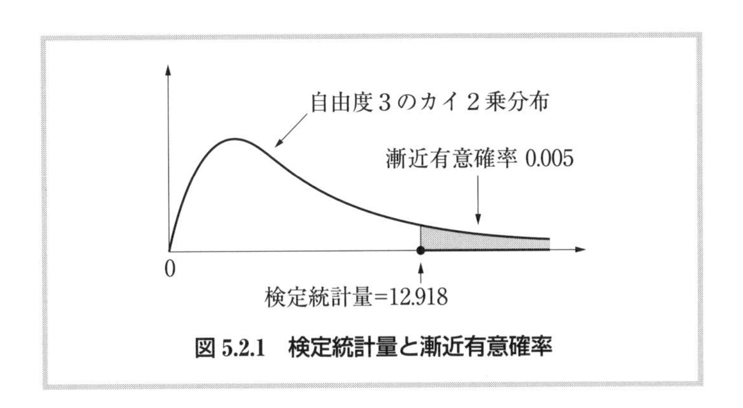

図 5.2.1 検定統計量と漸近有意確率

したがって，

“投与前・1分後・5分後・10分後の心拍数に差がある”

ことがわかりました．

このことは，

“薬物投与によって，心拍数が変化している”

ということを意味します．

では，投与前の心拍数と差が出るのは，投与何分後なのでしょうか？

このようなときは，多重比較へと進みます． ☞ p.90

5.3 多重比較の手順

【統計処理の手順】

手順 1 多重比較をしたいときは，次の画面で

複数の比較(T) の すべてのペアごと

を選択します.

あとは，［実行］ボタンをマウスでカチッ！

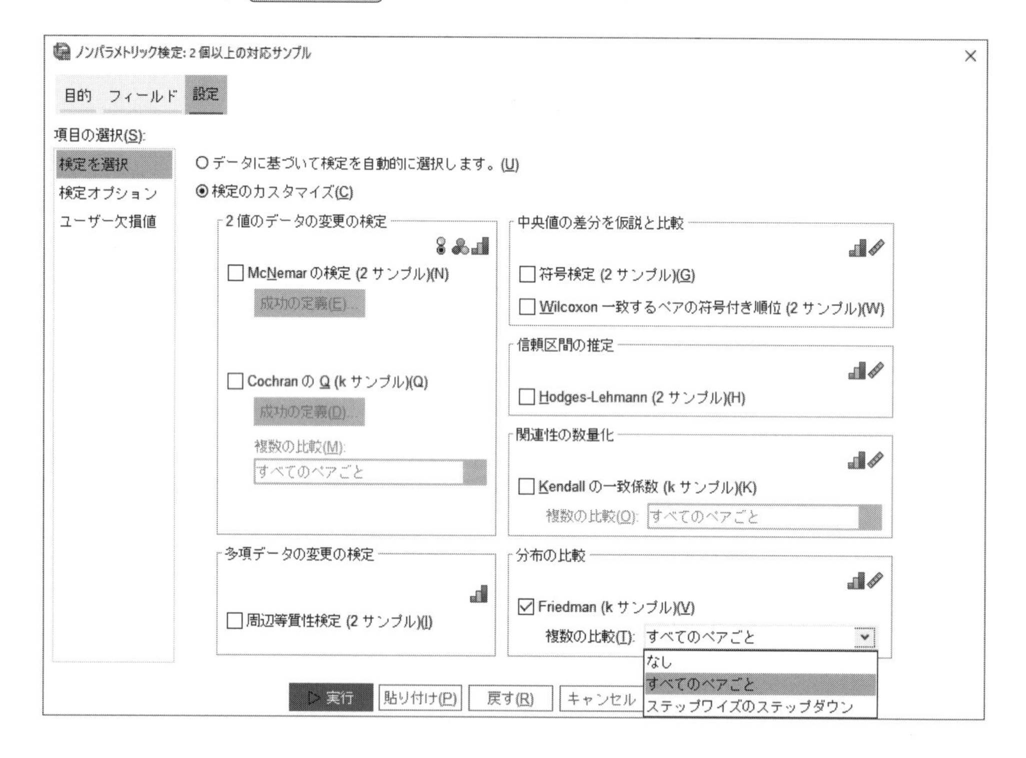

ダネット型の多重比較が見つからないときは
□ Wilcoxon 一致するペアの符号付き順位 検定をくり返し
Bonferroni の修正を適用するという方法もあります！

複数の比較(T) の中には

ステップワイズのステップダウン

も用意されています.

出力してみましょう!

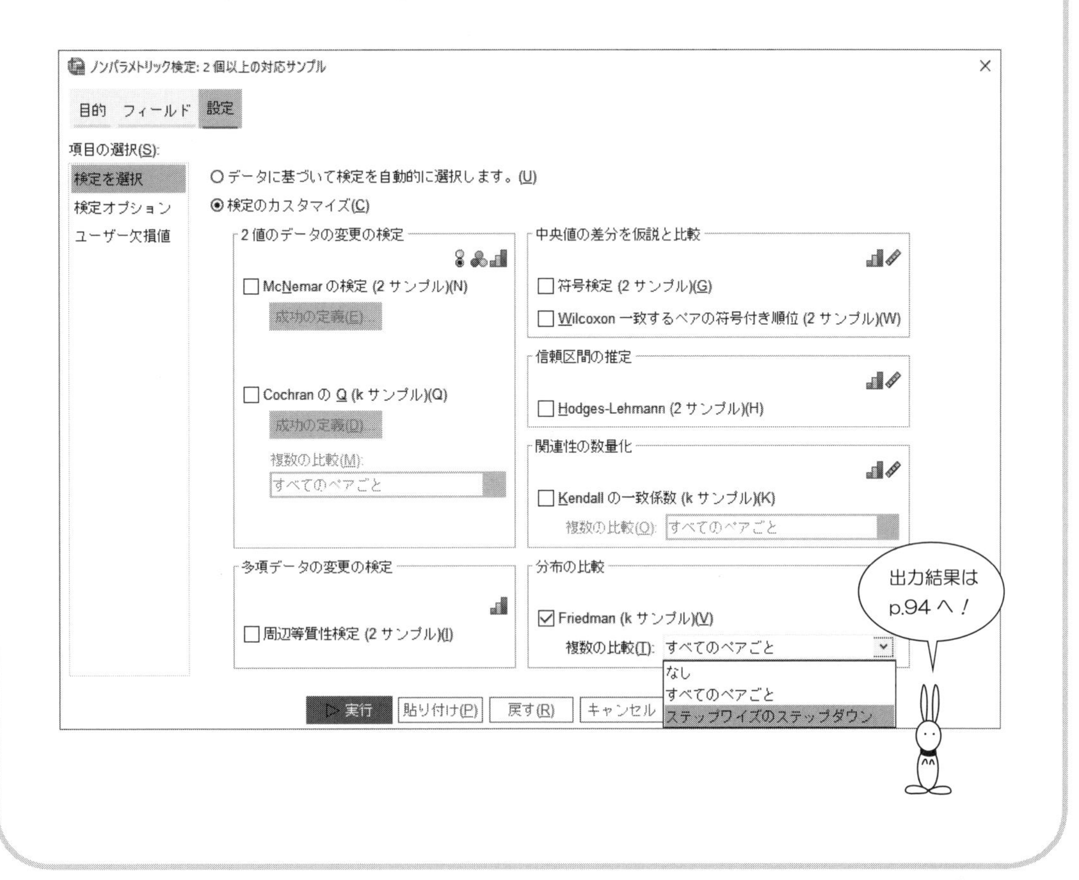

【SPSS による出力・その 1】

――フリードマンの検定の多重比較（すべてのペアごと の場合）――

ペアごとの比較

Sample 1-Sample 2	検定統計量	標準誤差	標準化検定統計量	有意確率	調整済み有意確率[a]
投与前-投与10分後	-.100	.816	-.122	.903	1.000
投与前-投与5分後	-1.400	.816	-1.715	.086	.518
投与前-投与1分後	-2.500	.816	-3.062	.002	.013
投与10分後-投与5分後	1.300	.816	1.592	.111	.668
投与10分後-投与1分後	2.400	.816	2.939	.003	.020
投与5分後-投与1分後	1.100	.816	1.347	.178	1.000

← ②

各行は、サンプル 1 とサンプル 2 の分布が同じであるという帰無仮説を検定します。
漸近的な有意確率 (両側検定) が表示されます。有意水準は .050 です。

a. Bonferroni 訂正により、複数のテストに対して、有意確率の値が調整されました。

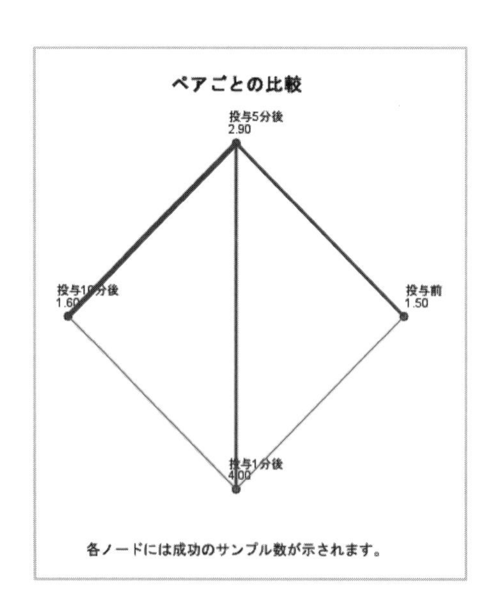

【出力結果の読み取り方・その1】

⬅② 4つのグループなので，

ペアの数は全部で

$$ {}_4C_2 = \frac{4 \times 3}{2 \times 1} = 6 \text{通り} $$

になります．

調整済み有意確率が 0.05 以下の組合せは

＊ …… { 投与前 と 投与1分後 }

＊ …… { 投与10分後 と 投与1分後 }

となります．

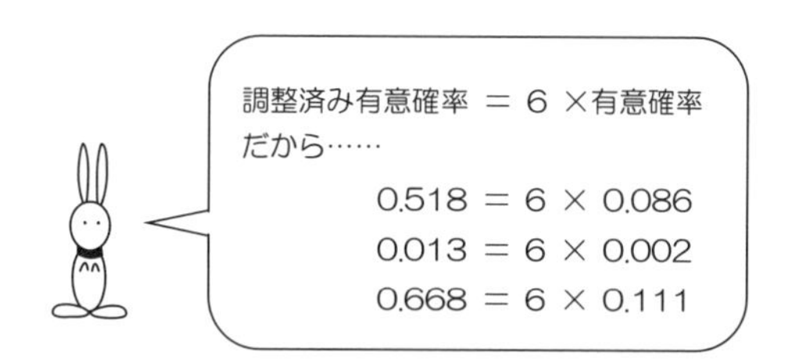

ボンフェローニの不等式

$P(A_1 \cup A_2 \cup \cdots \cup A_6) \leqq P(A_1) + P(A_2) + \cdots + P(A_6)$

参考文献［13］p.79

【SPSS による出力・その 2】

――フリードマンの検定の等質サブセット

（ステップワイズのステップダウン の場合）――

等質サブグループ

		サブセット 1	サブセット 2	サブセット 3
サンプル[a]	投与前	1.500		
	投与10分後	1.600	1.600	
	投与5分後		2.900	2.900
	投与1分後			4.000
検定統計量		.200	5.000	5.000
有意確率 (両側検定)		.655	.025	.025
調整済み有意確率 (両側検定)		.881	.050	.050

等質サブセットは、漸近有意確率に基づきます。 有意水準は .050 です。

a. 各セルにはサンプル平均ランクが示されます。

← ③

対応サンプルによる Wilcoxon の符合付き順位検定
投与前，投与 1 分後

合計数	5
検定統計量	15.000
標準誤差	3.691
標準化された検定統計量	2.032
漸近有意確率（両側検定）	.042

← ④

【出力結果の読み取り方・その 2】

⬅③ 等質サブセットなので，有意差のないグループは

- グループ 1 … ｛投与前　投与10分後｝
- グループ 2 … ｛投与10分後　投与5分後｝
- グループ 3 … ｛投与5分後　投与1分後｝

となっています．

⬅④ 表 5.1.1 の投与前と投与 1 分後のデータの選択をし，対応サンプルによる Wilcoxon の符号付き順位検定をすると，左のような出力結果を得ます

- データ ⇒ ケースの選択
- 分析 ⇒ ノンパラメトリック検定
　⇒対応サンプル…
　⇒Wilcoxon の符号付き順位検定

第6章 2元配置（対応のない因子と対応のない因子）の分散分析と多重比較

6.1 はじめに

次のデータは，薬剤の時間と量の効果について調べたものです．

薬剤の時間と量の12の組合せについて，3回ずつ測定しています．

時間の水準間，量の水準間に，それぞれ差はあるのでしょうか？

時間と量の間に交互作用は存在するのでしょうか？

表 6.1.1　薬剤の効果を調べる

薬剤の時間＼薬剤の量			因子B		
			水準 B_1	水準 B_2	水準 B_3
			100μg	600μg	2400μg
因子A	水準 A_1	3時間	13.2 15.7 11.9	16.1 15.7 15.1	9.1 10.3 8.2
	水準 A_2	6時間	22.8 25.7 18.5	24.5 21.2 24.2	11.9 14.3 13.7
	水準 A_3	12時間	21.8 26.3 32.1	26.9 31.3 28.3	15.1 13.6 16.2
	水準 A_4	24時間	25.7 28.8 29.5	30.1 33.8 29.6	15.2 17.3 14.8

【2元配置（対応のない因子と対応のない因子）のデータ入力の型】

一見，複雑そうに見えるこのデータも

「対応のない因子A」と**［対応のない因子B］**なので，

第2章の1元配置の分散分析のデータ入力と同じです．

グループ間に
対応があるかないか
それが問題です！

	薬剤時間	薬剤量	細胞分裂	var
1	1	1	13.2	
2	1	1	15.7	
3	1	1	11.9	
4	1	2		
5	1	2		
6	1	2		
7	1	3		
8	1	3		
9	1	3		
10	2	1		
11	2	1		
12	2	1		
13	2	2		
14	2	2		
15	2	2		
29	4	1		
30	4	1		
31	4	2		
32	4	2		
33	4	2		
34	4	3		
35	4	3		
36	4	3		
37				

	薬剤時間	薬剤量	細胞分裂	var
1	3時間	100μ g	13.2	
2	3時間	100μ g	15.7	
3	3時間	100μ g	11.9	
4	3時間	600μ g	16.1	
5	3時間	600μ g	15.7	
6	3時間	600μ g	15.1	
7	3時間	2400μ g	9.1	
8	3時間	2400μ g	10.3	
9	3時間	2400μ g	8.2	
10	6時間	100μ g	22.8	
11	6時間	100μ g	25.7	
12	6時間	100μ g	18.5	
13	6時間	600μ g	24.5	
14	6時間	600μ g	21.2	
15	6時間	600μ g	24.2	
28	24時間	100μ g	25.7	
29	24時間	100μ g	28.8	
30	24時間	100μ g	29.5	
31	24時間	600μ g	30.1	
32	24時間	600μ g	33.8	
33	24時間	600μ g	29.6	
34	24時間	2400μ g	15.2	
35	24時間	2400μ g	17.3	
36	24時間	2400μ g	14.8	
37				

タテ方向に入力

値ラベル　値ラベル

対応関係のないデータは
このように
タテに入力します

値ラベルを利用すると
わかりやすくなります

6.2 2元配置(対応のない因子と対応のない因子)の分散分析の手順

【統計処理の手順】

手順 1 データを入力したら，一般線型モデル(G) の中の 1変量(U) を選択.

ファイル(F)　編集(E)　表示(V)　データ(D)　変換(T)　分析(A)　グラフ(G)　ユーティリティ(U)　拡張機能(X)　ウィンド

	薬剤時間	薬剤量	細胞分裂
1	3時間	100μg	13.2
2	3時間	100μg	15.7
3	3時間	100μg	11.9
4	3時間	600μg	16.1
5	3時間	600μg	15.7
6	3時間	600μg	15.1
7	3時間	2400μg	9.1
8	3時間	2400μg	10.3
9	3時間	2400μg	8.2
10	6時間	100μg	22.8

検定力分析(P)
報告書(P)
記述統計(E)
ベイズ統計(B)
テーブル(B)
平均の比較(M)
一般線型モデル(G)
一般化線型モデル(Z)
混合モデル(X)
相関(C)
回帰(R)
対数線型(O)

1変量(U)...
多変量(M)...
反復測定(R)...
分散成分(V)...

var　var

手順 2 次の1変量の画面になったら，細胞分裂をマウスでカチッ.

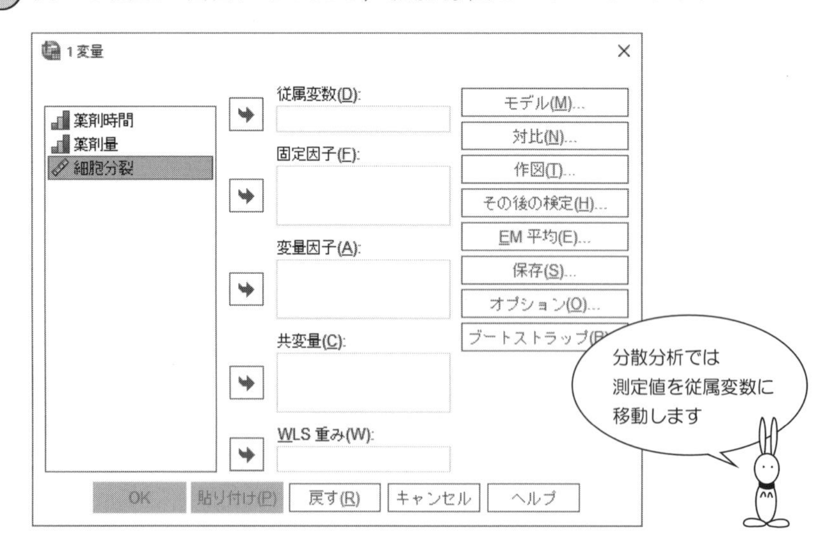

手順 3 従属変数(D) の左側の ➡ をクリックすると，細胞分裂が次のように 従属変数(D) のワクへ移動します．

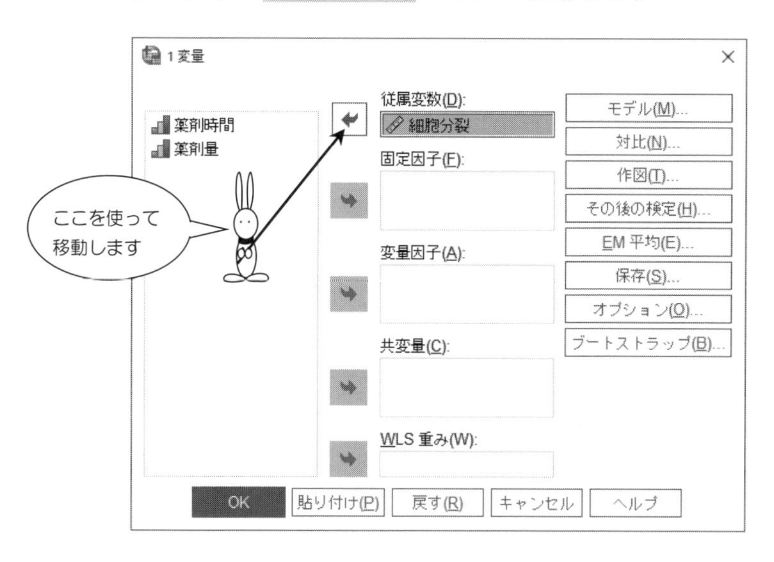

手順 4 次に，薬剤時間をカチッとして，固定因子(F) の左側の ➡ をクリックすると，固定因子(F) の中に薬剤時間が移動します．

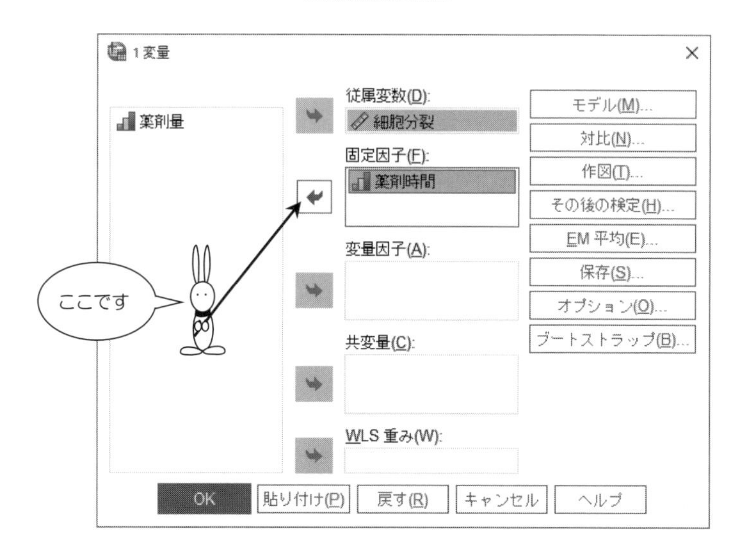

手順 5 続いて，薬剤量をカチッとして，固定因子(F) の左側の ➡ をクリックすると，薬剤量が 固定因子(F) へ入ります．
ここで，画面右の オプション(O) をクリック．

手順 6 次のオプションの画面になったら

□ 等分散性の検定(H)

をチェックして，続行．

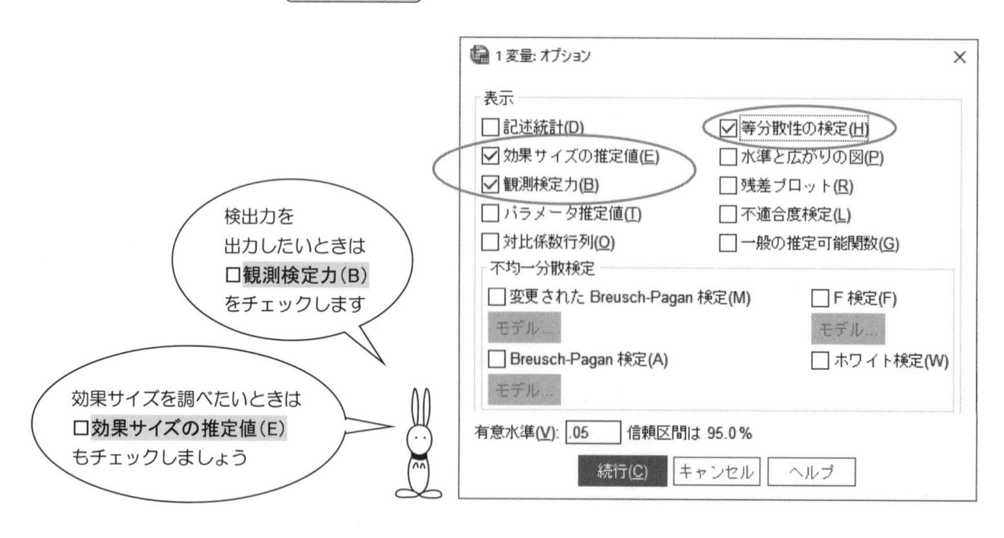

手順 7 次の画面に戻ったら，折れ線グラフを作ってみましょう．

そこで，［作図(T)］をクリック．

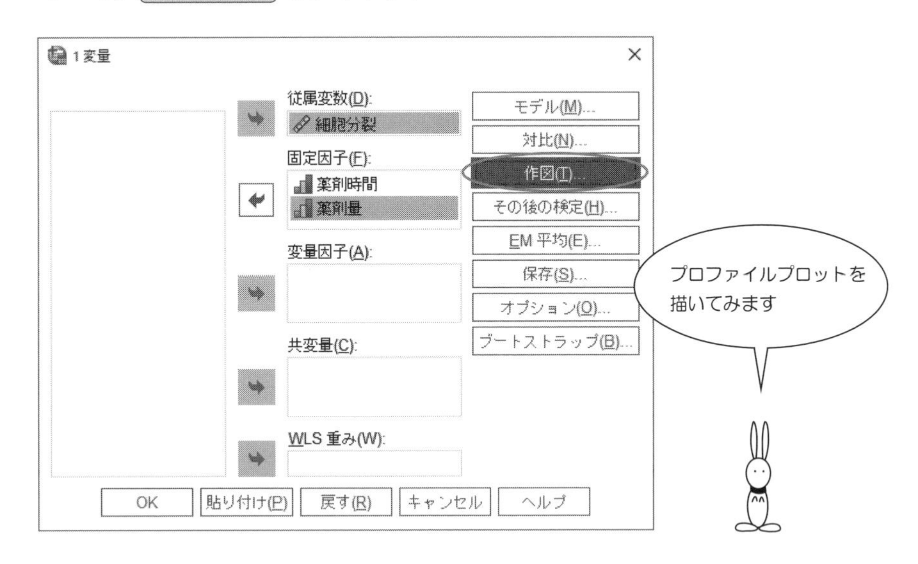

手順 8 次のプロファイルのプロットの画面が現れるので，

薬剤時間をカチッとして，……

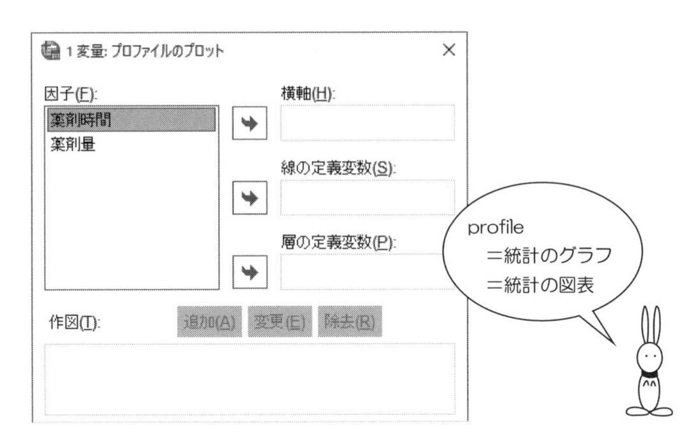

手順 9 横軸(H) の左側の ➡ をクリックすると，薬剤時間が，

横軸(H) のワクの中へ入ります．

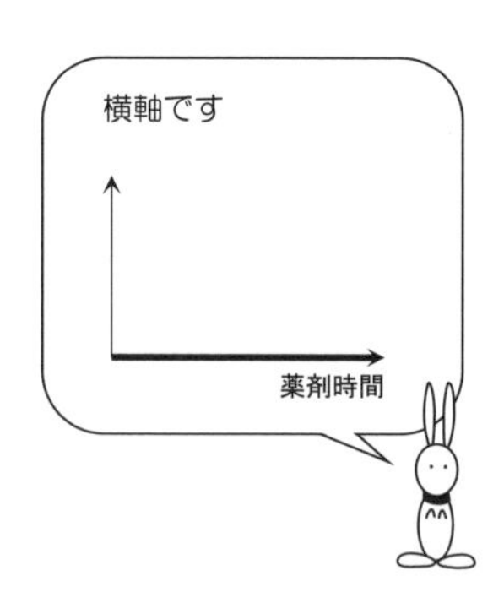

手順 10 続いて，薬剤量をカチッとしてから， 線の定義変数(S) の

➡ をクリックすると，薬剤量が右へ移動します．

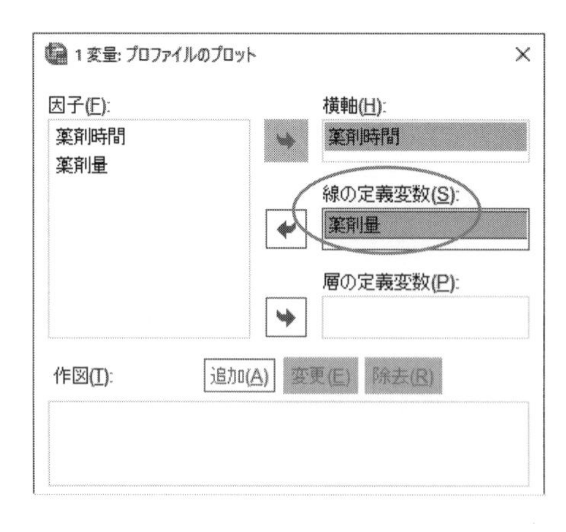

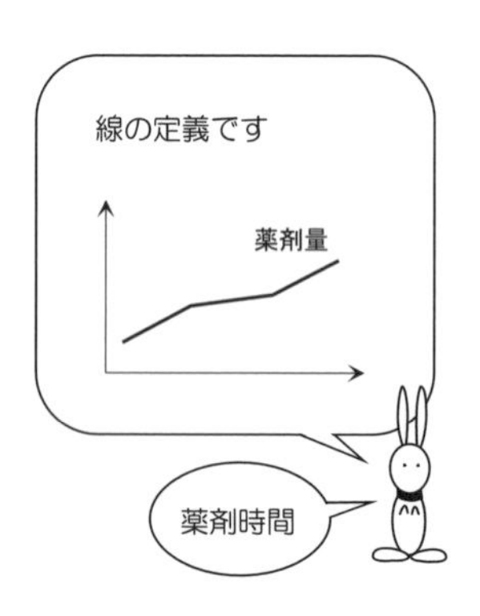

手順 11 最後に 追加(A) をクリックすると，作図(T) のワクの中が次のようになるはずです．そして，続行 ．

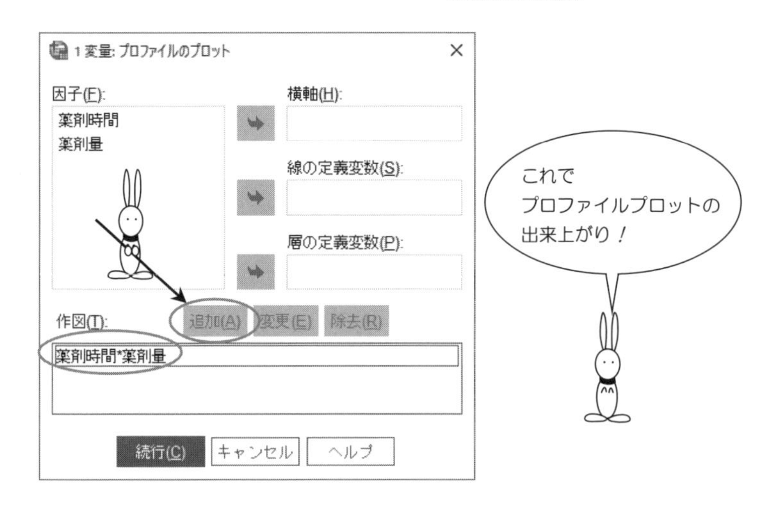

手順 12 次の画面に戻ったら，

あとは， OK ボタンをマウスでカチッ！

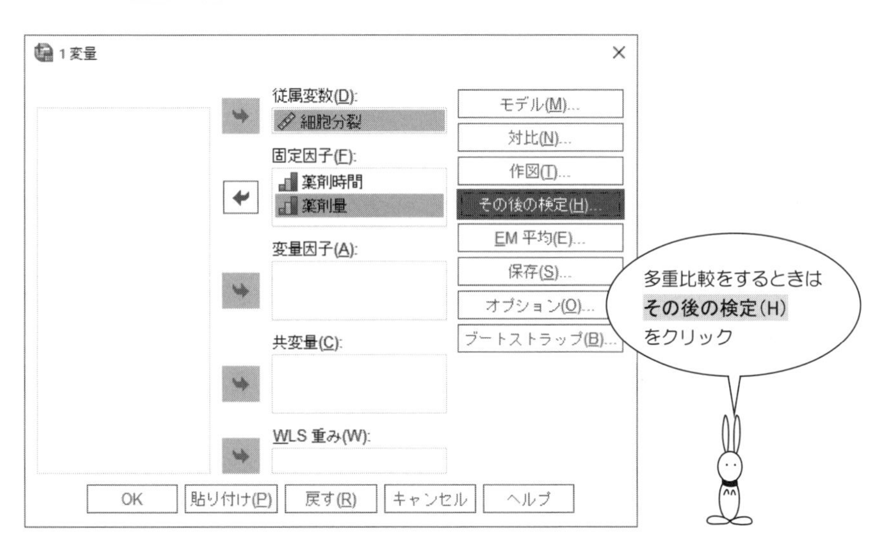

【SPSS による出力・その 1】

――２元配置（対応のない因子と対応のない因子）の分散分析――

一変量の分散分析

被験者間効果の検定

従属変数: 細胞分裂

ソース	タイプ III 平方和	自由度	平均平方	F 値	有意確率
修正モデル	1777.616[a]	11	161.601	28.651	.000
切片	14742.007	1	14742.007	2613.702	.000
薬剤時間	798.207	3	266.069	47.173	.000
薬剤量	889.521	2	444.760	78.854	.000
薬剤時間 * 薬剤量	89.888	6	14.981	2.656	.040
誤差	135.367	24	5.640		
総和	16654.990	36			
修正総和	1912.983	35			

従属変数: 細胞分裂

ソース	偏イータ 2 乗	非心度パラメータ	観測検定力[b]
修正モデル	.929	315.165	1.000
切片	.991	2613.702	1.000
薬剤時間	.855	141.519	1.000
薬剤量	.868	157.709	1.000
薬剤時間 * 薬剤量	.399	15.937	.754
誤差			
総和			
修正総和			

↑ ④ 効果サイズと検出力です

$$\eta^2{}_p = \frac{798.207}{798.207 + 135.367} = 0.855$$

【出力結果の読み取り方・その1】

⬅① 薬剤時間のところの仮説は

仮説 H_0：“薬剤の時間の４つの水準間に差はない”

となっています．出力結果を見ると

有意確率 0.000 ≦有意水準 0.05

なので，この仮説 H_0 は棄てられます．

したがって“薬剤の時間の４つの水準間に差がある”ことがわかります．

⬅② 薬剤量のところの仮説は

仮説 H_0：“薬剤の量の３つの水準間に差はない”

となっています．この出力結果は

有意確率 0.000 ≦有意水準 0.05

となっているので，“薬剤の量の３つの水準間に差がある”ことがわかります．

⬅③ ここは交互作用の検定で

仮説 H_0：“薬剤時間と薬剤量の間に交互作用は存在しない”

を調べています．有意確率のところを見ると

有意確率 0.040 ≦有意水準 0.05

なので，仮説 H_0 は棄てられます．したがって

“薬剤時間と薬剤量の間に交互作用が存在する”

と考えられます．

ところで，２つの因子間に交互作用があるときには，

①や②のような因子の水準間の差の検定は意味がありません．

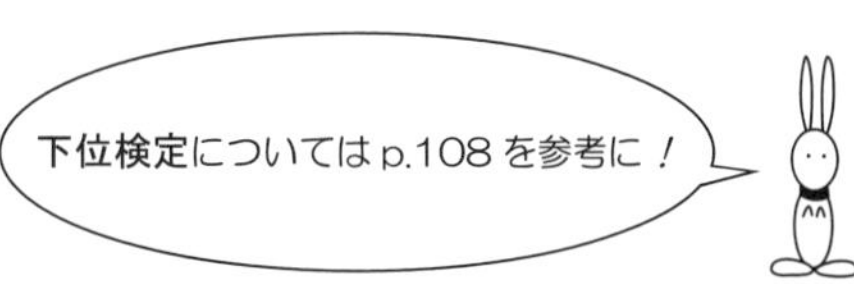

【SPSS による出力・その 2】――2元配置のプロファイルプロット――

プロファイル プロット

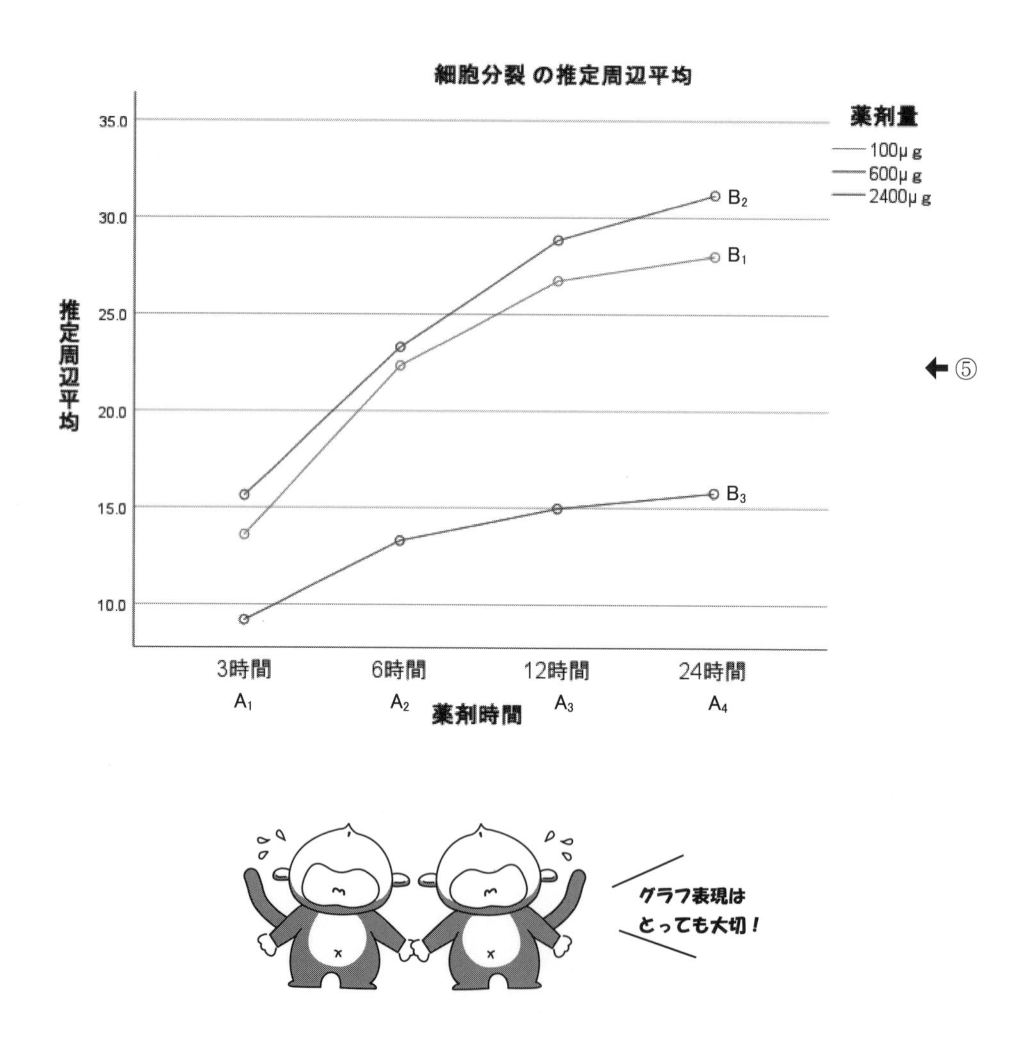

【出力結果の読み取り方・その2】

⬅⑤　作図の折れ線グラフを見ると，

“100μg と 600μg の折れ線はほぼ平行になっている”

ので，この２つの水準に関しては時間と量の間に交互作用はなさそうです．

ところが，

“2400μg の折れ線は他の２本と平行になっていない”

ので，ここのところに時間と量の交互作用が隠れているようです．

このグラフによる交互作用の存在が，③の検定結果と一致していることに注目しましょう！

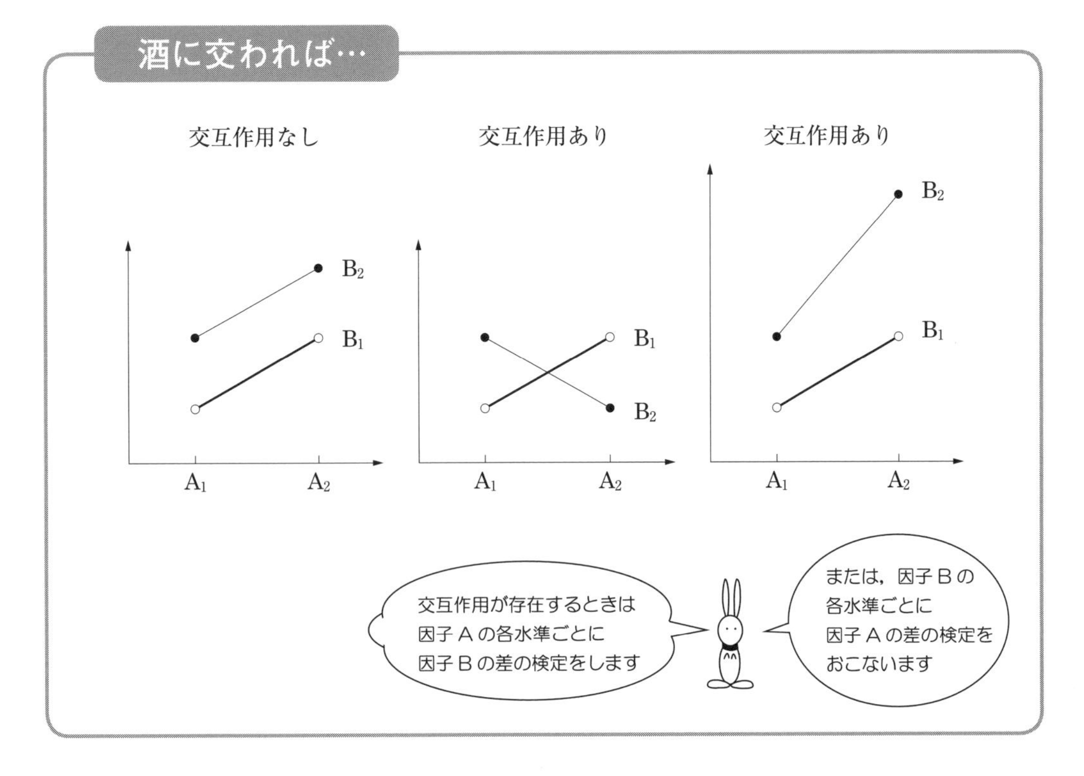

6.3 下位検定と多重比較の手順（交互作用が存在するとき）

【統計処理の手順】

手順 1 交互作用が存在するときの下位検定と多重比較は，

次の画面から始めます．画面下の 貼り付け(P) をクリック．

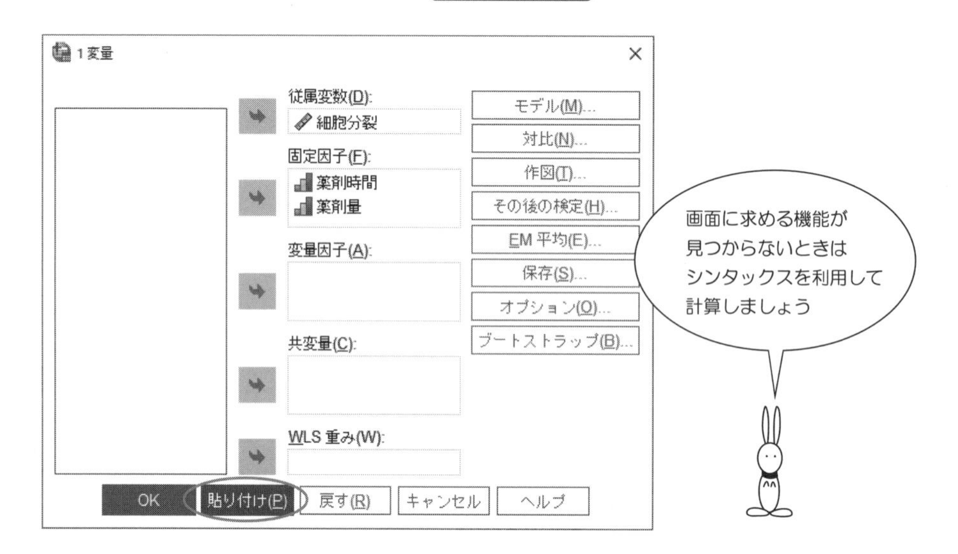

手順 2 すると，次のシンタックスの画面が現れます．

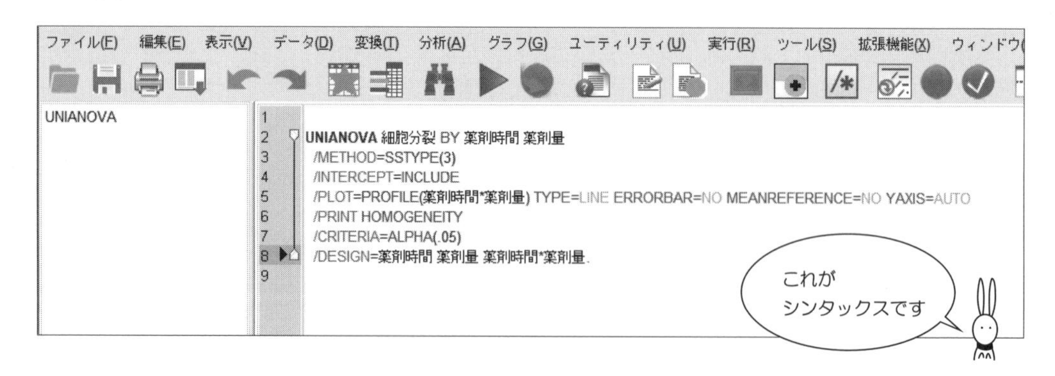

手順 3 そこで，シンタックスの５行目に，次の１行を追加します．

/EMMEANS = TABLES(薬剤時間＊薬剤量)COMPARE(薬剤時間)ADJ(BONFERRONI)

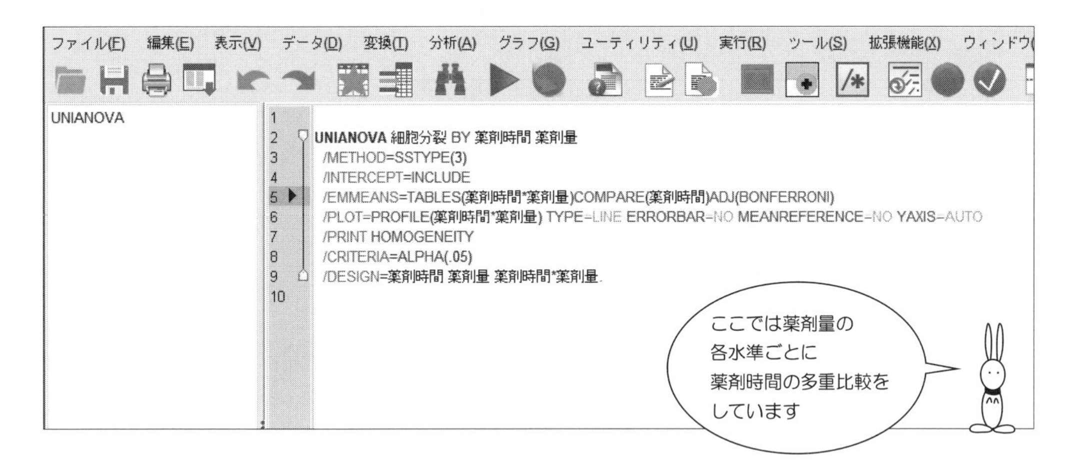

手順 4 追加したら，次のようにシンタックスを実行します．

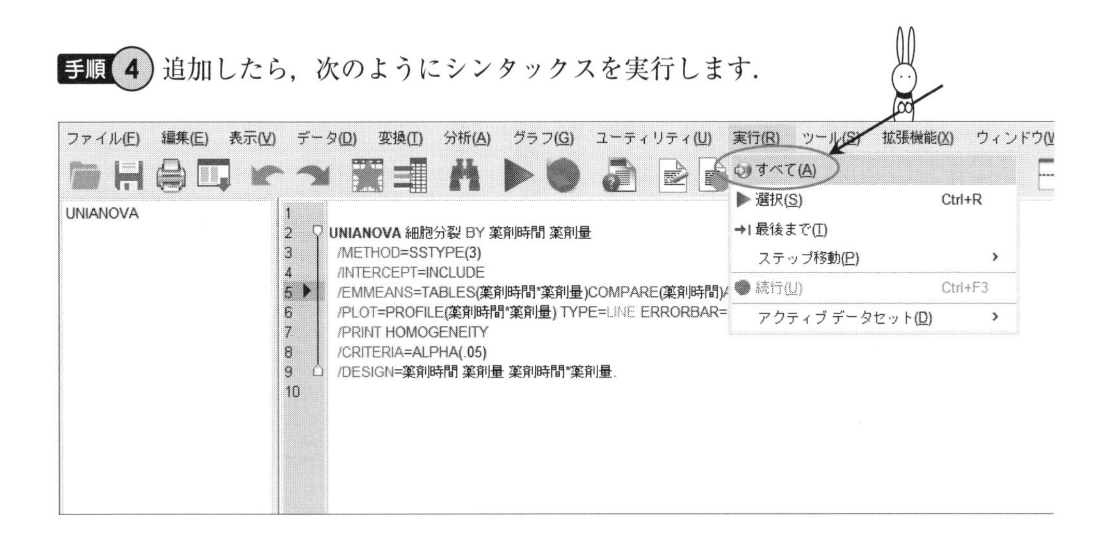

【SPSS による出力・その 1】——下位検定と多重比較——

1 変量検定

従属変数: 細胞分裂

薬剤量		平方和	自由度	平均平方	F 値	有意確率
100μg	対比	381.893	3	127.298	22.569	.000
	誤差	135.367	24	5.640		
600μg	対比	429.187	3	143.062	25.364	.000
	誤差	135.367	24	5.640		
2400μg	対比	77.016	3	25.672	4.552	.012
	誤差	135.367	24	5.640		

F 値は 薬剤時間 の多変量効果を検定します。これらの検定は、推定周辺平均中の一時独立対比較検定に基づいています。

← ⑥

3 つの誤差の
平均平方は
2 元配置の誤差の
平均平方と
一致しています
p.104 参照

水準 B_1，水準 B_2，水準 B_3 について，1 元配置の分散分析をすると
次のようになります
下位検定とは“次におこなう検定”といった程度の意味です

●水準 B_1

	平方和	自由度	平均平方	F 値	有意確率
グループ間	381.893	3	127.298	10.696	.004
グループ内	95.213	8	11.902		
合計	477.107	11			

●水準 B_2

	平方和	自由度	平均平方	F 値	有意確率
グループ間	429.187	3	143.062	41.169	.000
グループ内	27.800	8	3.475		
合計	456.987	11			

●水準 B_3

	平方和	自由度	平均平方	F 値	有意確率
グループ間	77.016	3	25.672	16.625	.001
グループ内	12.353	8	1.544		
合計	89.369	11			

【出力結果の読み取り方・その1】

←⑥　この３つの検定が 下位検定 です．

この３つの誤差の平方和 135.367 と自由度 24 が
p.104 の誤差の平方和 135.367 と自由度 24 に
一致していることに注目しましょう．

100μg の場合

仮説 H_0：“薬剤の４つの時間の間に差はない”

有意確率 0.000 ≦有意水準 0.05 なので，仮説 H_0 は棄却されます．

よって，薬剤の量が 100μg のとき，４つの時間の間に差があります．

600μg の場合

仮説 H_0：“薬剤の４つの時間の間に差はない”

有意確率 0.000 ≦有意水準 0.05 なので，仮説 H_0 は棄却されます．

よって，薬剤の量が 600μg のとき，４つの時間の間に差があります．

2400μg の場合

仮説 H_0：“薬剤の４つの時間の間に差はない”

有意確率 0.012 ≦有意水準 0.05 なので，仮説 H_0 は棄却されます．

よって，薬剤の量が 2400μg のとき，４つの時間の間に差があります．

【SPSS による出力・その 2】——下位検定と多重比較——

薬剤時間 * 薬剤量

ペアごとの比較

従属変数: 細胞分裂

薬剤量	(I) 薬剤時間	(J) 薬剤時間	平均値の差 (I-J)	標準誤差	有意確率[b]	95% 平均差信頼区間[b] 下限	上限
100μg	3時間	6時間	-8.733*	1.939	.001	-14.308	-3.158
		12時間	-13.133*	1.939	.000	-18.708	-7.558
		24時間	-14.400*	1.939	.000	-19.975	-8.825
	6時間	3時間	8.733*	1.939	.001	3.158	14.308
		12時間	-4.400	1.939	.195	-9.975	1.175
		24時間	-5.667*	1.939	.045	-11.242	-.092
	12時間	3時間	13.133*	1.939	.000	7.558	18.708
		6時間	4.400	1.939	.195	-1.175	9.975
		24時間	-1.267	1.939	1.000	-6.842	4.308
	24時間	3時間	14.400*	1.939	.000	8.825	19.975
		6時間	5.667*	1.939	.045	.092	11.242
		12時間	1.267	1.939	1.000	-4.308	6.842
600μg	3時間	6時間	-7.667*	1.939	.004	-13.242	-2.092
		12時間	-13.200*	1.939	.000	-18.775	-7.625
		24時間	-15.533*	1.939	.000	-21.108	-9.958
	6時間	3時間	7.667*	1.939	.004	2.092	13.242
		12時間	-5.533	1.939	.053	-11.108	.042
		24時間	-7.867*	1.939	.003	-13.442	-2.292
	12時間	3時間	13.200*	1.939	.000	7.625	18.775
		6時間	5.533	1.939	.053	-.042	11.108
		24時間	-2.333	1.939	1.000	-7.908	3.242
	24時間	3時間	15.533*	1.939	.000	9.958	21.108
		6時間	7.867*	1.939	.003	2.292	13.442
		12時間	2.333	1.939	1.000	-3.242	7.908
2400μg	3時間	6時間	-4.100	1.939	.270	-9.675	1.475
		12時間	-5.767*	1.939	.040	-11.342	-.192
		24時間	-6.567*	1.939	.015	-12.142	-.992
	6時間	3時間	4.100	1.939	.270	-1.475	9.675
		12時間	-1.667	1.939	1.000	-7.242	3.908
		24時間	-2.467	1.939	1.000	-8.042	3.108
	12時間	3時間	5.767*	1.939	.040	.192	11.342
		6時間	1.667	1.939	1.000	-3.908	7.242
		24時間	-.800	1.939	1.000	-6.375	4.775
	24時間	3時間	6.567*	1.939	.015	.992	12.142
		6時間	2.467	1.939	1.000	-3.108	8.042
		12時間	.800	1.939	1.000	-4.775	6.375

← ⑦

推定周辺平均に基づいた

*. 平均値の差は .05 水準で有意です。

b. 多重比較の調整: Bonferroni。

【出力結果の読み取り方・その 2】

⬅⑦　ボンフェローニの方法による多重比較です．

薬剤時間と薬剤量の間に交互作用が存在しているので，
薬剤量の各水準 100μg，600μg，2400μg ごとに
薬剤時間の 4 つの水準

3 時間，6 時間，12 時間，24 時間

の多重比較をしています．

たとえば，……

水準 100μg の場合，有意差があるのは次の 4 つの組合せです．

＊ ……｛ 3時間　と　6時間 ｝｛ 3時間　と　12時間 ｝
＊ ……｛ 3時間　と　24時間 ｝｛ 6時間　と　24時間 ｝

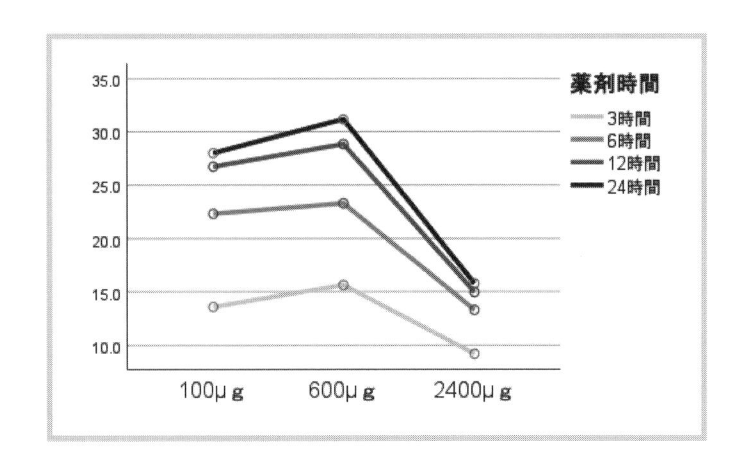

第7章 2元配置（対応のない因子と対応のある因子）の分散分析と多重比較

7.1 はじめに

次のデータは，運動負荷開始後，２種類の飲料水 A，B を，それぞれ摂取したときの心拍数の変化を調べています．

飲料水の種類によって，心拍数の変化に違いがあるのでしょうか？

表 7.1.1　2 種類の飲料水摂取後の心拍数

被験者	飲料水 A における心拍数		
	運動前	運動 90 分後	運動 180 分後
A_1	44	120	153
A_2	61	119	148
A_3	67	157	167
A_4	60	153	175
A_5	61	139	162

←対応のある因子
被験者内因子

被験者	飲料水 B における心拍数		
	運動前	運動 90 分後	運動 180 分後
B_1	51	100	110
B_2	62	109	117
B_3	56	134	139
B_4	57	140	161
B_5	59	126	137

【反復測定による 2 元配置のデータ入力の型】

このデータは**「対応のある因子」**と**「対応のない因子」**です.

- 対応関係が**ある**ときは，データを**ヨコ**に入力します.
- 対応関係が**ない**ときは，データを**タテ**に入力します.

飲料水の因子は
対応がないので
被験者間因子

時間の因子は
対応が**ある**ので
被験者内因子

	被験者	飲料水	運動前	運動90分後	運動180分後	var
1	A1	1	44	120	153	
2	A2	1	61	119	148	
3	A3	1	67	157	167	
4	A4	1	60	153	175	
5	A5	1	61	139	162	
6	B1	2	51	100	110	
7	B2	2	62	109	117	
8	B3	2	56	134	139	
9	B4	2	57	140	161	
10	B5	2	59	126	137	
11						

値ラベル →

	被験者	飲料水	運動前	運動90分後	運動180分後	var
1	A1	飲料水A	44	120	153	
2	A2	飲料水A	61	119	148	
3	A3	飲料水A	67	157	167	
4	A4	飲料水A	60	153	175	
5	A5	飲料水A	61	139	162	
6	B1	飲料水B	51	100	110	
7	B2	飲料水B	62	109	117	
8	B3	飲料水B	56	134	139	
9	B4	飲料水B	57	140	161	
10	B5	飲料水B	59	126	137	
11						

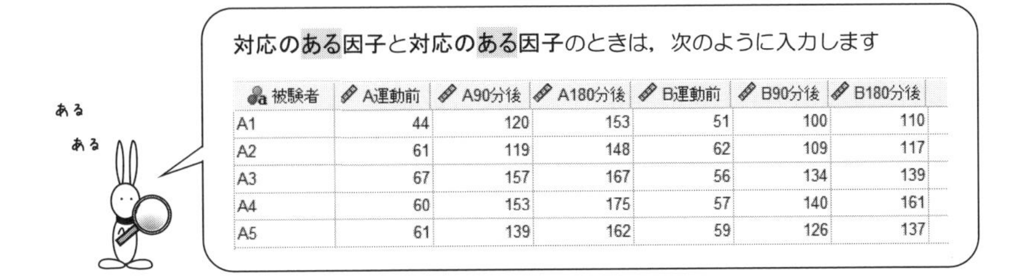
対応の**ある**因子と対応の**ある**因子のときは，次のように入力します

被験者	A運動前	A90分後	A180分後	B運動前	B90分後	B180分後
A1	44	120	153	51	100	110
A2	61	119	148	62	109	117
A3	67	157	167	56	134	139
A4	60	153	175	57	140	161
A5	61	139	162	59	126	137

7.2 2元配置(対応のない因子と対応のある因子)の分散分析の手順

【統計処理の手順】

手順 1 データを入力したら，一般線型モデル(G) の中から 反復測定(R) を選択.

	被験者	飲料水	運動前
1	A1	1	44
2	A2	1	61
3	A3	1	67
4	A4	1	60
5	A5	1	61
6	B1	2	51
7	B2	2	62
8	B3	2	56
9	B4	2	57

手順 2 次の反復測定の因子の定義の画面になったら，

被験者内因子名(W) の

factor 1 のところに

時間と入力します.

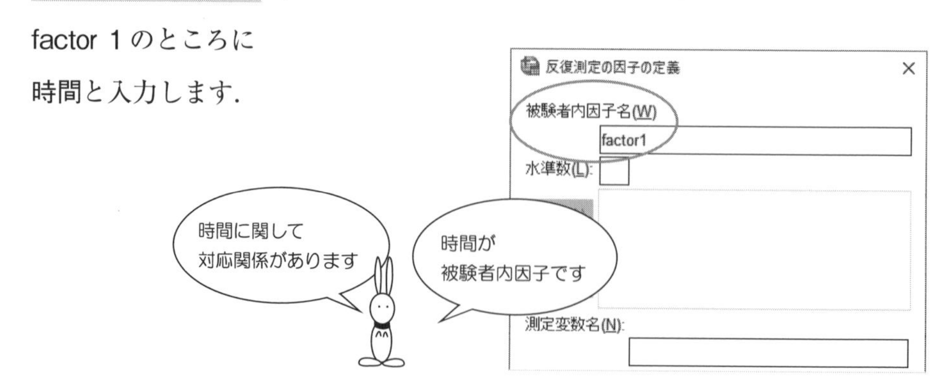

手順 3 次に，水準数(L) のワクに3と入力し，

追加(A) をクリック．

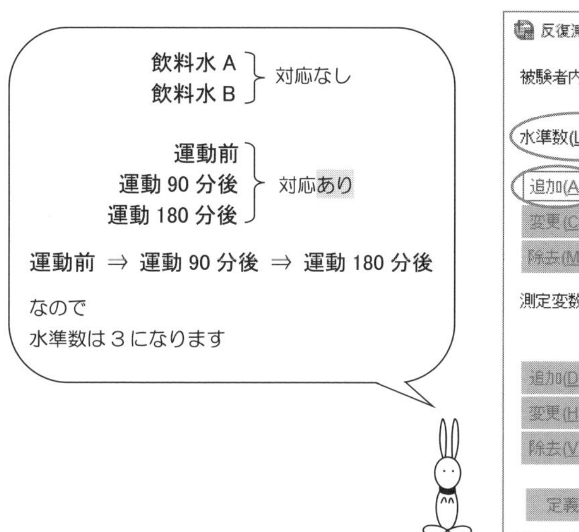

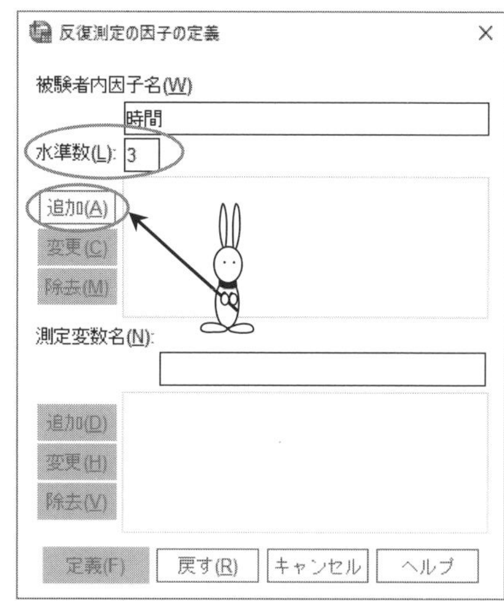

手順 4 画面が次のようになったら，

定義(F) をクリック．

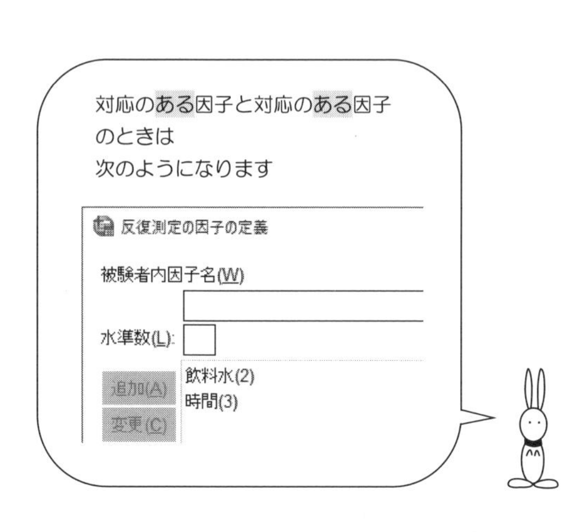

反復測定の因子の定義

被験者内因子名(W)

水準数(L):

時間(3)

追加(A)

変更(C)

除去(M)

測定変数名(N):

追加(D)

変更(H)

除去(V)

定義(F) 戻す(R) キャンセル ヘルプ

手順 5 次の反復測定の画面になったら

運動前，運動 90 分後，運動 180 分後を

被験者内変数(W) へ移動.

反復測定

被験者
飲料水
運動前
運動90分後
運動180分後

被験者内変数(W)
(時間):
_?_(1)
_?_(2)
_?_(3)

被験者間因子(B):

共変量(C):

モデル(M)...
対比(N)...
作図(T)...
その後の検定(H)...
EM 平均(E)...
保存(S)...
オプション(O)...

対応あり
||
被験者内因子

手順 6 さらに，飲料水をカチッとして，被験者間因子(B) の ➡ をクリック.

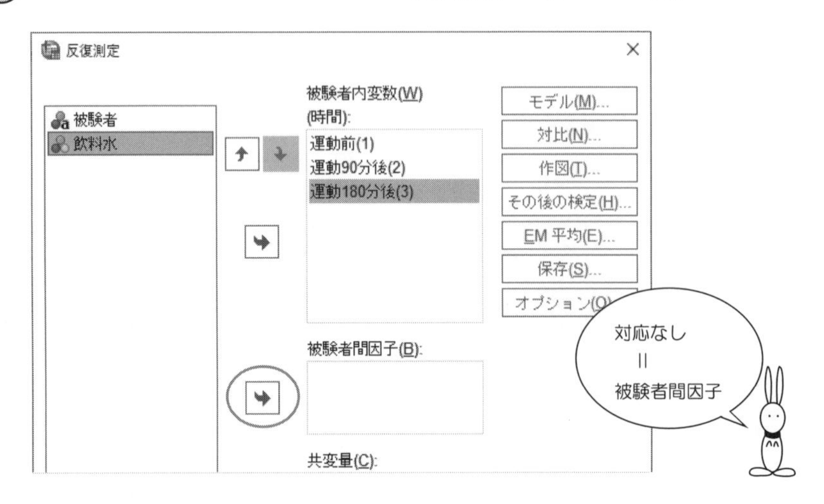

手順 7 飲料水が 被験者間因子(B) のワクの中に入ったら，

次は折れ線グラフを作るために，

作図(T) をクリック．

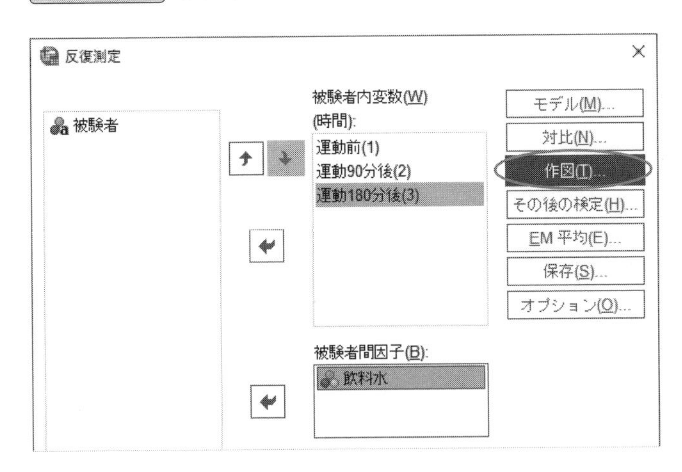

手順 8 すると，プロファイルのプロットの画面が現れます．

時間をカチッとして，

横軸(H) の左側の ➡ をクリック．

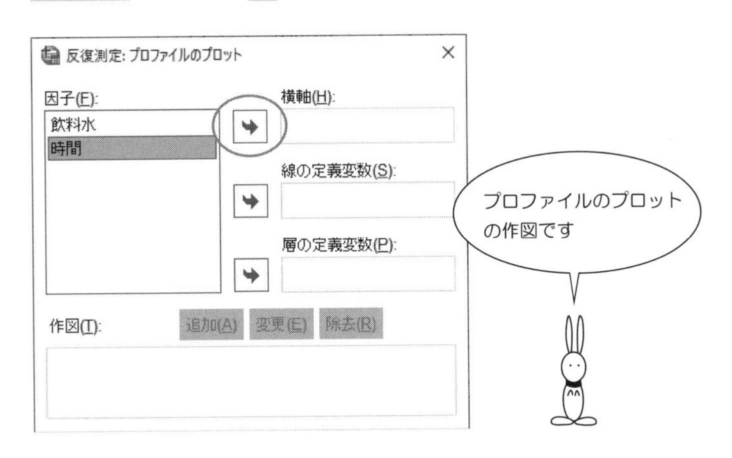

手順 9 次のように時間が 横軸(H) の中へ移動したら，

飲料水をカチッとして……

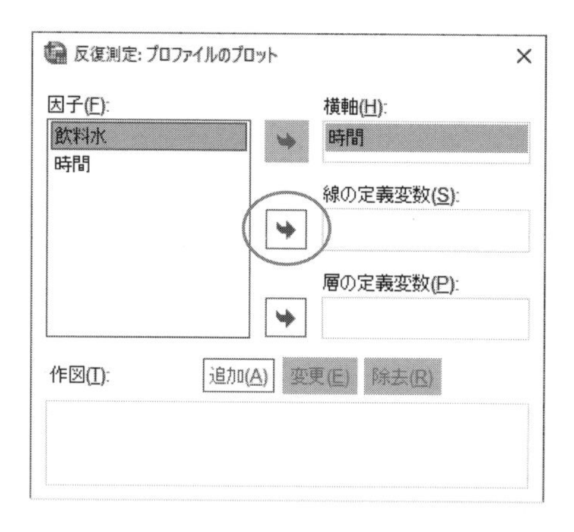

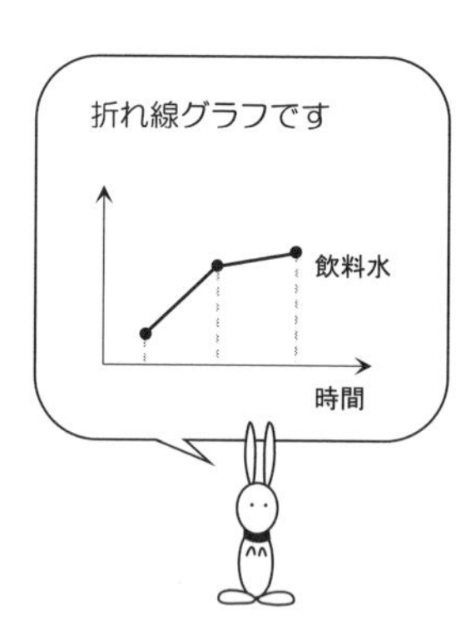

手順 10 線の定義変数(S) の左側の ➡ をクリックすると，

飲料水が右のワクへ移動します．

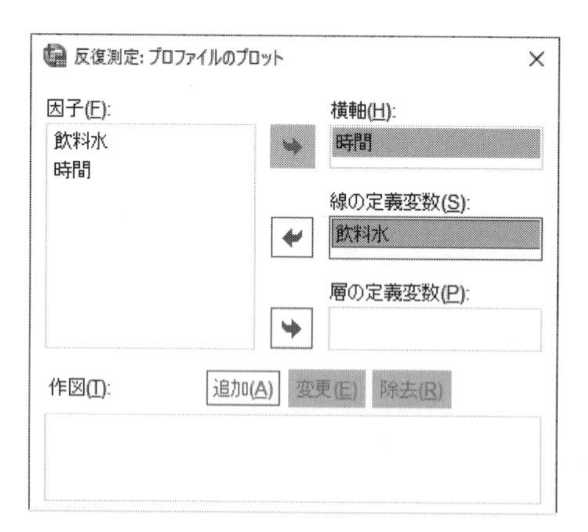

手順 11 最後に 追加(A) をクリックすると，作図(T) の中が時間＊飲料水となるので，続行(C)．

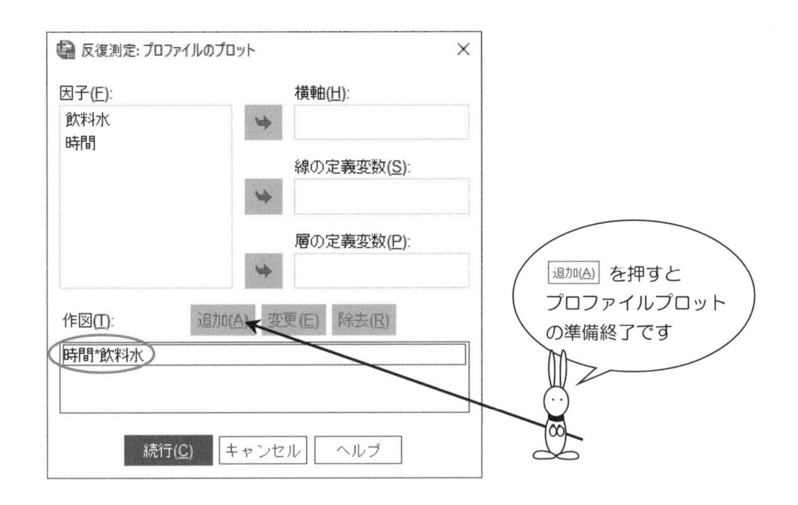

手順 12 次の画面に戻ったら，オプション(O) ボタンをクリック．

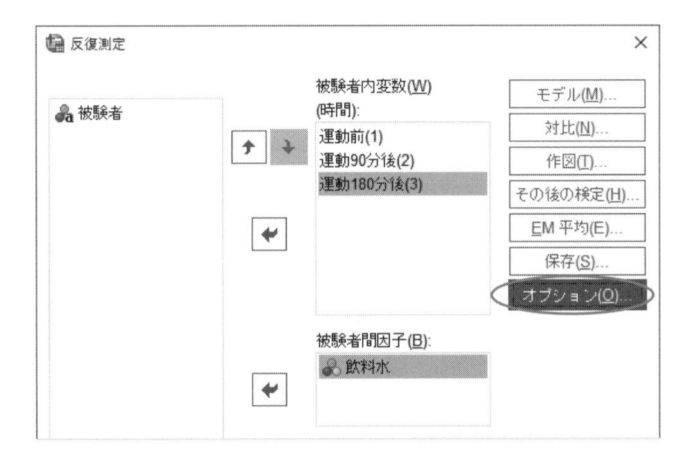

手順 13 次のオプションの画面が現れるので，

□ 等分散性の検定(H)

をチェック．

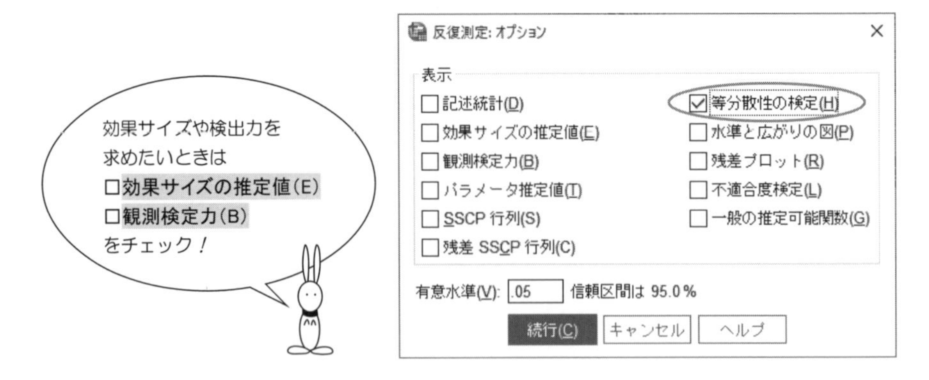

手順 14 バートレットの球面性の検定をしたいときは，

□ 残差SSCP行列(C)

をチェックして， 続行(C) ．

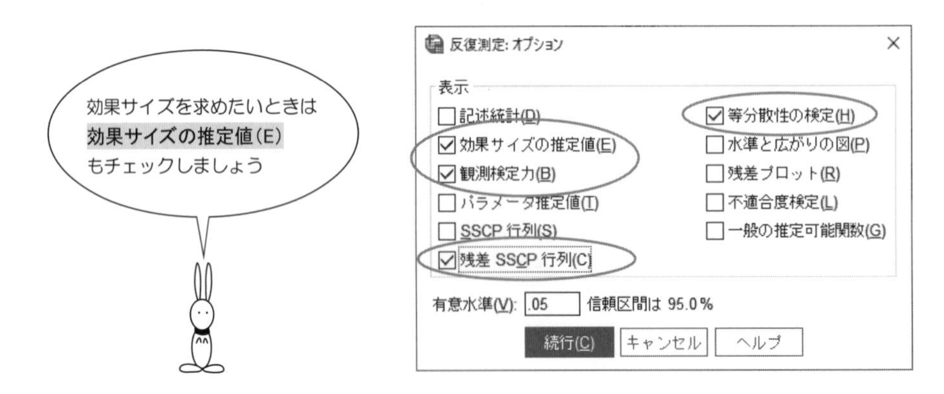

手順15 次の画面に戻ったら，あとは， OK ボタンをマウスでカチッ！

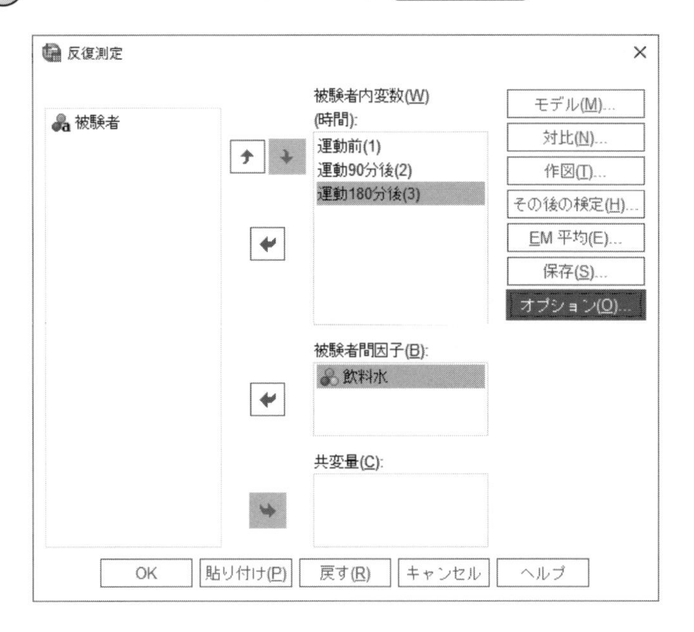

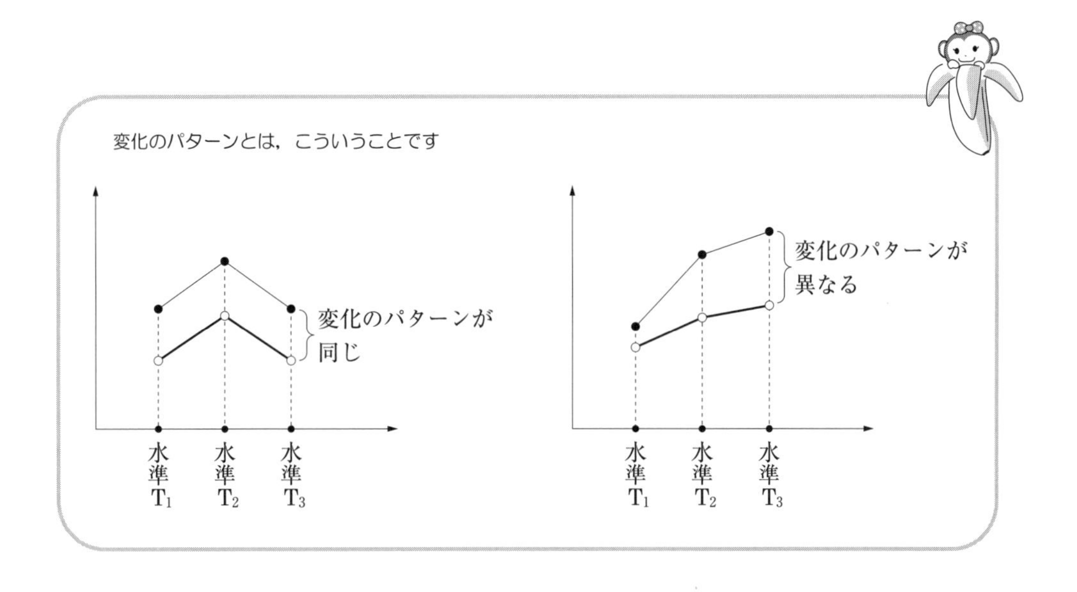

【SPSS による出力・その1】

――2元配置（対応のない因子と対応のある因子）の分散分析――

一般線型モデル

被験者内因子

測定変数名: MEASURE_

時間	従属変数
1	運動前
2	運動90分後
3	運動180分後

被験者間因子

		値ラベル	度数
飲料水	1	飲料水A	5
	2	飲料水B	5

多変量検定[a]

効果		値	F 値	仮説自由度	誤差自由度	有意確率	偏イータ 2 乗
時間	Pillai のトレース	.975	139.012[b]	2.000	7.000	.000	.975
	Wilks のラムダ	.025	139.012[b]	2.000	7.000	.000	.975
	Hotelling のトレース	39.718	139.012[b]	2.000	7.000	.000	.975
	Roy の最大根	39.718	139.012[b]	2.000	7.000	.000	.975
時間 * 飲料水	Pillai のトレース	.566	4.569[b]	2.000	7.000	.054	.566
	Wilks のラムダ	.434	4.569[b]	2.000	7.000	.054	.566
	Hotelling のトレース	1.306	4.569[b]	2.000	7.000	.054	.566
	Roy の最大根	1.306	4.569[b]	2.000	7.000	.054	.566

← ①（時間）

← ②（時間 * 飲料水）

効果		非心度パラメータ	観測検定力[c]
時間	Pillai のトレース	278.024	1.000
	Wilks のラムダ	278.024	1.000
	Hotelling のトレース	278.024	1.000
	Roy の最大根	278.024	1.000
時間 * 飲料水	Pillai のトレース	9.139	.574
	Wilks のラムダ	9.139	.574
	Hotelling のトレース	9.139	.574
	Roy の最大根	9.139	.574

a. 計画: 切片 + 飲料水
被験者計画内: 時間

b. 正確統計量

c. アルファ = .05 を使用して計算された

【出力結果の読み取り方・その1】

⬅① この多変量検定は，次の意味での**被験者内因子**の差の検定をしています．つまり，3変数

$$(x_1, x_2, x_3) = (\text{運動前},\ 90\text{分後},\ 180\text{分後})$$

としたとき，被験者内因子の差の検定の仮説は

$$\text{仮説 } H_0 : (x_3 - x_1,\ x_2 - x_1) = (0, 0)$$

を意味しています．この仮説 H_0 は

$$x_3 - x_1 = 0,\quad x_2 - x_1 = 0$$

つまり，$x_1 = x_2 = x_3$ のことなので

“運動前，90分後，180分後における心拍数に差はない”

と同じ意味になります．

出力結果を見ると

有意確率 0.000 ≦ **有意水準** 0.05

なので，仮説 H_0 は棄てられます．したがって

“運動前，90分後，180分後における心拍数に差がある”

ことがわかります．

⬅② この多変量検定は，飲料水を因子とする1元配置の多変量分散分析のこと．

多変量とは（$x_2 - x_1$，$x_3 - x_1$）のことです．

そして，仮説は次のようになります．

仮説 H_0：“飲料水Aと飲料水Bにおける心拍数は同じ”

有意確率が 0.054 なので，**有意水準** $\alpha = 0.05$ に対し，仮説 H_0 は棄てられません．

したがって，この多変量検定では2つの飲料水の間に差があるとはいえません．

【SPSSによる出力・その2】

——2元配置（対応のない因子と対応のある因子）の分散分析——

Boxの共分散行列の等質性の検定a

BoxのM	8.422
F値	.815
自由度1	6
自由度2	463.698
有意確率	.558 ← ③

従属変数の観測共分散行列がグループ間で等しいという帰無仮説を検定します。

a. 計画: 切片 + 飲料水
被験者計画内: 時間

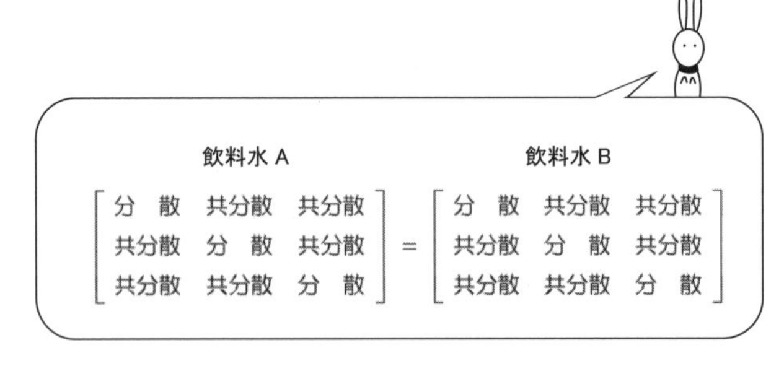

Bartlettの球面性の検定a

尤度比	.000
近似カイ2乗	21.006
自由度	5
有意確率	.001 ← ④

残差共分散行列が単位行列に比例するという帰無仮説を検定します。

a. 計画: 切片 + 飲料水
被験者計画内: 時間

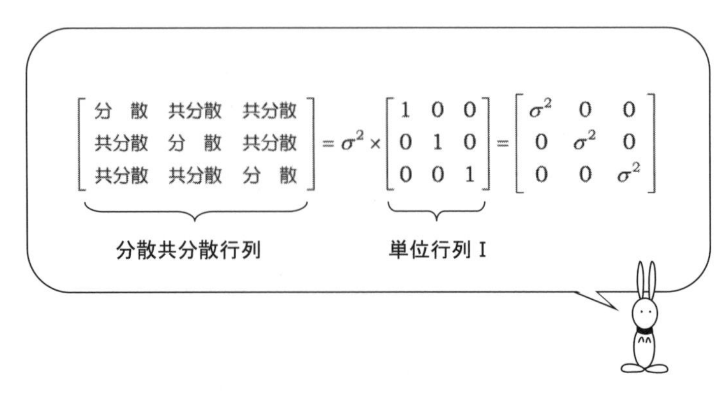

【出力結果の読み取り方・その2】

⬅③　ボックスのM検定は，次の仮説を調べています．

仮説 H_0：“飲料水Aと飲料水Bの分散共分散行列は互いに等しい”

出力結果を見ると，

有意確率 0.558 ＞有意水準 0.05

なので，仮説 H_0 は棄てられません．

したがって

“2つの飲料水AとBにおける分散共分散行列は互いに等しい”

と仮定してよさそうです．

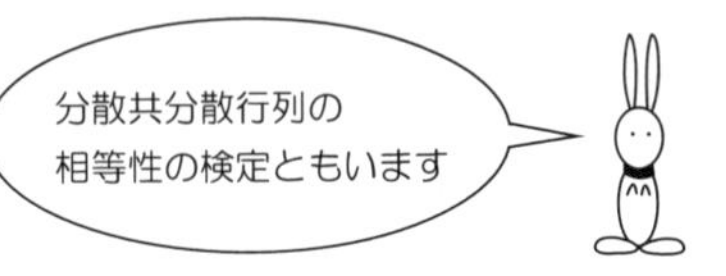

⬅④　バートレットの球面性の検定は，次の仮説を調べています．

仮説 H_0：“3変数の分散共分散行列は単位行列の定数倍に等しい”

出力結果を見ると，

有意確率 0.001 ≦有意水準 0.05

なので，仮説 H_0 は棄てられます．

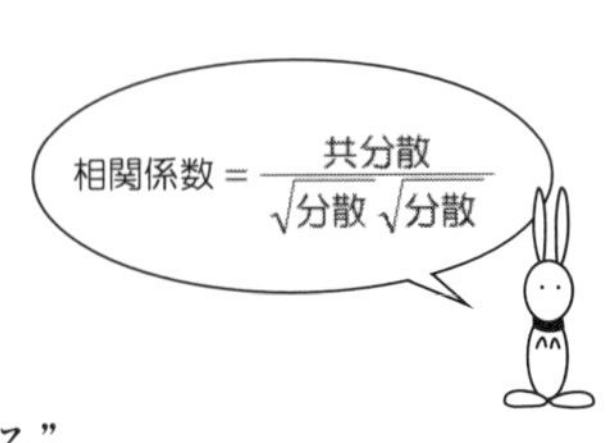

したがって，共分散が0でないことから

“3変数の間にはなんらかの関連がある”

ことがわかります．

3変数の間になにも関連がなければ，1変数の分散分析を3回行うのと同じことになります．

【SPSS による出力・その 3】

――２元配置（対応のない因子と対応のある因子）の分散分析――

Mauchly の球面性検定

測定変数名:　MEASURE_1

被験者内効果	Mauchly の W	近似カイ２乗	自由度	有意確率
時間	.525	4.512	2	.105

← ⑤

モークリーの検定は
球面性の仮定の検定です

被験者内効果	Greenhouse-Geisser	Huynh-Feldt	下限
時間	.678	.870	.500

正規直交した変換従属変数の誤差共分散行列が単位行列に比例するという帰無仮説を検定します。

a. 計画: 切片 + 飲料水
　被験者計画内: 時間

b. 有意性の平均検定の自由度調整に使用できる可能性があります。修正した検定は、被験者内効果の検定テーブルに表示されます。

効果サイズは？

ソース		有意確率	偏イータ２乗	非心度パラメータ	観測検定力[a]
時間	球面性の仮定	.000	.969	497.606	1.000
	Greenhouse-Geisser	.000	.969	337.329	1.000
	Huynh-Feldt	.000	.969	432.811	1.000
	下限	.000	.969	248.803	1.000
時間 * 飲料水	球面性の仮定	.021	.381	9.865	.726
	Greenhouse-Geisser	.040	.381	6.688	.592
	Huynh-Feldt	.028	.381	8.580	.677
	下限	.057	.381	4.933	.497

$$\eta_p{}^2 = \frac{44680.867}{44680.867 + 1436.667} = 0.969$$

$$\eta_p{}^2 = \frac{885.800}{885.800 + 1436.667} = 0.381$$

【出力結果の読み取り方・その 3】

⬅⑤　モークリーの球面性の検定は,

正規直交変換によって作られた 2 変数 z_1, z_2

$$\begin{cases} z_1 = -0.707\,x_1 + 0.000\,x_2 + 0.707\,x_3 \\ z_2 = -0.408\,x_1 + 0.816\,x_2 + 0.408\,x_3 \end{cases}$$

表 7.2.1　正規直交変換

従属変数	変換された変数	
	z_1	z_2
運動前	−0.707	−0.408
90分後	0.000	0.816
180分後	0.707	0.408

の分散共分散行列を Σ としたとき,

次の仮説

$$\text{仮説 } H_0 : \Sigma = \sigma^2 \cdot \begin{bmatrix} 1 & 0 \\ 0 & 1 \end{bmatrix}$$

を検定しています.

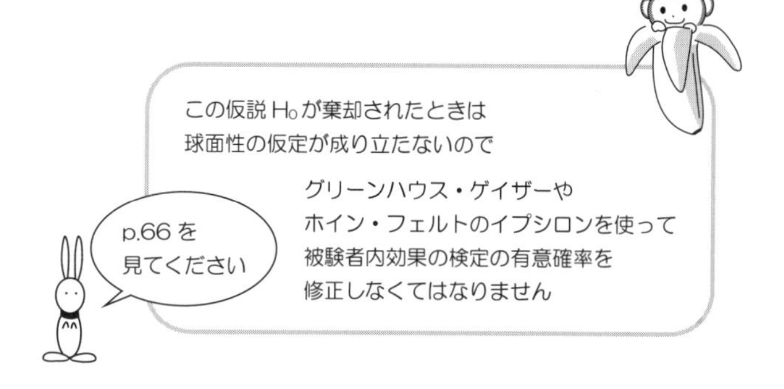

出力結果を見ると,

有意確率 0.105 ＞有意水準 0.05

なので, 仮説 H_0 は棄てられません.

したがって

“球面性の仮定が成り立っている”

として, ⑥へ進みます!!

【SPSS による出力・その 4】

——２元配置（対応のない因子と対応のある因子）の分散分析——

被験者内効果の検定

測定変数名:　MEASURE_1

ソース		タイプ III 平方和	自由度	平均平方	F 値	有意確率
時間	球面性の仮定	44680.867	2	22340.43	248.803	.000
	Greenhouse-Geisser	44680.867	1.356	32955.19	248.803	.000
	Huynh-Feldt	44680.867	1.740	25684.95	248.803	.000
	下限	44680.867	1.000	44680.87	248.803	.000
時間 * 飲料水	球面性の仮定	885.800	2	442.900	4.933	.021 ⬅ ⑥
	Greenhouse-Geisser	885.800	1.356	653.338	4.933	.040
	Huynh-Feldt	885.800	1.740	509.205	4.933	.028
	下限	885.800	1.000	885.800	4.933	.057
誤差 (時間)	球面性の仮定	1436.667	16	89.792		
	Greenhouse-Geisser	1436.667	10.846	132.455		
	Huynh-Feldt	1436.667	13.917	103.234		
	下限	1436.667	8.000	179.583		

測定変数名:　MEASURE_1

ソース		偏イータ 2 乗	非心度パラメータ	観測検定力[a]
時間	球面性の仮定	.969	497.606	1.000
	Greenhouse-Geisser	.969	337.329	1.000
	Huynh-Feldt	.969	432.811	1.000
	下限	.969	248.803	1.000
時間 * 飲料水	球面性の仮定	.381	9.865	.726
	Greenhouse-Geisser	.381	6.688	.592
	Huynh-Feldt	.381	8.580	.677
	下限	.381	4.933	.497

被験者間効果の検定とは
対応のないグループ間の
差の検定のことです

被験者間効果の検定

測定変数名:　MEASURE_1
変換変数:　平均

ソース	タイプ III 平方和	自由度	平均平方	F 値	有意確率	偏イータ 2 乗	非心度パラメータ
切片	372744.533	1	372744.533	871.577	.000	.991	871.577
飲料水	1732.800	1	1732.800	4.052	.079	.336	4.052
誤差	3421.333	8	427.667				

a. アルファ = .05 を使用して計算された

⑦

【出力結果の読み取り方・その 4】

⬅⑥　反復測定による分散分析では，交互作用の検定はとても重要です!!

仮説は，次のようになります．

仮説 H_0：“時間と飲料水の間に交互作用はない”

この仮説 H_0 は，次のように言い換えられます．

仮説 H_0：“飲料水 A と飲料水 B における

心拍数の変化のパターンは同じである”

出力結果を見ると

有意確率 0.021 ≦有意水準 0.05

なので，仮説 H_0 は棄却され，**時間**と**飲料水**の間に交互作用が存在します．

したがって，

“飲料水 A と飲料水 B における心拍数の変化のパターンは異なっている”

ことがわかります．

ところで，もし，ここで交互作用が存在しないとなると，

２種類の変化のパターンは，p.132 のように平行になっているので，

次に，⑦へと進みます．

⬅⑦　ここの出力は，次の仮説

仮説 H_0：“飲料水 A と飲料水 B の心拍数の間に差はない”

を検定しています．出力結果を見ると

有意確率 0.079 ＞有意水準 0.05

なので，仮説 H_0 が棄却されず，２種類の飲料水による心拍数に差はありません．

しかしながら，⑥を見ると交互作用が存在しているので，

この場合，⑦の検定には意味がありません．

【SPSS による出力・その 5】

――２元配置（対応のない因子と対応のある因子）の分散分析――

プロファイル プロット

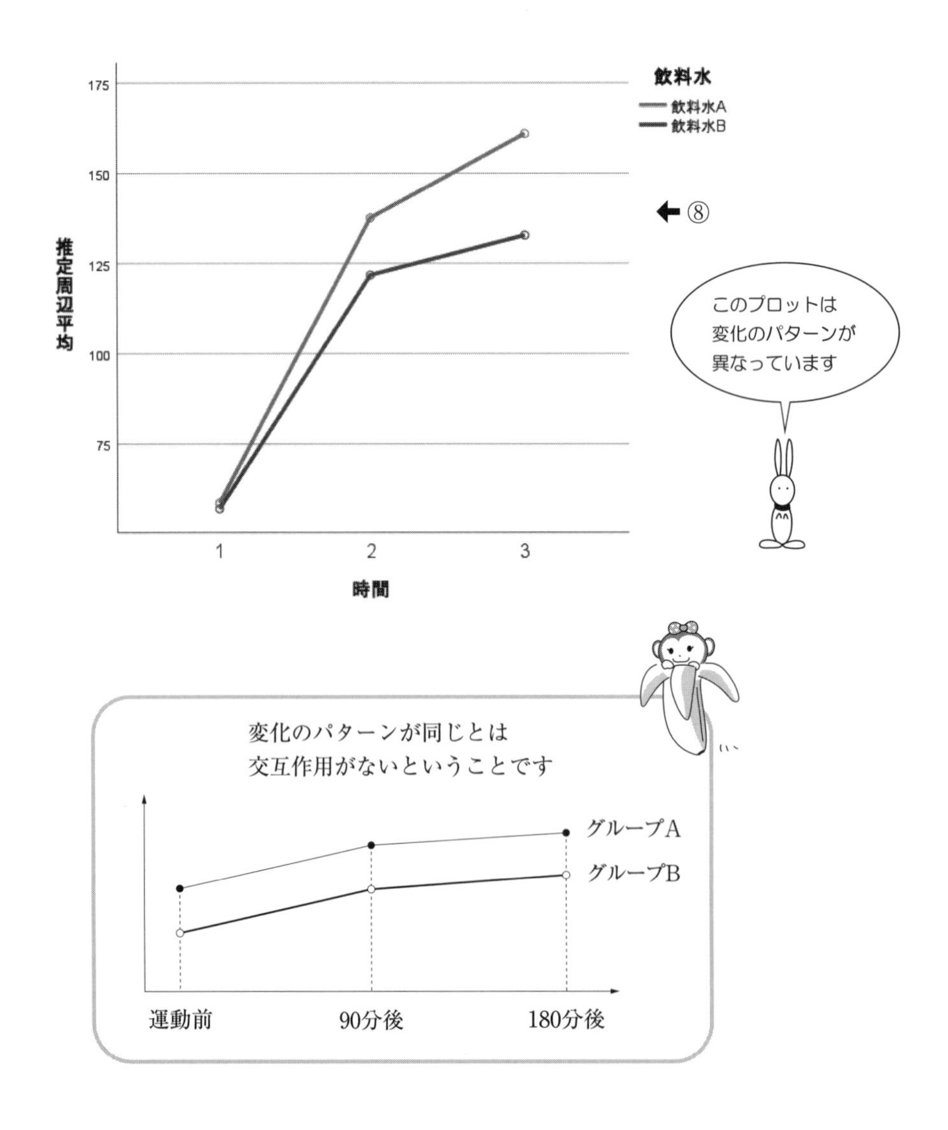

【出力結果の読み取り方・その5】

⬅⑧　反復測定による分散分析では

　このグラフ表現もとても重要です!!

　このプロファイルプロットを見ると，

　　“2種類の飲料水の間で，

　　　心拍数の変化のパターンには違いがある”

　ということを実感できます!!

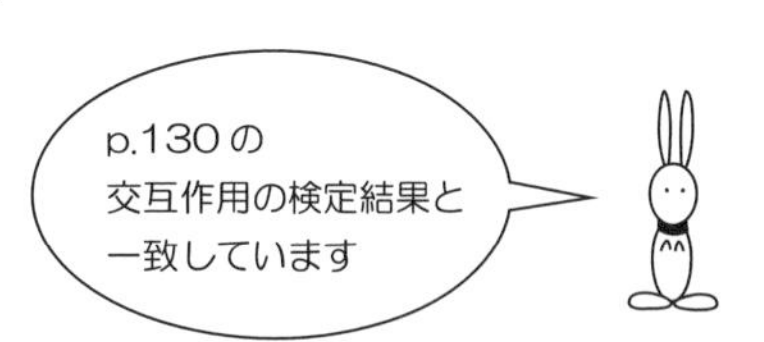

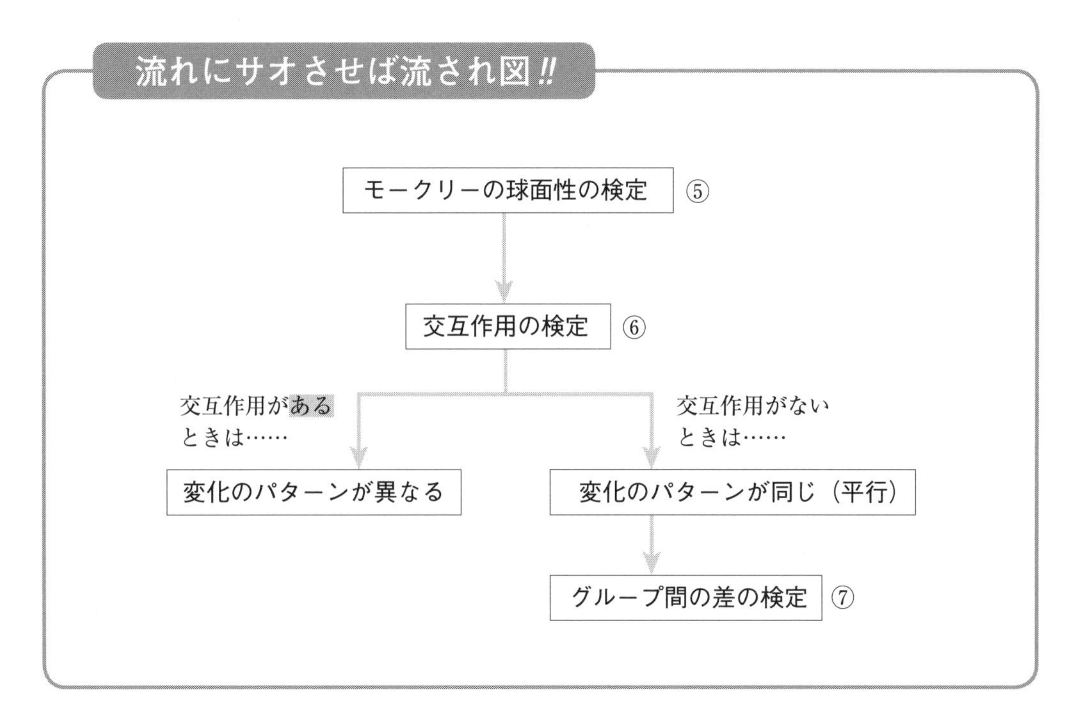

7.3 被験者内因子の多重比較の手順（Bonferroniの方法）

反復測定や経時測定データのような対応のあるデータの場合には，

“運動前→ 90 分後→ 180 分後といった変化のパターンを調べる”

のが主目的です．

しかしながら，

“被験者内因子のすべての水準の組合せによる多重比較を行いたい”

ときには，次のように飲料水 A，または飲料水 B のデータだけを選択して，

EM 平均(E) を利用する方法があります．

【データ入力の型】—飲料水 A のみ選択—

	被験者	飲料水	運動前	運動90分後	運動180分後	filter_$	var
1	A1	1	44	120	153	1	
2	A2	1	61	119	148	1	
3	A3	1	67	157	167	1	
4	A4	1	60	153	175	1	
5	A5	1	61	139	162	1	
6	B1	2	51	100	110	0	
7	B2	2	62	109	117	0	
8	B3	2	56	134	139	0	
9	B4	2	57	140	161	0	
10	B5	2	59	126	137	0	
11							

データ(D)
⇒ ケースの選択(S)
⇒ If 条件が満たされるケース(C)

と選択して
飲料水＝1
と設定すると
斜線のケースは分析から除かれます

Bonferroni の多重比較（p.135）
の標準誤差と
Bonferroni の多重比較（p.137）
の標準誤差が異なっていることに
注意しましょう

【統計処理の手順】

p.123 の手順 15 の画面で，EM 平均(E) をクリック．

次のように入力して，続行(C)，そして，OK．

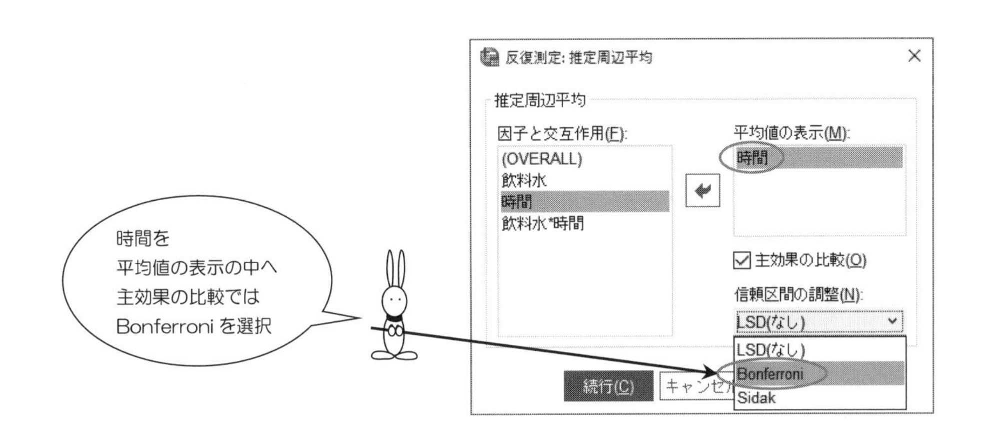

【SPSS の出力】 飲料水 A についての Bonferroni の多重比較

ペアごとの比較

測定変数名: MEASURE_1

(I) 時間	(J) 時間	平均値の差 (I-J)	標準誤差	有意確率[b]	95% 平均差信頼区間[b] 下限	上限
1	2	-79.000*	6.197	.001	-103.544	-54.456
	3	-102.400*	4.729	.000	-121.129	-83.671
2	1	79.000*	6.197	.001	54.456	103.544
	3	-23.400*	3.906	.012	-38.872	-7.928
3	1	102.400*	4.729	.000	83.671	121.129
	2	23.400*	3.906	.012	7.928	38.872

b. 多重比較の調整: Bonferroni。

ところで，8章のくり返しのない2元配置の分散分析を利用して，

Bonferroniの多重比較をすることができます．

【データ入力の型】—くり返しのない2元配置のデータ入力—

そこで，反復測定のデータを，次のように並べ換えます．

	被験者	時間	心拍数	var	var	var	var
1	1	1	44				
2	2	1	61				
3	3	1	67				
4	4	1	60				
5	5	1	61				
6	1	2	120				
7	2	2	119				
8	3	2	157				
9	4	2	153				
10	5	2	139				
11	1	3	153				
12	2	3	148				
13	3	3	167				
14	4	3	175				
15	5	3	162				
16							

【統計処理の手順】—8章　くり返しのない2元配置の分散分析—

8章の手順2で，次のように変数を置き換えたら…

- 薬剤時間　→　被験者
- 薬剤量　→　時間
- 細胞分裂　→　心拍数

8 章の手順 8 のところで，［その後の検定(H)］をクリックします．

多重比較の画面になったら，□ Bonferroni(B) をチェック !!

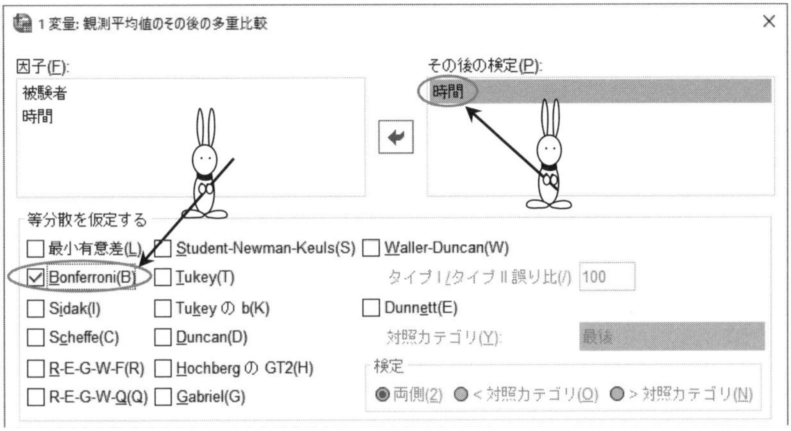

1 変量: 観測平均値のその後の多重比較

因子(F):
被験者
時間

その後の検定(P):
時間

等分散を仮定する
□ 最小有意差(L) □ Student-Newman-Keuls(S) □ Waller-Duncan(W)
☑ Bonferroni(B) □ Tukey(T) タイプ I/タイプ II 誤り比(/) 100
□ Sidak(I) □ Tukey の b(K) □ Dunnett(E)
□ Scheffe(C) □ Duncan(D) 対照カテゴリ(Y): 最後
□ R-E-G-W-F(R) □ Hochberg の GT2(H) 検定
□ R-E-G-W-Q(Q) □ Gabriel(G) ◉ 両側(2) ○ < 対照カテゴリ(O) ○ > 対照カテゴリ(N)

【SPSS による出力】飲料水 A についての Bonferroni の多重比較

多重比較

従属変数: 心拍数
Bonferroni

(I) 時間	(J) 時間	平均値の差 (I-J)	標準誤差	有意確率	95% 信頼区間 下限	95% 信頼区間 上限
運動前	運動90分後	-79.00*	5.034	.000	-94.18	-63.82
	運動180分後	-102.40*	5.034	.000	-117.58	-87.22
運動90分後	運動前	79.00*	5.034	.000	63.82	94.18
	運動180分後	-23.40*	5.034	.005	-38.58	-8.22
運動180分後	運動前	102.40*	5.034	.000	87.22	117.58
	運動90分後	23.40*	5.034	.005	8.22	38.58

観測平均値に基づいています。
誤差項は平均平方 (誤差) = 63.350 です。
*. 平均値の差は 0.05 水準で有意です。

7.4 被験者内因子の多重比較の手順（ダネットの方法）

反復測定や経時測定データのような対応のあるデータの場合には，

“運動前→90 分後→180 分後といった変化のパターンを調べる”

のが主目的です．

しかしながら，

“運動前の心拍数と差がでるのは何分後か？”

といったことに興味がある場合は，次のような方法があります．

【データ入力の型】―くり返しのない 2 元配置のデータ入力―

そこで，反復測定のデータを，次のように並べ換えます．

	被験者	時間	心拍数	var	var	var
1	1	1	44			
2	2	1	61			
3	3	1	67			
4	4	1	60			
5	5	1	61			
6	1	2	120			
7	2	2	119			
8	3	2	157			
9	4	2	153			
10	5	2	139			
11	1	3	153			
12	2	3	148			
13	3	3	167			
14	4	3	175			
15	5	3	162			
16						
17						
18						

８章 p.141 の
データ入力の型を
参照してください

時間の値ラベル
1＝運動前
2＝運動 90 分後
3＝運動 180 分後

飲料水 A のデータです
統計処理の手順は
p.136～137 と同じです

【統計処理の手順】—8章　くり返しのない2元配置の分散分析—

8章の手順2でp,136のように変数を置き換えたら

8章の手順8で，その後の検定(H) をクリックします．

多重比較の画面になったら, Dunnett(E) をチェック!!

1変量: 観測平均値のその後の多重比較

因子(F):
被験者
時間

その後の検定(P):
時間

等分散を仮定する
最小有意差(L)　Student-Newman-Keuls(S)　Waller-Duncan(W)
Bonferroni(B)　Tukey(T)　タイプI/タイプII誤り比(/) 100
Sidak(I)　Tukey の b(K)　Dunnett(E)
Scheffe(C)　Duncan(D)　対照カテゴリ(Y): 最初
R-E-G-W-F(R)　Hochberg の GT2(H)　検定
R-E-G-W-Q(Q)　Gabriel(G)　両側(2)　< 対照カテゴリ(O)　> 対照カテゴリ(N)

等分散を仮定しない
Tamhane の T2(M)　Dunnett の T3(3)　Games-Howell(A)　Dunnett の C(U)

続行(C)　キャンセル　ヘルプ

【SPSSによる出力】飲料水Aについてのダネットの多重比較

多重比較

従属変数: 心拍数

Dunnett の t (2 サイドの)[a]

(I) 時間	(J) 時間	平均値の差 (I-J)	標準誤差	有意確率	95% 信頼区間 下限	95% 信頼区間 上限
運動90分後	運動前	79.00*	5.034	.000	65.55	92.45
運動180分後	運動前	102.40*	5.034	.000	88.95	115.85

a. Dunnett の t-検定は対照として 1 つのグループを扱い、それに対する他のすべてのグループを比較します。

第8章 くり返しのない2元配置の分散分析

8.1 はじめに

次のデータは，薬剤の時間と量の効果について調べたものです．

薬剤の時間と量の 12 の組合せについて，1回だけ測定しています．

薬剤の時間の 4 つの水準間に差があるのでしょうか？

薬剤の量の 3 つの水準間に差があるのでしょうか？

表 8.1.1　薬剤の効果を調べる

薬剤の量 / 薬剤の時間	100μg	600μg	2400μg
3 時間	13.6	15.6	9.2
6 時間	22.3	23.3	13.3
12 時間	26.7	28.8	15.0
24 時間	28.0	31.2	15.8

←対応のない因子 B と 3 つの水準

↑対応のない因子 A と 4 つの水準

表 8.1.1 の各セルには
測定値が 1 個だけ！
つまり…
このデータの特徴は
“くり返しがない”
という点です

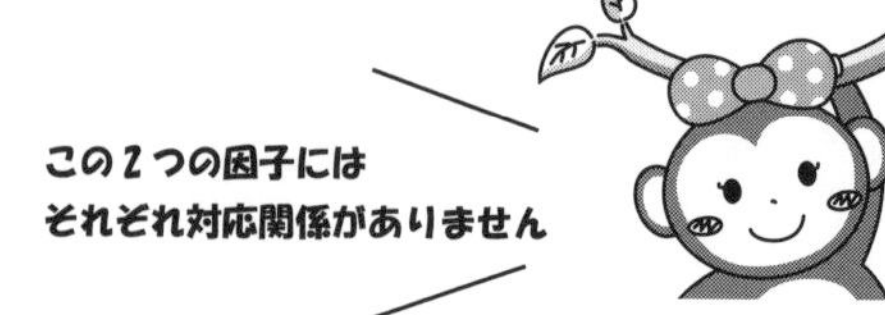

【くり返しのない２元配置のデータ入力の型】

このデータは「**対応のない因子 A**」と「**対応のない因子 B**」です．

対応関係がないときは，次のようにデータをタテに入力します．

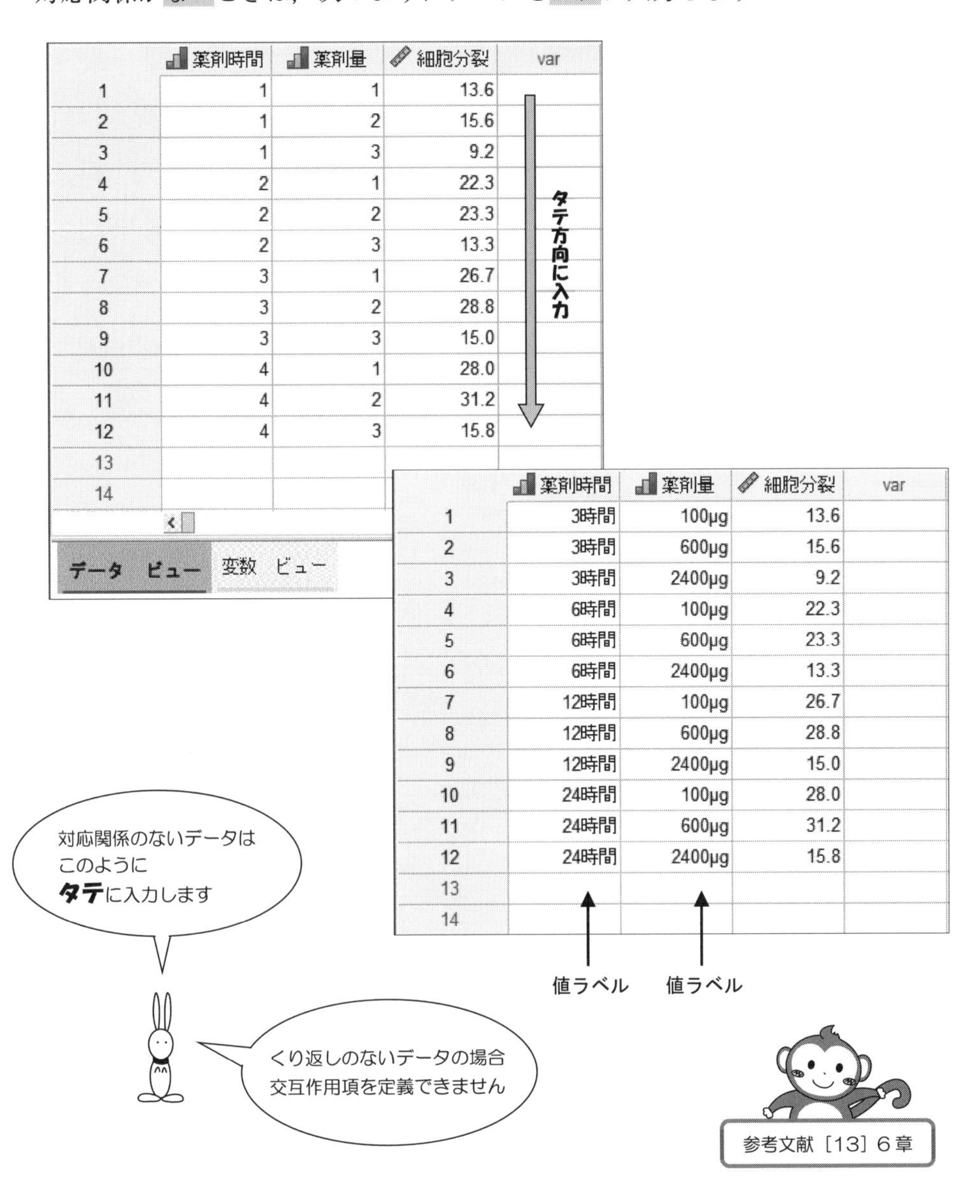

	薬剤時間	薬剤量	細胞分裂	var
1	1	1	13.6	
2	1	2	15.6	
3	1	3	9.2	
4	2	1	22.3	
5	2	2	23.3	
6	2	3	13.3	
7	3	1	26.7	
8	3	2	28.8	
9	3	3	15.0	
10	4	1	28.0	
11	4	2	31.2	
12	4	3	15.8	
13				
14				

	薬剤時間	薬剤量	細胞分裂	var
1	3時間	100μg	13.6	
2	3時間	600μg	15.6	
3	3時間	2400μg	9.2	
4	6時間	100μg	22.3	
5	6時間	600μg	23.3	
6	6時間	2400μg	13.3	
7	12時間	100μg	26.7	
8	12時間	600μg	28.8	
9	12時間	2400μg	15.0	
10	24時間	100μg	28.0	
11	24時間	600μg	31.2	
12	24時間	2400μg	15.8	
13				
14				

8.2 くり返しのない2元配置の分散分析の手順

【統計処理の手順】

手順 1 データを入力したら，一般線型モデル(G) の中の 1 変量(U) を選択.

ファイル(F) 編集(E) 表示(V) データ(D) 変換(T) 分析(A) グラフ(G) ユーティリティ(U) 拡張機能(X) ウィンド

	薬剤時間	薬剤量	細胞分裂
1	1	1	13.6
2	1	2	15.6
3	1	3	9.2
4	2	1	22.3
5	2	2	23.3
6	2	3	13.3
7	3	1	26.7
8	3	2	28.8
9	3	3	15.0

検定力分析(P)
報告書(P)
記述統計(E)
ベイズ統計(B)
テーブル(B)
平均の比較(M)
一般線型モデル(G)
一般化線型モデル(Z)
混合モデル(X)
相関(C)
回帰(R)

1 変量(U)...
多変量(M)...
反復測定(R)...
分散成分(V)...

手順 2 すると，次の 1 変量の画面が現れます.

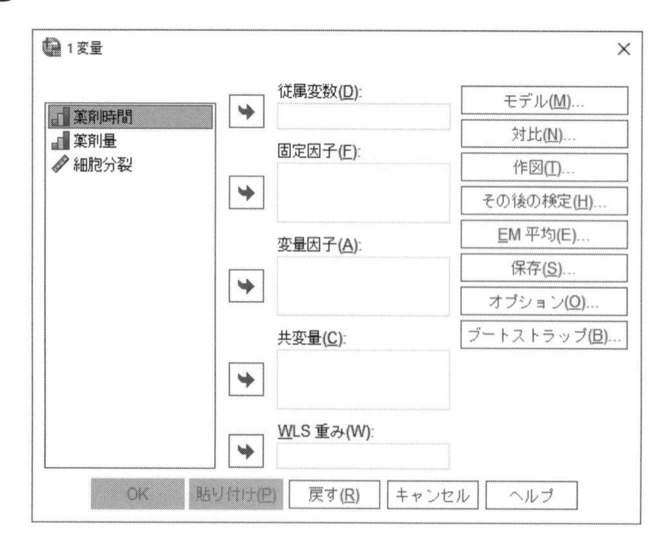

手順 3 細胞分裂をクリックしてから，従属変数(D) の左側の ➡ を

クリックすると，次のようになります．

1 変量

薬剤時間
薬剤量

従属変数(D):
細胞分裂
固定因子(F):
変量因子(A):
共変量(C):
WLS 重み(W):

モデル(M)...
対比(N)...
作図(T)...
その後の検定(H)...
EM 平均(E)...
保存(S)...
オプション(O)...
ブートストラップ(B)...

OK 貼り付け(P) 戻す(R) キャンセル ヘルプ

分散分析では
測定値が従属変数に
なります
従属変数を移動して……

手順 4 次に，薬剤時間をカチッとして，固定因子(F) の左側の ➡ を

クリックすると，次のように薬剤時間が 固定因子(F) の中に入ります．

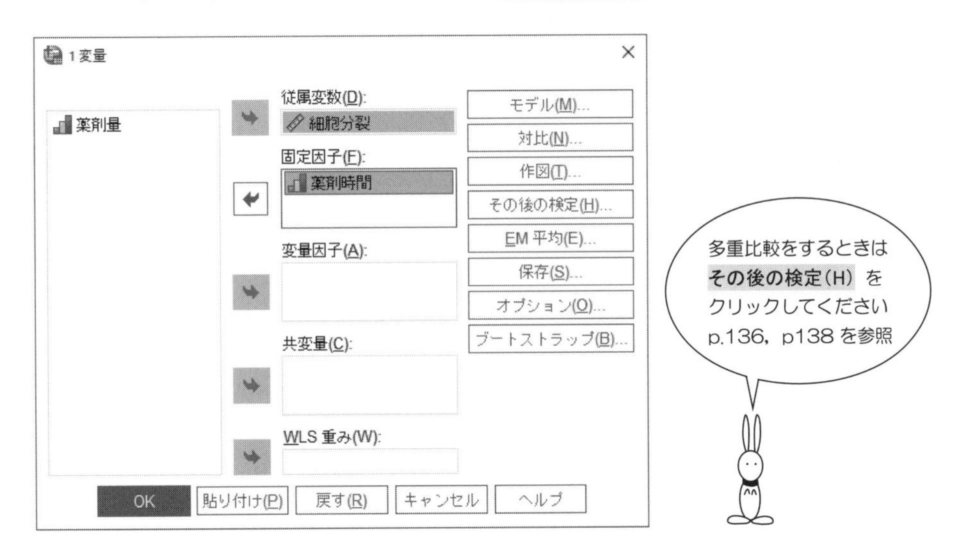

手順 5 続いて，薬剤量をカチッとして，固定因子(F) の ➡ をクリックすると，
薬剤量が 固定因子(F) のワクの中へ移動します.
そして，画面右上の モデル(M) をクリック.

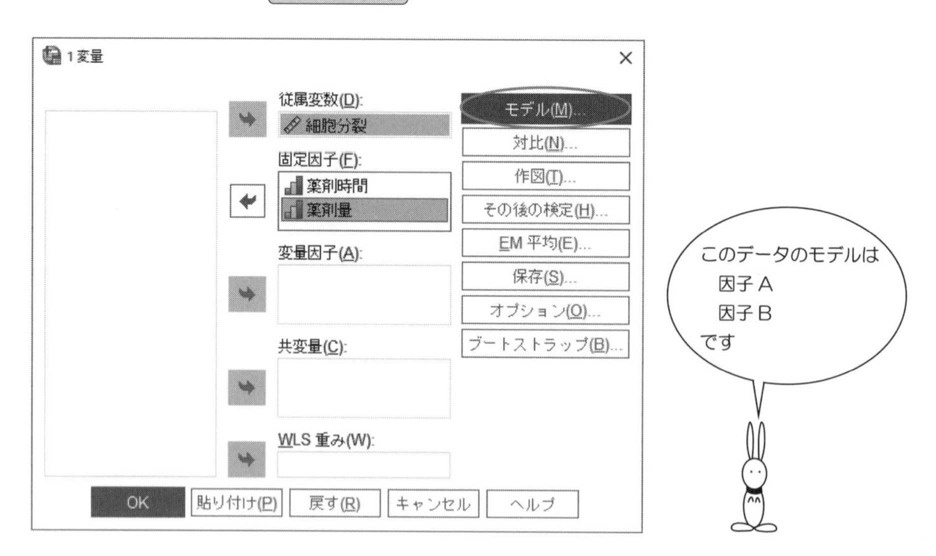

手順 6 次のモデルの画面になるので，項の構築(B) をクリックします.

手順 7 画面の文字が浮かび上がったら，薬剤時間をカチッとして ➡ をクリック．さらに，薬剤量をカチッとして，➡ をクリック．

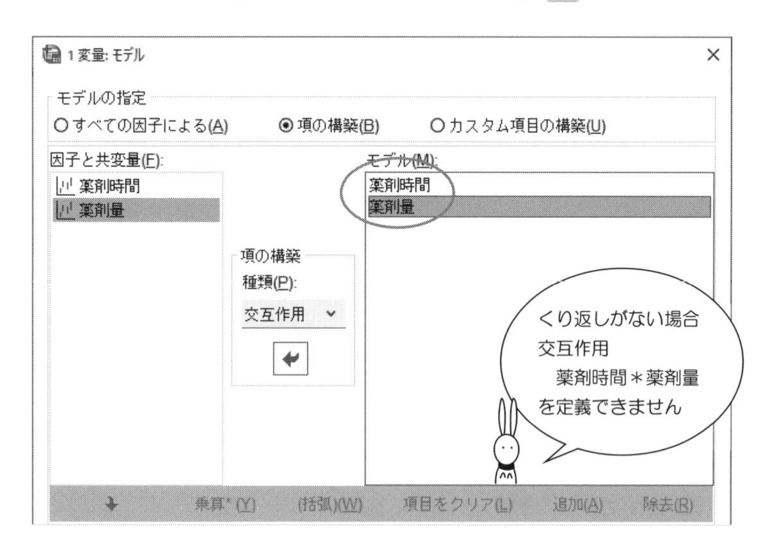

手順 8 続行(C) をクリックして画面が，次のように戻ったら，あとは， OK ボタンをマウスでカチッ！

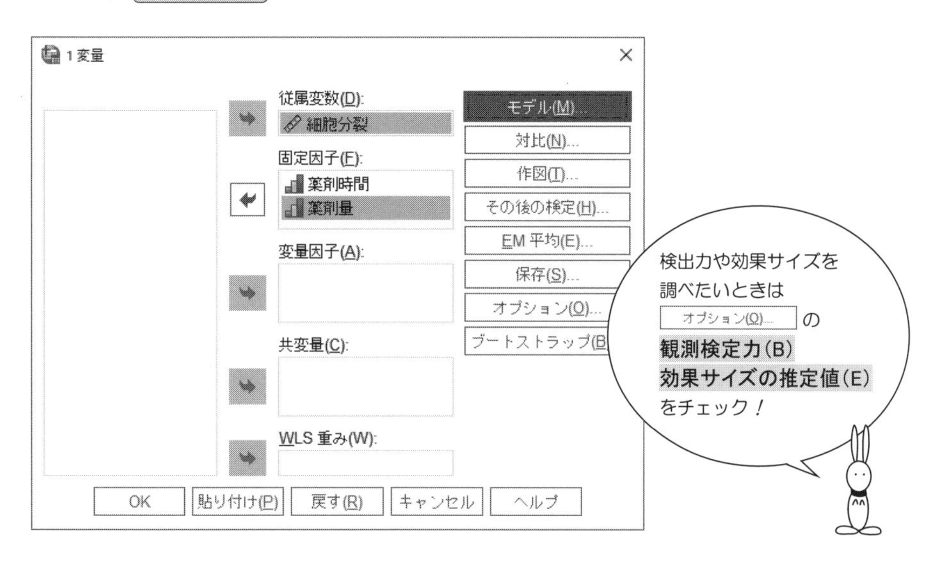

【SPSS による出力】——くり返しのない２元配置の分散分析——

一変量の分散分析

被験者間因子

		値ラベル	度数
薬剤時間	1	3時間	3
	2	6時間	3
	3	12時間	3
	4	24時間	3
薬剤量	1	100μg	4
	2	600μg	4
	3	2400μg	4

くり返しのない２元配置では
分散分析のモデルの中に交互作用の項を
入れることができません.
ということは，２つの因子間に交互作用の
可能性があるとき
この方法による分析は危険ですね！

参考文献［13］p.166

被験者間効果の検定

従属変数: 細胞分裂

ソース	タイプ III 平方和	自由度	平均平方	F 値	有意確率
修正モデル	561.982[a]	5	112.396	22.626	.001
切片	4912.653	1	4912.653	988.959	.000
薬剤時間	267.020	3	89.007	17.918	.002 ← ①
薬剤量	294.962	2	147.481	29.689	.001 ← ②
誤差	29.805	6	4.968		
総和	5504.440	12			
修正総和	591.787	11			

a. R2 乗 = .950 (調整済み R2 乗 = .908)

効果サイズ

$$\eta_p{}^2 = \frac{267.020}{267.020 + 29.805} = 0.950$$

従属変数: 細胞分裂

ソース	偏イータ 2 乗	非心度パラメータ	観測検定力[b]
修正モデル	.950	113.132	1.000
切片	.994	988.959	1.000
薬剤時間	.900	53.753	.994
薬剤量	.908	59.378	1.000
誤差			
総和			
修正総和			

a. R2 乗 = .950 (調整済み R2 乗 = .908)

b. アルファ = .05 を使用して計算された

【出力結果の読み取り方】

⬅① 薬剤時間についての検定です．

これは，薬剤の時間という因子の４つの水準

3 時間，6 時間，12 時間，24 時間

について

仮説 H_0：“４つの水準間に差はない”

を検定しています．

有意確率のところを見ると

有意確率 0.002 ≦有意水準 0.05

なので，仮説 H_0 は棄てられます．したがって，

“薬剤時間の４つの水準間の細胞分裂に差がある”

ことがわかります．

⬅② 薬剤量についての検定です．

これは，薬剤の量という３つの水準

100μg，600μg，2400μg

について

仮説 H_0：“３つの水準間に差はない”

を検定しています．

有意確率のところを見ると

有意確率 0.001 ≦有意水準 0.05

なので，仮説 H_0 は棄てられます．したがって，

“薬剤量の３つの水準間の細胞分裂に差がある”

ことがわかります．

第9章 3元配置の分散分析

9.1 はじめに

次のデータは，アフリカツメガエルの３つの因子

- ステージ……… ステージ55，ステージ57，ステージ59　⬅３つの水準
- 種類　……… レービス種，ボレアリス種　⬅２つの水準
- 性別　……… 雄，雌　⬅２つの水準

について，表皮細胞分裂を測定した結果です.

表 9.1.1　アフリカツメガエルの表皮細胞分裂

ステージ ＼ 種類・性別	レービス種		ボレアリス種	
	雄	雌	雄	雌
ステージ55	22.2 20.5 14.6	22.4 25.1 21.3	12.5 16.4 15.8	14.7 16.1 18.3
ステージ57	20.8 19.5 26.3	22.2 22.8 25.5	23.3 18.2 20.0	21.0 19.6 19.3
ステージ59	26.4 32.6 31.3	26.5 27.7 28.3	29.3 26.3 22.4	24.0 23.8 22.5

←対応のない因子 B（種類）
←対応のない因子 C（性別）

【3元配置のデータ入力の型】

このデータは

「対応のない因子 A」,「対応のない因子 B」,「対応のない因子 C」

なので，次のようにデータを入力します．

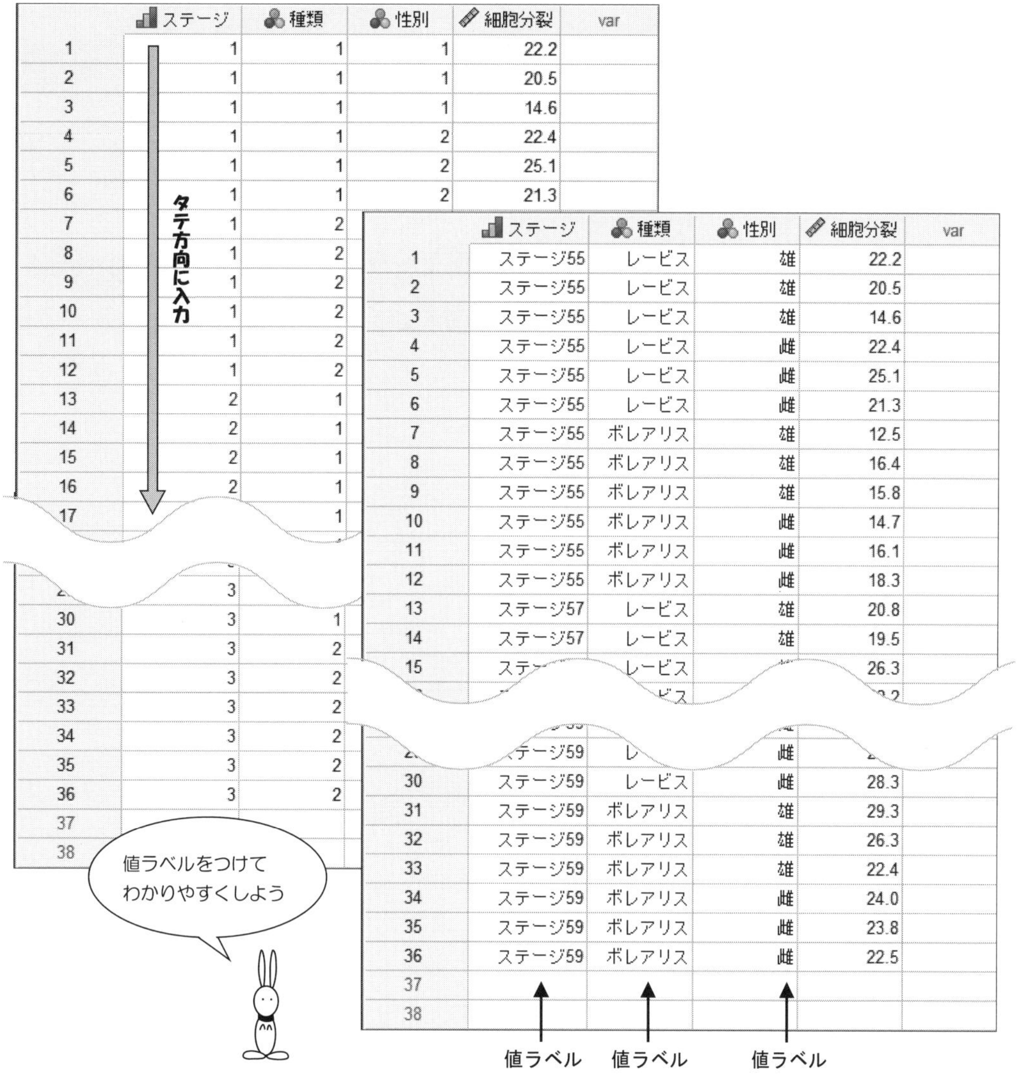

	ステージ	種類	性別	細胞分裂	var
1	1	1	1	22.2	
2	1	1	1	20.5	
3	1	1	1	14.6	
4	1	1	2	22.4	
5	1	1	2	25.1	
6	1	1	2	21.3	
7	1	2			
8	1	2			
9	1	2			
10	1	2			
11	1	2			
12	1	2			
13	2	1			
14	2	1			
15	2	1			
16	2	1			
17		1			
2	3				
30	3	1			
31	3	2			
32	3	2			
33	3	2			
34	3	2			
35	3	2			
36	3	2			
37					
38					

タテ方向に入力

	ステージ	種類	性別	細胞分裂	var
1	ステージ55	レービス	雄	22.2	
2	ステージ55	レービス	雄	20.5	
3	ステージ55	レービス	雄	14.6	
4	ステージ55	レービス	雌	22.4	
5	ステージ55	レービス	雌	25.1	
6	ステージ55	レービス	雌	21.3	
7	ステージ55	ボレアリス	雄	12.5	
8	ステージ55	ボレアリス	雄	16.4	
9	ステージ55	ボレアリス	雄	15.8	
10	ステージ55	ボレアリス	雌	14.7	
11	ステージ55	ボレアリス	雌	16.1	
12	ステージ55	ボレアリス	雌	18.3	
13	ステージ57	レービス	雄	20.8	
14	ステージ57	レービス	雄	19.5	
15	ステ	レービス		26.3	
	ステージ59	レ	雌		
30	ステージ59	レービス	雌	28.3	
31	ステージ59	ボレアリス	雄	29.3	
32	ステージ59	ボレアリス	雄	26.3	
33	ステージ59	ボレアリス	雄	22.4	
34	ステージ59	ボレアリス	雌	24.0	
35	ステージ59	ボレアリス	雌	23.8	
36	ステージ59	ボレアリス	雌	22.5	
37					
38					

値ラベル　値ラベル　値ラベル

値ラベルをつけて
わかりやすくしよう

9.2 3元配置の分散分析の手順

【統計処理の手順】

手順 1 データを入力したら，一般線型モデル(G) の中の 1 変量(U) を選択.

ファイル(F) 編集(E) 表示(V) データ(D) 変換(T) 分析(A) グラフ(G) ユーティリティ(U) 拡張機能(X) ウィンド

検定力分析(P)
報告書(P)
記述統計(E)
ベイズ統計(B)
テーブル(B)
平均の比較(M)
一般線型モデル(G)
一般化線型モデル(Z)
混合モデル(X)
相関(C)
回帰(R)

1 変量(U)...
多変量(M)...
反復測定(R)...
分散成分(V)...

	ステージ	種類	性別
22	2	2	2
23	2	2	2
24	2	2	2
25	3	1	1
26	3	1	1
27	3	1	1
28	3	1	2
29	3	1	2

手順 2 次の 1 変量の画面が現れるので，

細胞分裂を 従属変数(D) の中へ移動.

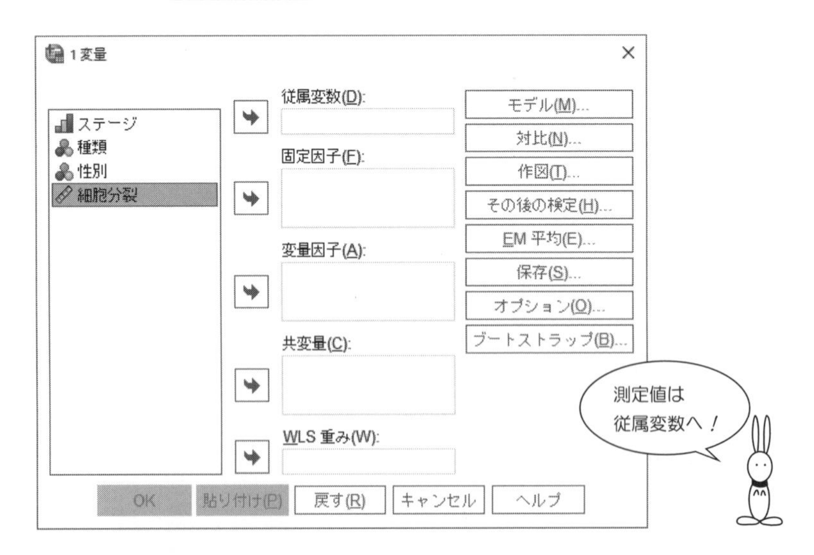

手順 3 次に，ステージをカチッとして 固定因子(F) の左側の ➡ をクリック，
続いて，種類と性別も 固定因子(F) へ移動．

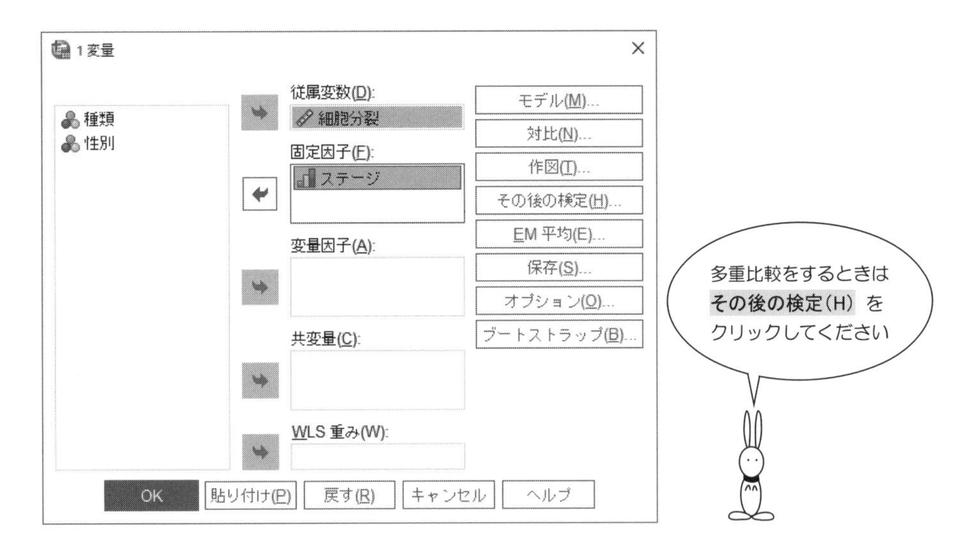

手順 4 3元配置や4元配置では，分散分析のモデルを自分で構築しよう．
そのために，画面右の モデル(M) をクリック！

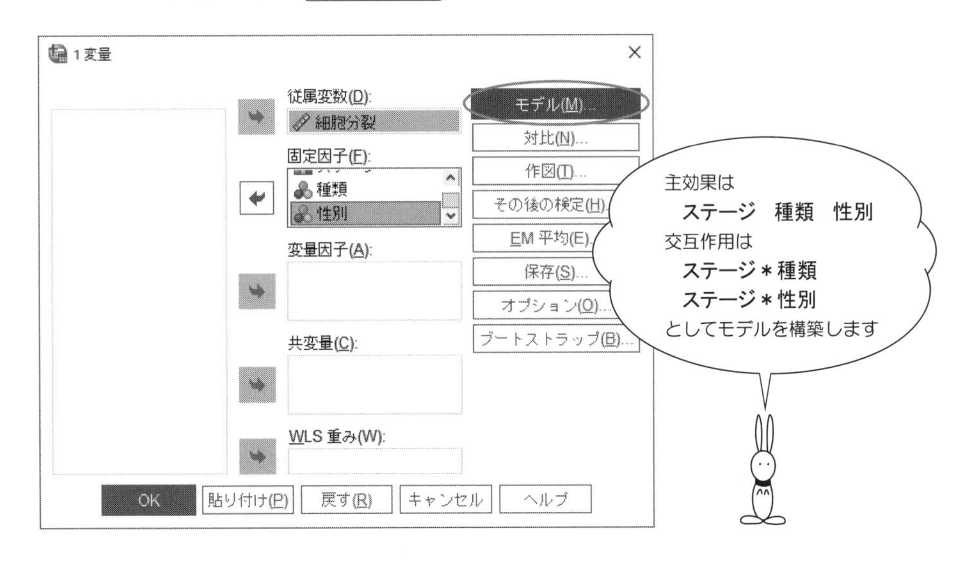

手順 5 次のモデルの画面になったら，

モデルを構築するために，項の構築(B) をクリック．

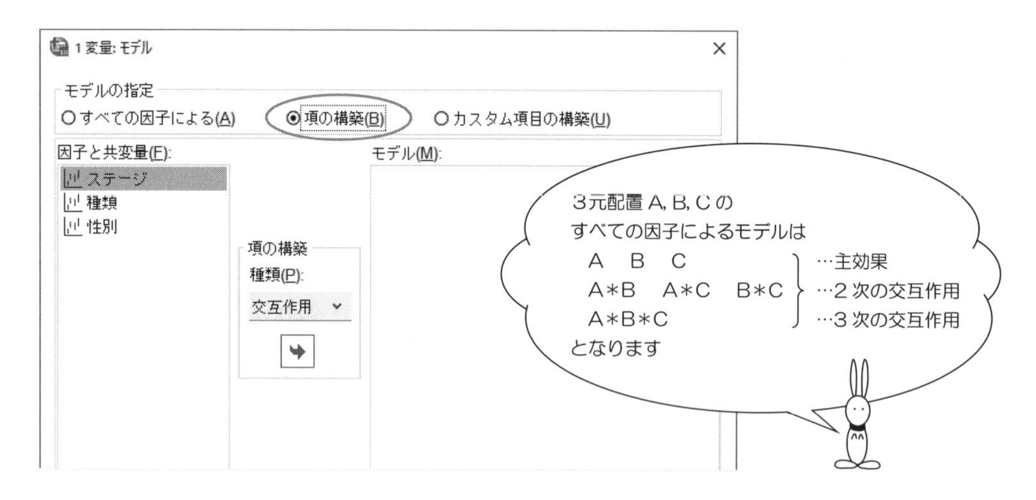

手順 6 まず，ステージ，種類，性別を モデル(M) の中へ移動します．

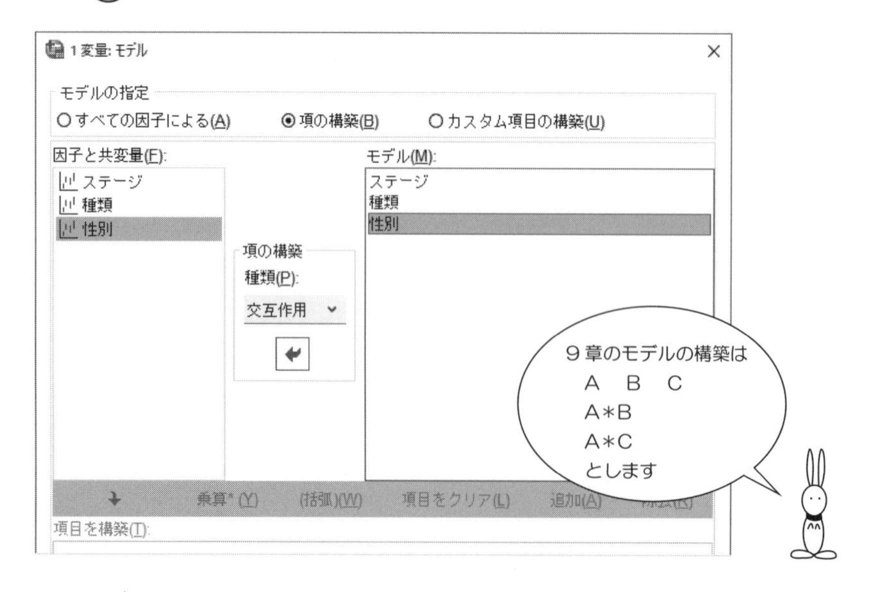

手順 7 次に，Ctrl キーを押しながらステージと種類をカチッとして，

➡ をクリック．すると モデル(M) の中がステージ＊種類となります．

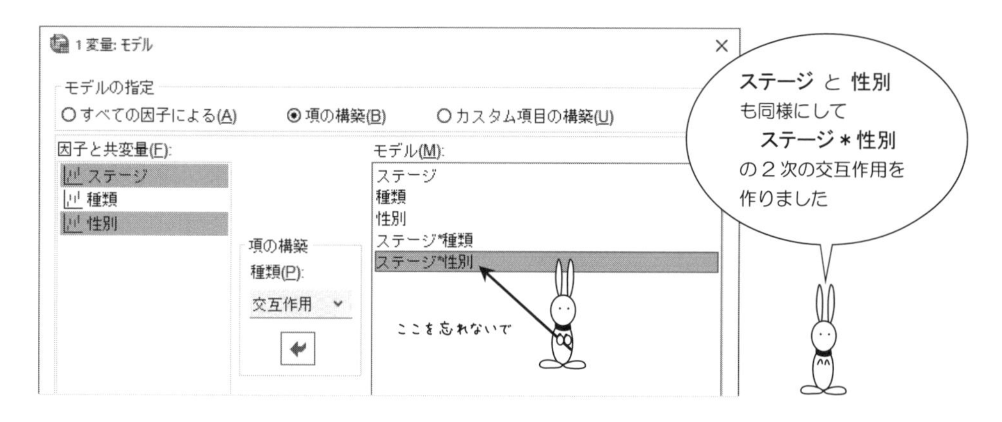

手順 8 モデルの構築が終了したら， 続行(C) をクリック．

次の画面に戻ったら， OK ボタンをマウスでカチッ！

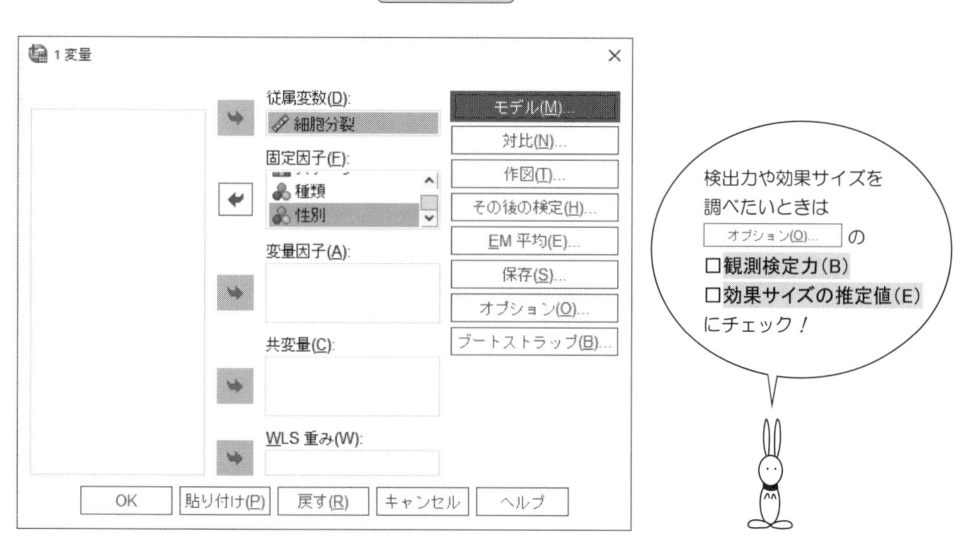

【SPSS による出力】——3元配置の分散分析——

一変量の分散分析

被験者間因子

		値ラベル	度数
ステージ	1	ステージ55	12
	2	ステージ57	12
	3	ステージ59	12
種類	1	レーピス	18
	2	ボレアリス	18
性別	1	雄	18
	2	雌	18

被験者間効果の検定

従属変数: 細胞分裂

ソース	タイプ III 平方和	自由度	平均平方	F 値	有意確率	
修正モデル	633.758[a]	8	79.220	13.607	.000	
切片	17755.562	1	17755.562	3049.830	.000	
ステージ	434.727	2	217.363	37.336	.000	← ①
種類	146.007	1	146.007	25.079	.000	← ②
性別	.202	1	.202	.035	.853	← ③
ステージ * 種類	11.496	2	5.748	.987	.386	← ④
ステージ * 性別	41.327	2	20.663	3.549	.043	← ⑤
誤差	157.189	27	5.822			
総和	18546.510	36				
修正総和	790.947	35				

a. R2 乗 = .801 (調整済み R2 乗 = .742)

【出力結果の読み取り方】

⬅① ステージの因子についての差の検定です．

仮説 H_0：“ステージ 55，57，59 の間に差はない”

を検定しています．有意確率 0.000 ≦有意水準 0.05 なので，

仮説 H_0 は棄てられ，“3つのステージ間に差がある”ことがわかります．

⬅② 種類の因子についての差の検定です．

仮説 H_0：“レービス種とボレアリス種の間に差はない”

を検定しています．有意確率 0.000 ≦有意水準 0.05 なので，

仮説は棄てられ，“2種類の間に差がある”ことがわかります．

⬅③ 性別の因子についての差の検定です．

仮説 H_0：“雄と雌の間に差はない”

を検定しています．有意確率 0.853 ＞有意水準 0.05 なので，仮説は

棄てられません．したがって，性別の間に差があるとはいえません．

⬅④ 2つの因子―ステージと種類―についての交互作用の検定です．

仮説 H_0：“ステージと種類の間に交互作用はない”

を検定しています．有意確率 0.386 ＞有意水準 0.05 なので

仮説は棄てられません．したがって，ステージと種類の間に

交互作用があるとはいえません．

⬅⑤ 2つの因子―ステージと性別―についての交互作用の検定です．

仮説 H_0：“ステージと性別の間に交互作用はない”

を検定しています．有意確率 0.043 ≦有意水準 0.05 なので，

仮説は棄てられ，交互作用の存在が示されました．

交互作用が存在するときには，ステージに関する差の検定や，

性別に関する差の検定はあまり意味がありません．

第10章 共分散分析と多重比較

10.1 はじめに

次のデータはアフリカツメガエルの表皮細胞分裂について，
分裂した細胞数と表皮細胞の全数を測定した結果です．

表皮細胞の全数を 共変量 として，５つのステージの間で
分裂した細胞数に差があるのでしょうか？

表 10.1.1　アフリカツメガエルの表皮細胞分裂

発生ステージ	分裂した細胞数	表皮細胞の全数
ステージ 51	3	35
	5	38
	3	39
ステージ 55	3	36
	3	39
	8	54
ステージ 57	2	40
	2	45
	2	39
ステージ 59	3	47
	4	52
	2	48
ステージ 61	1	64
	2	80
	0	71

【共変量のあるデータ入力の型】

このデータは**「対応のない因子」**なので，次のように入力します．

分裂数と全細胞数は対応しているので，ヨコに並べます．

	ステージ	分裂数	全細胞数	var
1	1	3	35	
2	1	5	38	
3	1	3	39	
4	2	3	36	
5	2	3	39	
6	2	8	54	
7	3	2		
8	3	2		
9	3	2		
10	4	3		
11	4	4		
12	4	2		
13	5	1		
14	5	2		
15	5	0		
16				

タテ方向に入力

データ　ビュー　変数　ビュー

共変量が２個以上でも
共分散分析はOK！

	ステージ	分裂数	全細胞数	var
1	ステージ51	3	35	
2	ステージ51	5	38	
3	ステージ51	3	39	
4	ステージ55	3	36	
5	ステージ55	3	39	
6	ステージ55	8	54	
7	ステージ57	2	40	
8	ステージ57	2	45	
9	ステージ57	2	39	
10	ステージ59	3	47	
11	ステージ59	4	52	
12	ステージ59	2	48	
13	ステージ61	1	64	
14	ステージ61	2	80	
15	ステージ61	0	71	
16				

値ラベル　　共変量

10.2 共分散分析の平行性の検定の手順

【統計処理の手順】

手順 1 データを入力したら，一般線型モデル(G) の中の 1 変量(U) を選択.

ファイル(F)　編集(E)　表示(V)　データ(D)　変換(T)　分析(A)　グラフ(G)　ユーティリティ(U)　拡張機能(X)　ウィン

	ステージ	分裂数	全細胞数
1	1	3	35
2	1	5	38
3	1	3	39
4	2	3	36
5	2	3	39
6	2	8	54
7	3	2	40
8	3	2	45
9	3	2	39

検定力分析(P)
報告書(P)
記述統計(E)
ベイズ統計(B)
テーブル(B)
平均の比較(M)
一般線型モデル(G) → 1 変量(U)... / 多変量(M)... / 反復測定(R)... / 分散成分(V)...
一般化線型モデル(Z)
混合モデル(X)
相関(C)
回帰(R)

手順 2 次の 1 変量の画面が現れるので，分裂数を 従属変数(D) の中へ，
ステージを 固定因子(F) の中へ，全細胞数を 共変量(C) の中へ.

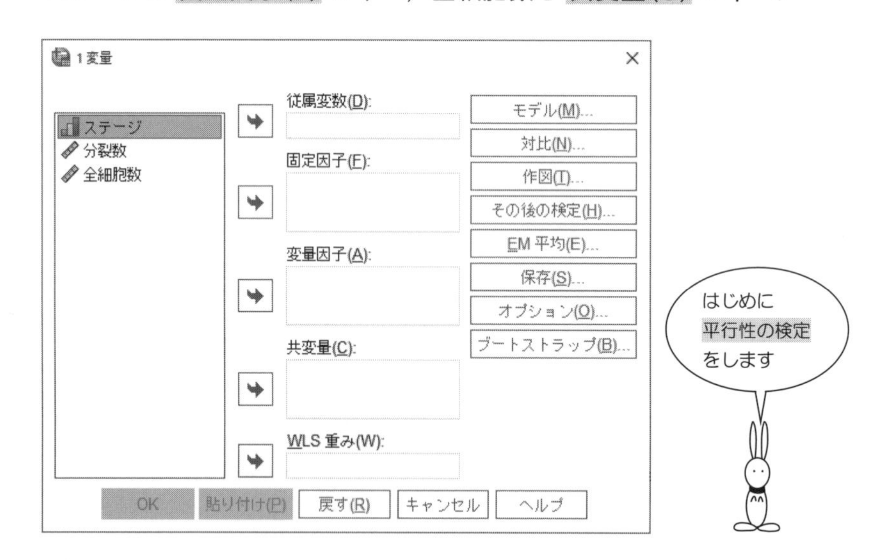

手順 3 そこで，分裂数をマウスでカチッとして，従属変数(D) の ➡ を

クリックすると，分裂数が 従属変数(D) の中に移動します．

1 変量

ステージ
全細胞数
従属変数(D):
分裂数
固定因子(F):
変量因子(A):
共変量(C):
WLS 重み(W):
モデル(M)...
対比(N)...
作図(T)...
その後の検定(H)...
EM 平均(E)...
保存(S)...
オプション(O)...
ブートストラップ(B)...
OK 貼り付け(P) 戻す(R) キャンセル ヘルプ

手順 4 次にステージをカチッとして，固定因子(F) の ➡ をクリックすると，

ステージが，右のワクの中に入ります．

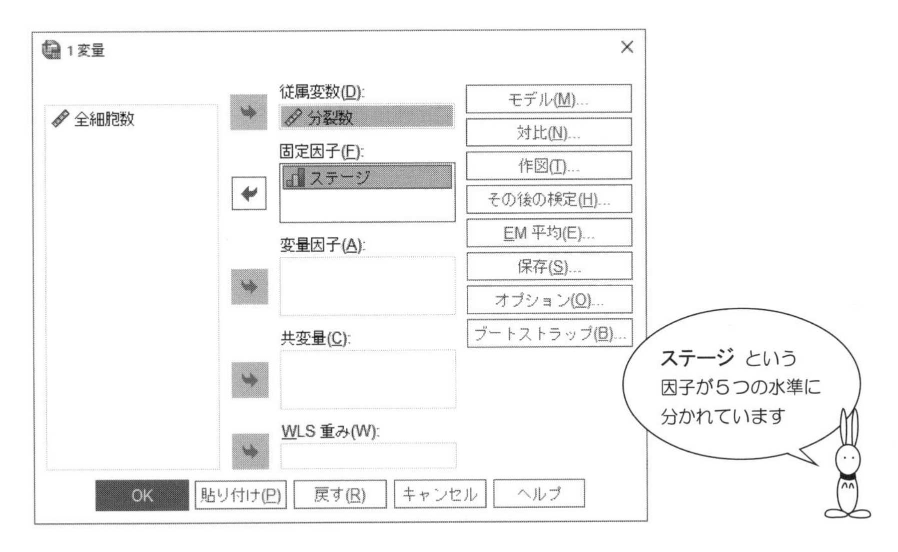

手順 5 次に，全細胞数を 共変量(C) の中へ移動したら

平行性の検定をするために，画面右の モデル(M) をクリック．

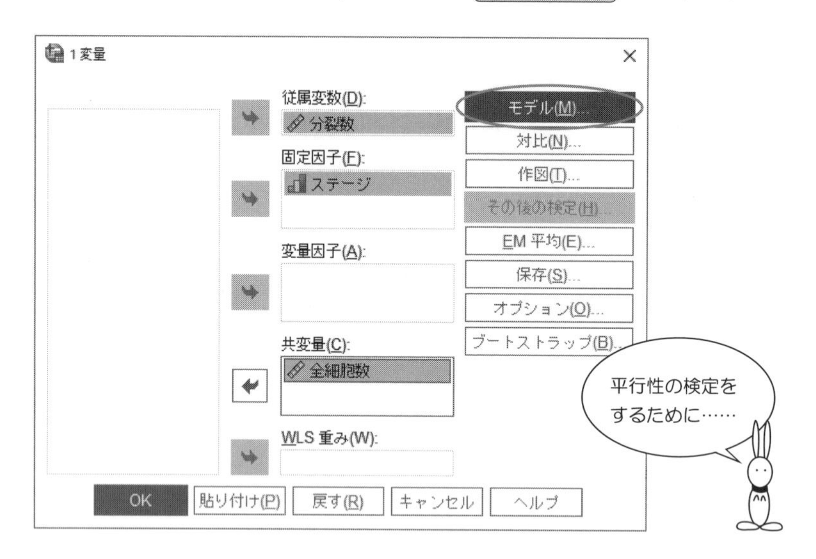

手順 6 次のモデルの画面が現れるので，項の構築(B) をクリック．

手順 7 そこで，ステージをカチッとし，項の構築(B) の ➡ をクリックすると，
ステージが右に移動します．

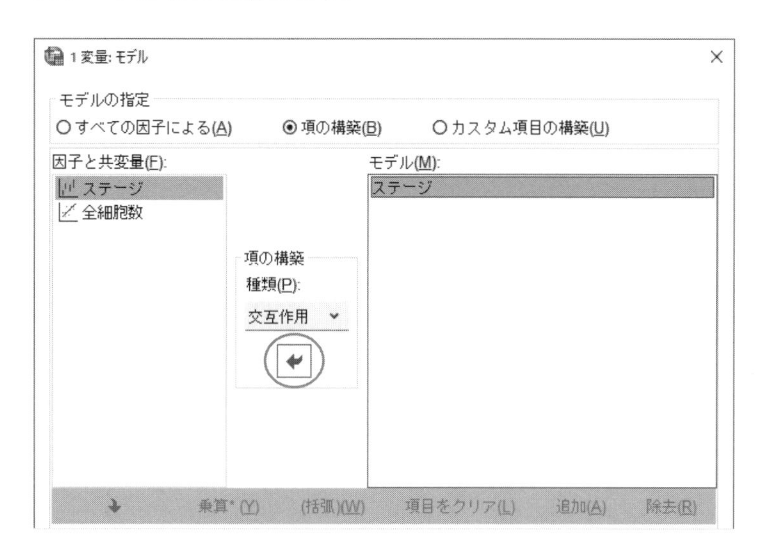

手順 8 続いて，全細胞数をカチッとして，➡ をクリックします．

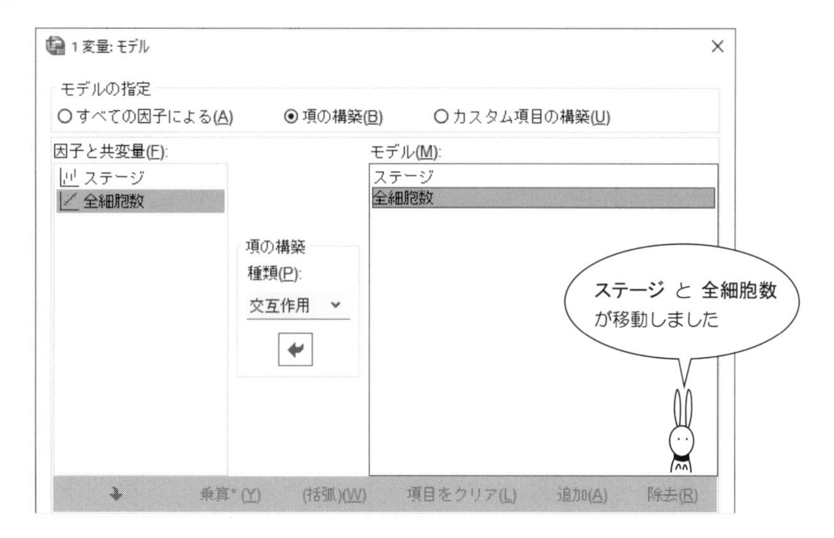

手順 9 最後に，Ctrl キーを押しながら，ステージと全細胞数を
いっしょにカチッとしてから，項の構築(B) の ➡ をクリックします．

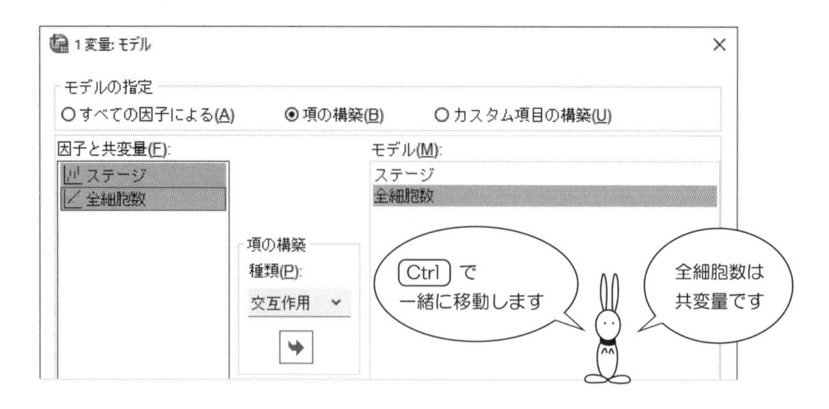

手順 10 すると，ステージと全細胞数の交互作用項が モデル(M) のワクの中に
できあがります．そして， 続行(C) をクリック．

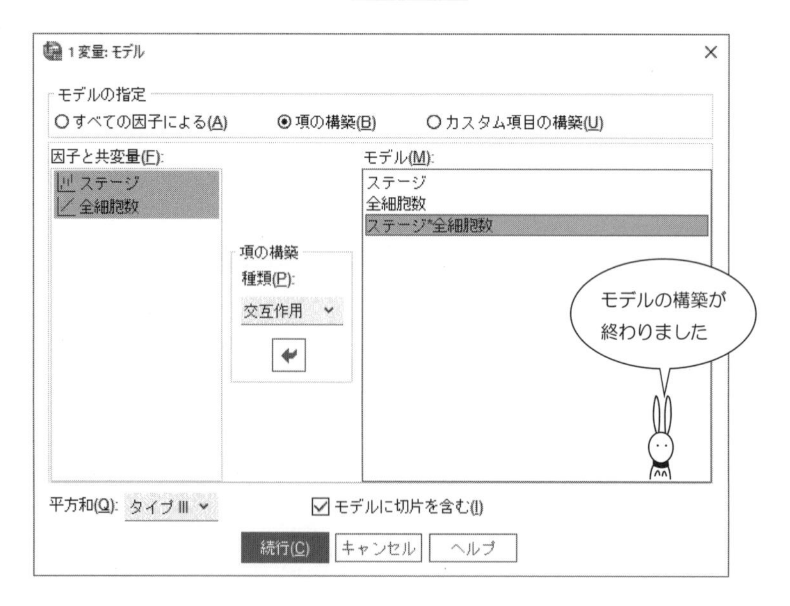

手順 11 次の画面に戻ったら，あとは， OK ボタンをマウスでカチッ！

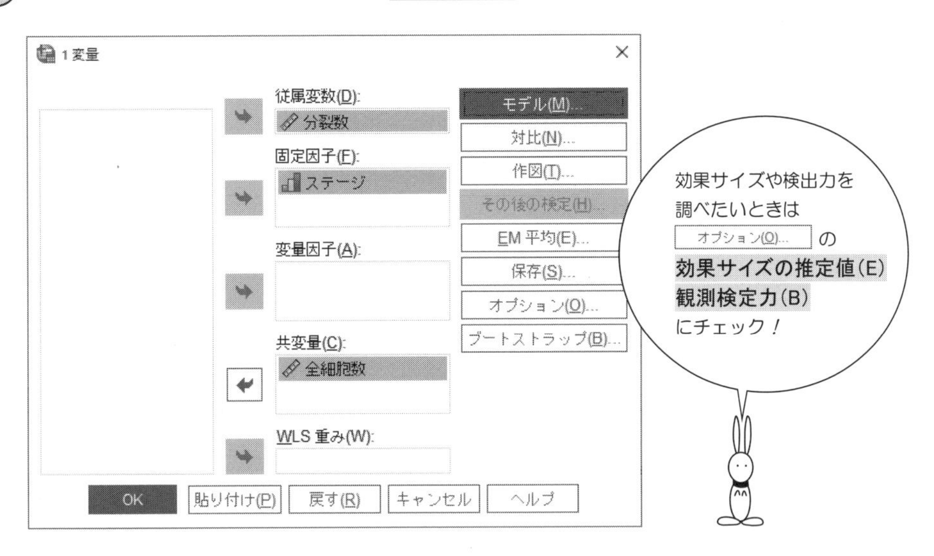

【SPSS による出力】——共分散分析の平行性の検定——

一変量の分散分析

被験者間因子

		値ラベル	度数
ステージ	1	ステージ51	3
	2	ステージ55	3
	3	ステージ57	3
	4	ステージ59	3
	5	ステージ61	3

被験者間効果の検定

従属変数: 分裂数

ソース	タイプ III 平方和	自由度	平均平方	F 値	有意確率
修正モデル	42.641[a]	9	4.738	4.652	.053
切片	1.148	1	1.148	1.127	.337
ステージ	1.495	4	.374	.367	.824
全細胞数	2.611	1	2.611	2.563	.170
ステージ * 全細胞数	4.813	4	1.203	1.181	.420 ← ①
誤差	5.092	5	1.018		
総和	171.000	15			
修正総和	47.733	14			

ソース	偏イータ 2 乗	非心度パラメータ	観測検定力[b]
修正モデル	.893	41.867	.658
切片	.184	1.127	.140
ステージ	.227	1.468	.087
全細胞数	.339	2.563	.257
ステージ * 全細胞数	.486	4.726	.181
誤差			
総和			
修正総和			

a. R2 乗 = .893 (調整済み R2 乗 = .701)

b. アルファ = .05 を使用して計算された

【出力結果の読み取り方】

⬅① 共分散分析における第1段階は，この平行性の検定です !!

ここでは，次の仮説

仮説 H_0 :“ステージ（＝因子）と全細胞数（＝共変量）の間に交互作用はない”

を検定しています．このことは

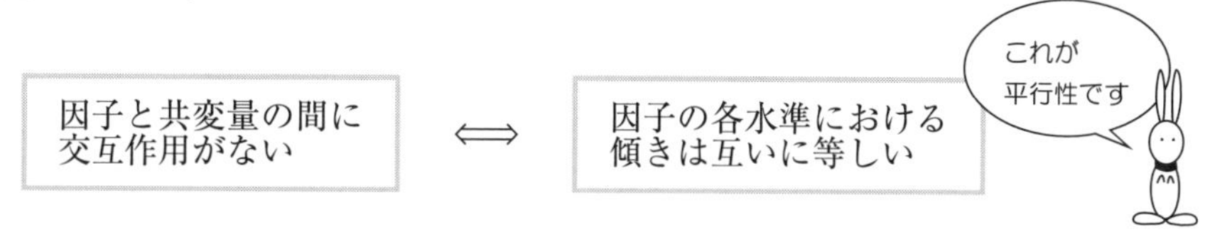

を意味しています．

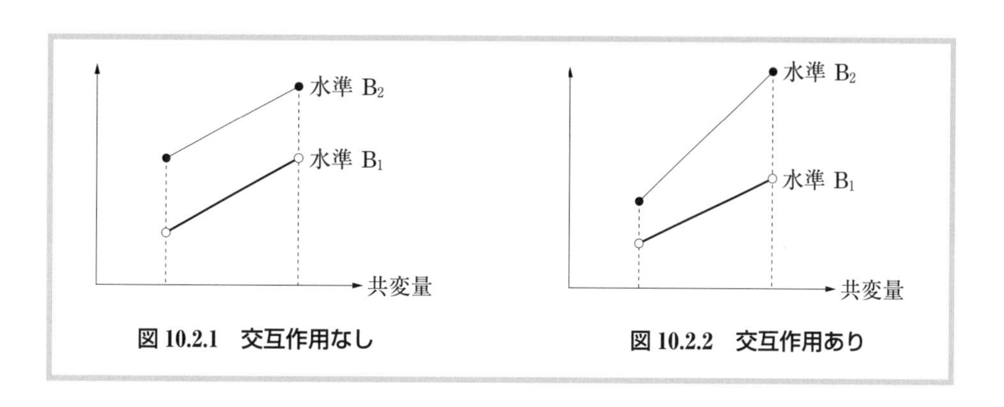

図 10.2.1　交互作用なし　　**図 10.2.2　交互作用あり**

出力結果を見ると

有意確率 0.420 ＞有意水準 0.05

なので，仮説 H_0 は棄てられません．

したがって，

“ステージ（＝因子）と全細胞数（＝共変量）の間に
交互作用は存在しない”

つまり，平行性を仮定してよいことがわかりました．

10.3 共分散分析と多重比較の手順

【統計処理の手順】

手順 1 次の1変量の画面から始めます．はじめに，モデル(M) をカチッ．

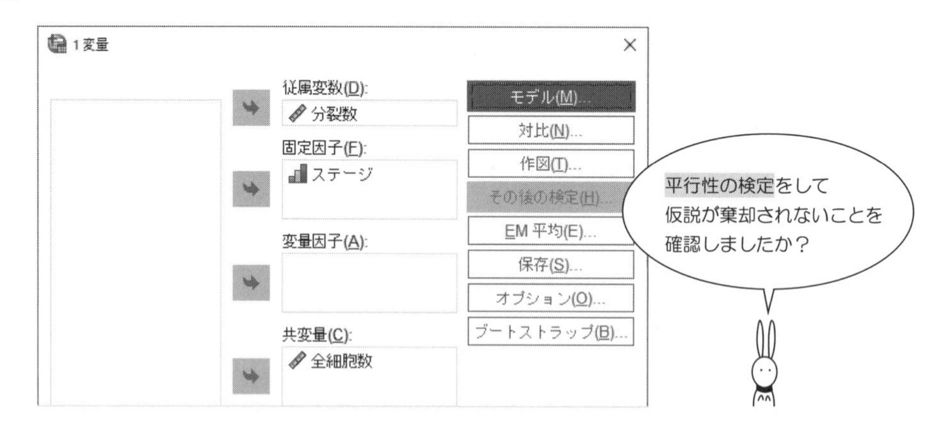

手順 2 次のモデルの画面を見ると，モデルの指定が 項の構築(B) と

なっているので，すべての因子による(A) をクリック．

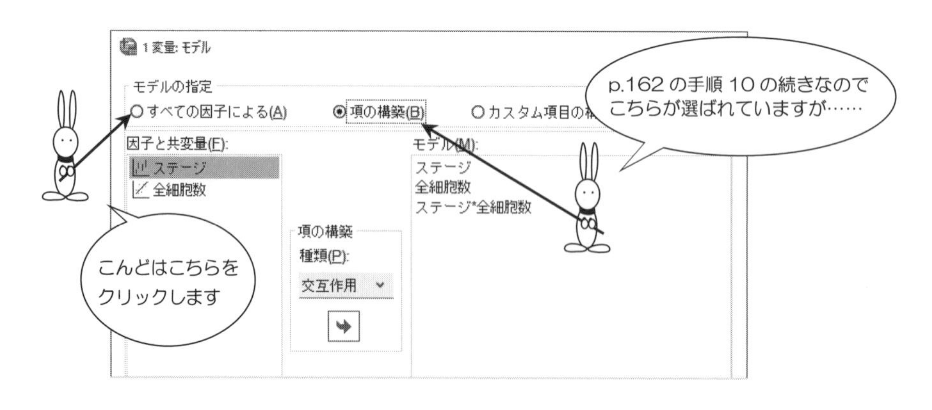

手順 3 すると，画面の文字が，次のように薄くなります．

そして，［続行(C)］．

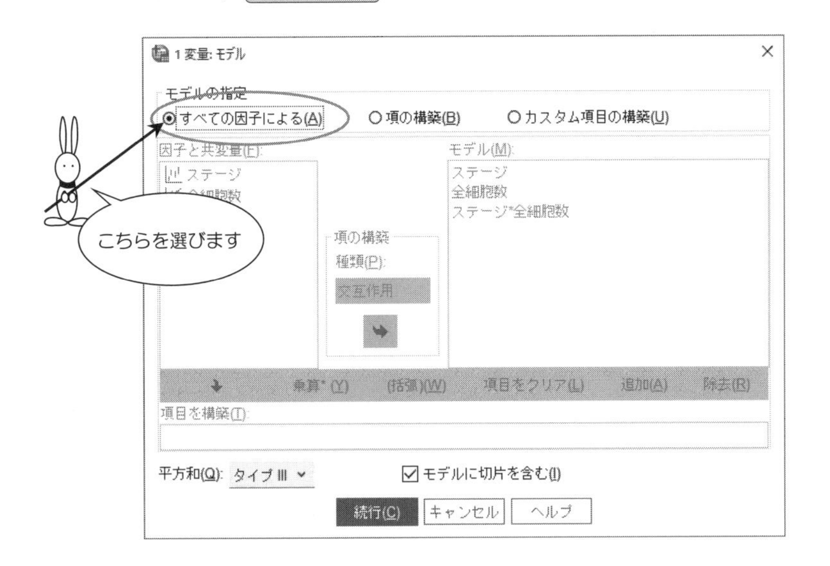

手順 4 今度は，回帰の有意性の検定をしなければならないので，

［オプション(O)］をクリック．

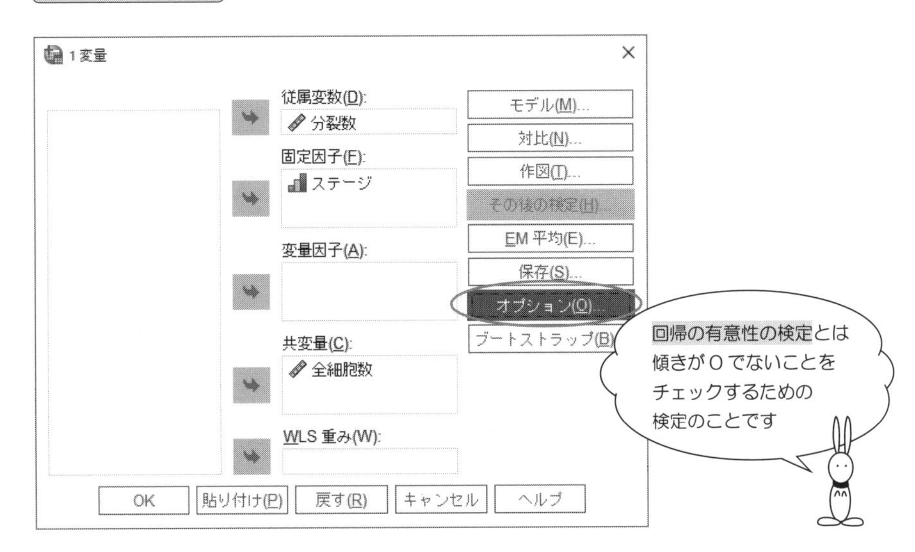

手順 5 このオプションの画面の中に，

パラメータ推定値(T) があるので，

ここをチェック． 続行(C) ．

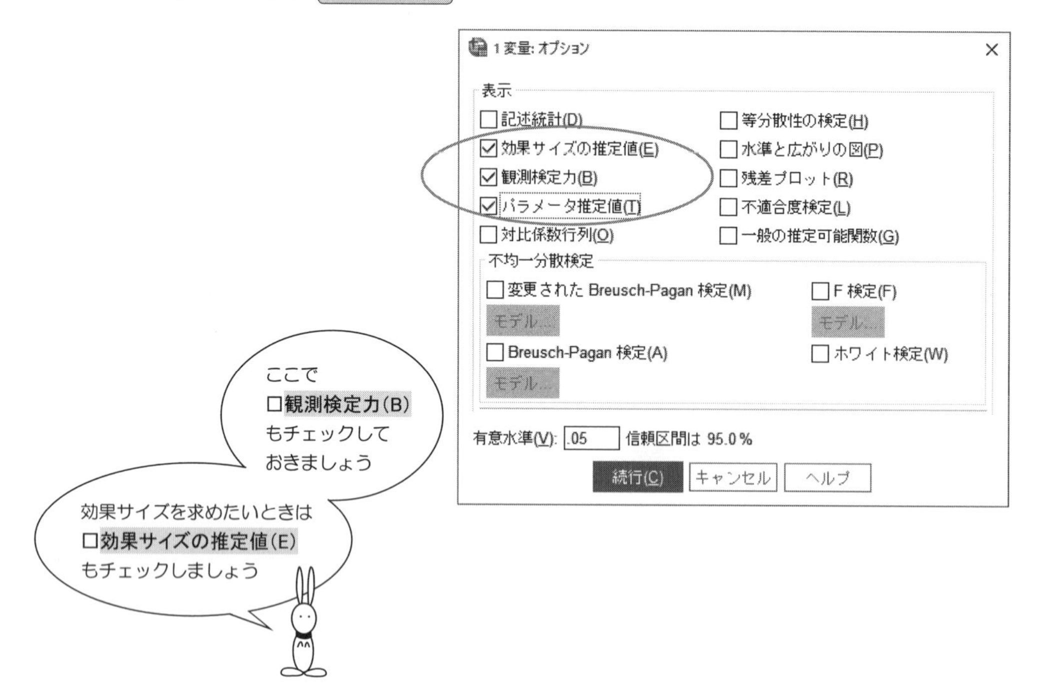

手順 6 次の画面にもどったら， EM 平均(E) をクリックして……

手順 7 次の推定周辺平均の画面になるので，

調整された平均値における多重比較をしたいときは，

ステージをカチッとしてから，［→］をクリック．

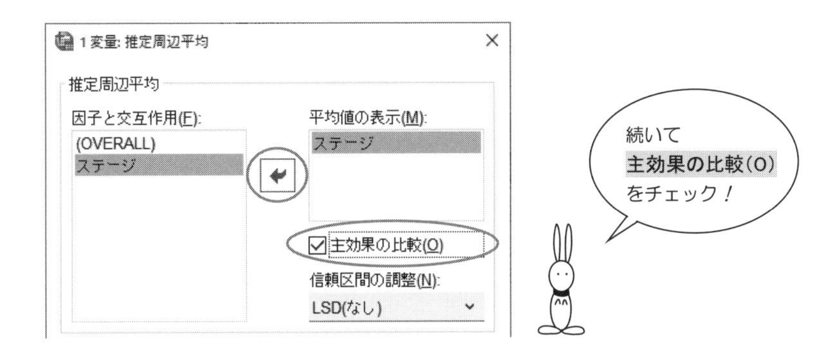

手順 8 続いて，Bonferroni を選択したら，［続行(C)］．

あとは，［OK］ボタンをマウスでカチッ！

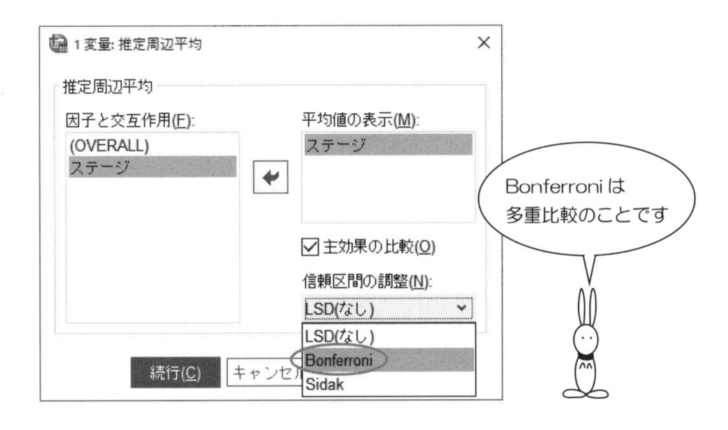

【SPSS による出力・その 1】——共分散分析と多重比較——

一変量の分散分析

被験者間効果の検定

従属変数: 分裂数

ソース	タイプ III 平方和	自由度	平均平方	F 値	有意確率
修正モデル	37.828[a]	5	7.566	6.874	.007
切片	6.413	1	6.413	5.827	.039
全細胞数	13.428	1	13.428	12.200	.007 ← ③
ステージ	34.111	4	8.528	7.748	.005 ← ④
誤差	9.906	9	1.101		
総和	171.000	15			
修正総和	47.733	14			

ソース	偏イータ 2 乗	非心度パラメータ	観測検定力[b]
修正モデル	.792	34.369	.938
切片	.393	5.827	.577
全細胞数	.575	12.200	.873
ステージ	.775	30.993	.945 ← ⑤
誤差			
総和			
修正総和			

パラメータ推定値

従属変数: 分裂数

パラメータ	B	標準誤差	t 値	有意確率	95% 信頼区間 下限	95% 信頼区間 上限	偏イータ 2 乗	非心度パラメータ	観測検定力[b]
切片	-12.880	4.020	-3.204	.011	-21.973	-3.787	.533	3.204	.813
全細胞数	.194	.055	3.493	.007	.068	.319	.575	3.493	.873 ← ②
[ステージ=1]	9.316	2.088	4.463	.002	4.594	14.038	.689	4.463	.977
[ステージ=2]	9.218	1.806	5.105	.001	5.134	13.303	.743	5.105	.995
[ステージ=3]	6.875	1.887	3.642	.005	2.605	11.144	.596	3.642	.899
[ステージ=4]	6.390	1.521	4.201	.002	2.949	9.830	.662	4.201	.961
[ステージ=5]	0[a]	.	.	.	.	.	.	.	.

a. このパラメータは、冗長なため 0 に設定されます。

b. アルファ = .05 を使用して計算された

【出力結果の読み取り方・その1】

⬅② ここが回帰の有意性の検定で，次の仮説

仮説 H_0：“共通な傾き β は 0 である”

を検定しています．

有意確率 0.007 ≦有意水準 0.05 なので，仮説 H_0 は棄てられます．

したがって

“共通な傾き β が 0 ではない”

ので，共変量を使った共分散分析をすることに意味があります．

その共通の傾きは B ＝ 0.194 になっていることがわかります．

⬅③ このF値の平方根をとると

$$\sqrt{12.200} = 3.493$$

となるので，②の t 値に一致しています．

つまり，③と②は同じ検定をしているということですね．

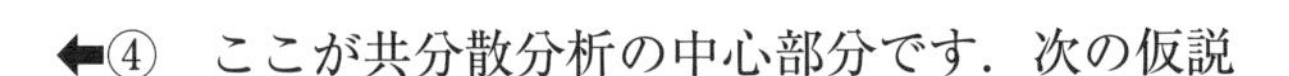

⬅④ ここが共分散分析の中心部分です．次の仮説

仮説 H_0：“5つの水準間に差はない”

を検定しています．

有意確率 0.005 ≦有意水準 0.05 なので，仮説 H_0 は棄てられます．

したがって“5つのステージ間に差がある”ことがわかりました．

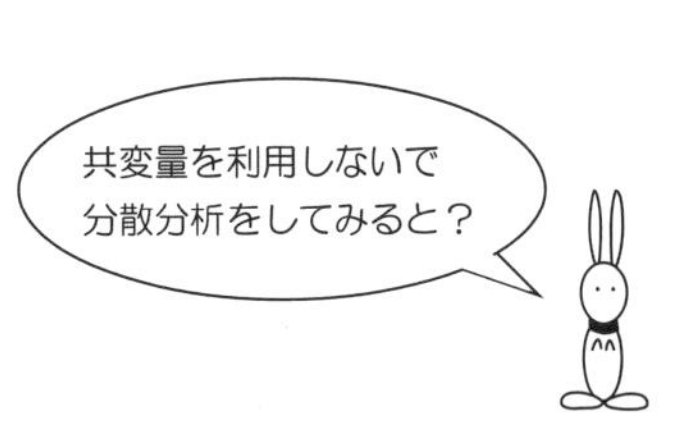

⬅⑤ 効果サイズと検出力です．

$$\eta^2_{\mathrm{p}} = \frac{34.111}{34.111 + 9.906} = 0.775$$

【SPSS による出力・その 2】――共分散分析と多重比較――

推定周辺平均　　ステージ

推定値

従属変数: 分裂数

ステージ	平均値	標準誤差	95% 信頼区間	
			下限	上限
ステージ51	5.823[a]	.865	3.866	7.779
ステージ55	5.725[a]	.677	4.193	7.258
ステージ57	3.382[a]	.723	1.745	5.018
ステージ59	2.897[a]	.606	1.525	4.269
ステージ61	-3.493[a]	1.422	-6.710	-.277

← ⑥

a. このモデルにある共変量は、全細胞数 = 48.47 の値を基に評価されます。

ペアごとの比較

従属変数: 分裂数

(I) ステージ	(J) ステージ	平均値の差 (I-J)	標準誤差	有意確率[b]	95% 平均差信頼区間[b]	
					下限	上限
ステージ51	ステージ55	.097	.912	1.000	-3.269	3.464
	ステージ57	2.441	.885	.221	-.823	5.706
	ステージ59	2.926	1.073	.234	-1.034	6.887
	ステージ61	9.316*	2.088	.016	1.614	17.018
ステージ55	ステージ51	-.097	.912	1.000	-3.464	3.269
	ステージ57	2.344	.862	.236	-.835	5.523
	ステージ59	2.829	.919	.132	-.562	6.219
	ステージ61	9.218*	1.806	.006	2.556	15.881
ステージ57	ステージ51	-2.441	.885	.221	-5.706	.823
	ステージ55	-2.344	.862	.236	-5.523	.835
	ステージ59	.485	.956	1.000	-3.044	4.013
	ステージ61	6.875	1.887	.054	-.089	13.839
ステージ59	ステージ51	-2.926	1.073	.234	-6.887	1.034
	ステージ55	-2.829	.919	.132	-6.219	.562
	ステージ57	-.485	.956	1.000	-4.013	3.044
	ステージ61	6.390*	1.521	.023	.778	12.002
ステージ61	ステージ51	-9.316*	2.088	.016	-17.018	-1.614
	ステージ55	-9.218*	1.806	.006	-15.881	-2.556
	ステージ57	-6.875	1.887	.054	-13.839	.089
	ステージ59	-6.390*	1.521	.023	-12.002	-.778

← ⑦

推定周辺平均に基づいた

*. 平均値の差は .05 水準で有意です。

b. 多重比較の調整: Bonferroni。

【出力結果の読み取り方・その 2】

⬅⑥　調整された平均値を出力しています.

この求め方は，②で求めたB = 0.194 を利用して

$$5.823 = (-12.88 + 9.316) + 0.194 \times 48.47$$
$$5.725 = (-12.88 + 9.218) + 0.194 \times 48.47$$
$$3.382 = (-12.88 + 6.875) + 0.194 \times 48.47$$
$$2.897 = (-12.88 + 6.390) + 0.194 \times 48.47$$
$$-3.493 = (-12.88 + 0.000) + 0.194 \times 48.47$$

のように計算しています.

⬅⑦　ここが，ボンフェローニの方法による多重比較になっています.

各水準における 調整された平均値 の差を求め，
有意水準５％で差のあるところに＊印がついています.

したがって，ボンフェローニの修正による多重比較で
有意差のある組合せは，次のとおりです.

＊ …… { ステージ51　と　ステージ61 }

＊ …… { ステージ55　と　ステージ61 }

＊ …… { ステージ59　と　ステージ61 }

第11章 多変量分散分析と多重比較

11.1 はじめに

次のデータは，オタマジャクシの４つのステージにおける背ビレ，筋肉部分，腹ビレの３ヶ所の幅を測定した結果です．

つまり３変数の差の検定ですね

４つのステージ間に差があるのでしょうか？

表 11.1.1　オタマジャクシの３ヶ所の長さ

発生ステージ	背ビレの幅	筋肉部分の幅	腹ビレの幅
ステージ 55	2.6	2.6	1.9
	2.2	2.4	1.4
	2.4	2.8	1.9
	2.7	3.5	2.6
ステージ 59	2.3	2.2	1.3
	2.6	2.8	1.8
	2.5	2.9	2.3
	2.2	2.4	1.9
ステージ 61	2.4	2.6	1.5
	1.8	2.2	1.1
	1.4	2.1	1.3
	1.2	1.8	0.8
ステージ 63	1.2	1.2	0.9
	1.8	2.0	1.4
	1.1	1.7	1.0
	1.8	2.1	1.3

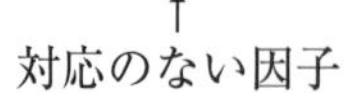

【多変量のデータ入力の型】

このデータは**「対応のない因子」**なので，次のように入力します.

背ビレ・筋肉部分・腹ビレは対応しているので，ヨコに並べます.

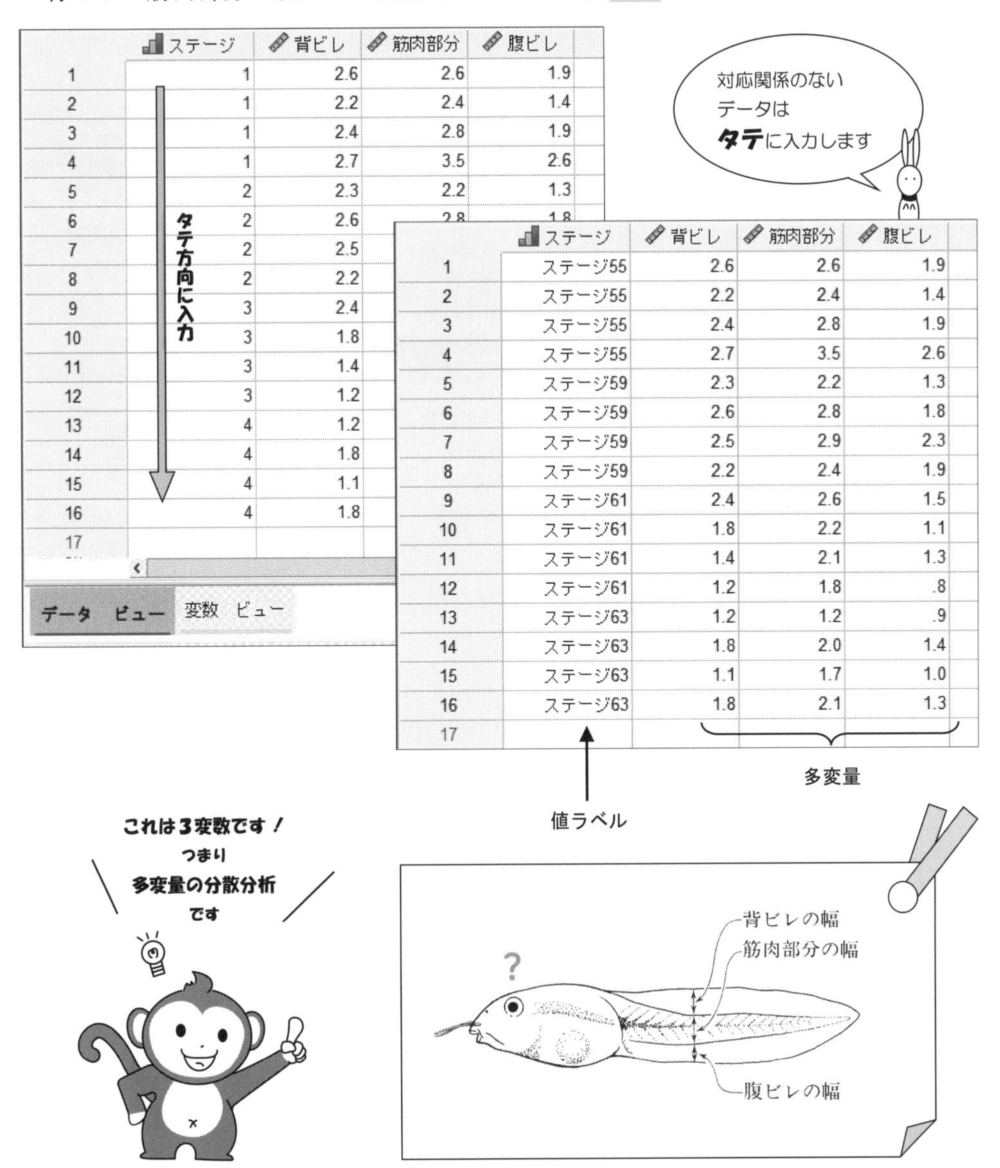

	ステージ	背ビレ	筋肉部分	腹ビレ
1	1	2.6	2.6	1.9
2	1	2.2	2.4	1.4
3	1	2.4	2.8	1.9
4	1	2.7	3.5	2.6
5	2	2.3	2.2	1.3
6	2	2.6	2.8	1.8
7	2	2.5		
8	2	2.2		
9	3	2.4		
10	3	1.8		
11	3	1.4		
12	3	1.2		
13	4	1.2		
14	4	1.8		
15	4	1.1		
16	4	1.8		
17				

	ステージ	背ビレ	筋肉部分	腹ビレ
1	ステージ55	2.6	2.6	1.9
2	ステージ55	2.2	2.4	1.4
3	ステージ55	2.4	2.8	1.9
4	ステージ55	2.7	3.5	2.6
5	ステージ59	2.3	2.2	1.3
6	ステージ59	2.6	2.8	1.8
7	ステージ59	2.5	2.9	2.3
8	ステージ59	2.2	2.4	1.9
9	ステージ61	2.4	2.6	1.5
10	ステージ61	1.8	2.2	1.1
11	ステージ61	1.4	2.1	1.3
12	ステージ61	1.2	1.8	.8
13	ステージ63	1.2	1.2	.9
14	ステージ63	1.8	2.0	1.4
15	ステージ63	1.1	1.7	1.0
16	ステージ63	1.8	2.1	1.3
17				

11.2 多変量分散分析の手順

【統計処理の手順】

手順 1 データを入力したら，一般線型モデル(G) の中から，多変量(M) を選択.

ファイル(F) 編集(E) 表示(V) データ(D) 変換(T) 分析(A) グラフ(G) ユーティリティ(U) 拡張機能(X) ウィンド

	ステージ	背ビレ	筋肉部分
1	ステージ55	2.6	2.6
2	ステージ55	2.2	2.4
3	ステージ55	2.4	2.8
4	ステージ55	2.7	3.5
5	ステージ59	2.3	2.2
6	ステージ59	2.6	2.8
7	ステージ59	2.5	2.9
8	ステージ59	2.2	2.4
9	ステージ61	2.4	2.6

検定力分析(P)
報告書(P)
記述統計(E)
ベイズ統計(B)
テーブル(B)
平均の比較(M)
一般線型モデル(G) → 1 変量(U)... / 多変量(M)... / 反復測定(R)... / 分散成分(V)...
一般化線型モデル(Z)
混合モデル(X)
相関(C)
回帰(R)

手順 2 次の多変量の画面が現れるので，背ビレをカチッとし……

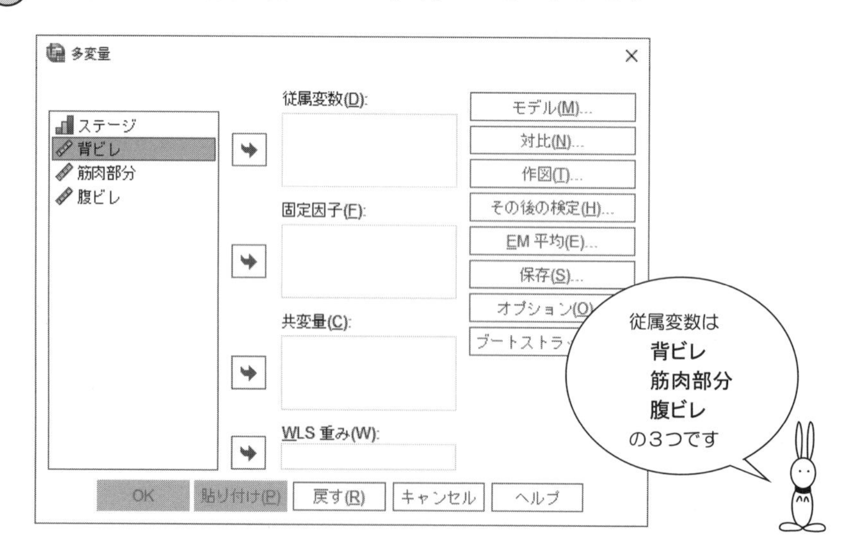

手順 3 Ctrl キーを押したまま，筋肉部分・腹ビレもカチッとして，

この3つを 従属変数(D) の中へ移動します．

手順 4 次に，ステージをクリックして，固定因子(F) の ➡ をクリック．

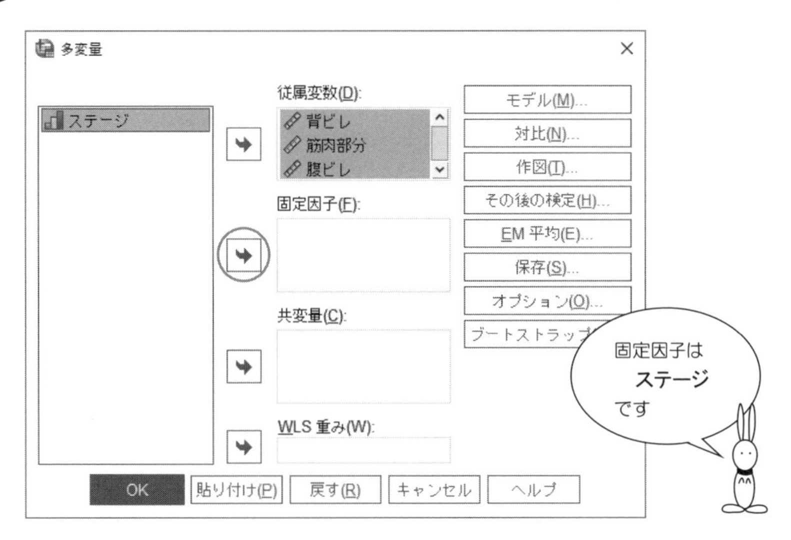

手順 5 画面右の オプション(O) をクリック．

手順 6 次のオプションの画面が現れるので，

等分散性の検定(H) をチェック．

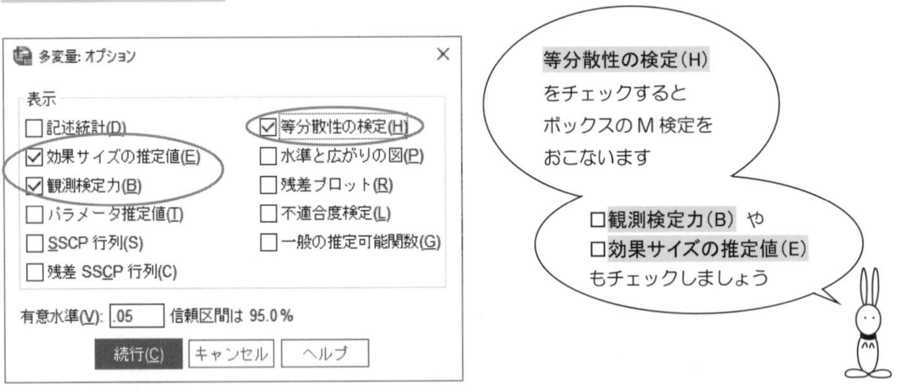

手順 7 続行(C) をクリックすると，次の画面に戻ります.

あとは， OK ボタンをマウスでカチッ！

【SPSS による出力・その 1】——多変量分散分析——

一般線型モデル

Box の共分散行列の等質性の検定a

Box の M	54.113
F 値	1.543
自由度 1	18
自由度 2	508.859
有意確率	.071

従属変数の観測共分散行列がグループ間で等しいという帰無仮説を検定します。

a. 計画: 切片 + ステージ

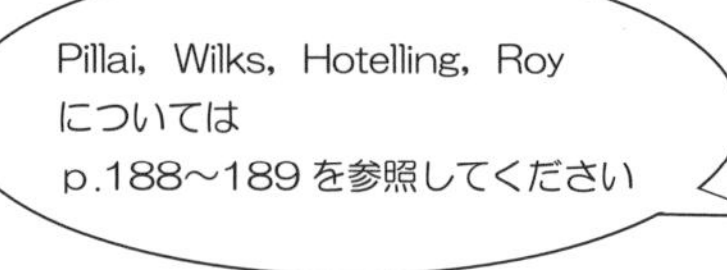

多変量検定a

効果		値	F 値	仮説自由度	誤差自由度	有意確率
切片	Pillai のトレース	.983	194.628b	3.000	10.000	.000
	Wilks のラムダ	.017	194.628b	3.000	10.000	.000
	Hotelling のトレース	58.389	194.628b	3.000	10.000	.000
	Roy の最大根	58.389	194.628b	3.000	10.000	.000
ステージ	Pillai のトレース	1.198	2.660	9.000	36.000	.018
	Wilks のラムダ	.158	3.083	9.000	24.488	.013
	Hotelling のトレース	3.123	3.007	9.000	26.000	.013
	Roy の最大根	2.126	8.504c	3.000	12.000	.003

← ②

効果		偏イータ 2 乗	非心度パラメータ	観測検定力d
切片	Pillai のトレース	.983	583.885	1.000
	Wilks のラムダ	.983	583.885	1.000
	Hotelling のトレース	.983	583.885	1.000
	Roy の最大根	.983	583.885	1.000
ステージ	Pillai のトレース	.399	23.943	.887
	Wilks のラムダ	.459	20.790	.783
	Hotelling のトレース	.510	27.062	.902
	Roy の最大根	.680	25.512	.960

a. 計画: 切片 + ステージ

b. 正確統計量

c. 統計量は有意確率が有意となる F 値の限界値です。

d. アルファ = .05 を使用して計算された

【出力結果の読み取り方・その1】

⬅① ボックスのM検定とは，分散共分散行列の相等性の検定のことで

仮説 H_0： $\Sigma^{(1)} = \Sigma^{(2)} = \Sigma^{(3)} = \Sigma^{(4)}$

を検定しています．ただし

$$\begin{cases} \Sigma^{(1)} = \text{ステージ 55 の母分散共分散行列} \\ \Sigma^{(2)} = \text{ステージ 59 の母分散共分散行列} \\ \Sigma^{(3)} = \text{ステージ 61 の母分散共分散行列} \\ \Sigma^{(4)} = \text{ステージ 63 の母分散共分散行列} \end{cases}$$

出力結果を見ると，

有意確率 0.071 ＞有意水準 0.05

なので，仮説 H_0 は棄却されません．

つまり，“4つの母分散共分散行列は互いに等しい”と仮定します．

⬅② 多変量検定の仮説は，次のようになっています．

仮説 H_0： $(\mu_1^{(1)}, \mu_2^{(1)}, \mu_3^{(1)}) = (\mu_1^{(2)}, \mu_2^{(2)}, \mu_3^{(2)}) = (\mu_1^{(3)}, \mu_2^{(3)}, \mu_3^{(3)}) = (\mu_1^{(4)}, \mu_2^{(4)}, \mu_3^{(4)})$

⬆ ステージ 55 の母平均ベクトル　⬆ ステージ 59 の母平均ベクトル　⬆ ステージ 61 の母平均ベクトル　⬆ ステージ 63 の母平均ベクトル

ただし，

$(\mu_1^{(i)}, \mu_2^{(i)}, \mu_3^{(i)})$ = (背ビレの母平均，筋肉部分の母平均，腹ビレの母平均)

Pillai，Wilks，Hotelling，Roy の4つの有意確率は，それぞれ

有意水準 $\alpha = 0.05$ より小さいので，どの方法でも仮説 H_0 は棄却されます．

したがって，

“ステージ 55・ステージ 59・ステージ 61・ステージ 63 の間に差がある”

ことがわかりました．

【SPSS による出力・その 2】――多変量分散分析――

Levene の誤差分散の等質性検定[a]

		Levene 統計量	自由度 1	自由度 2	有意確率
背ビレ	平均値に基づく	2.875	3	12	.080 ← ③
	中央値に基づく	2.421	3	12	.117
	中央値と調整済み自由度に基づく	2.421	3	4.164	.202
	トリム平均値に基づく	2.868	3	12	.081
筋肉部分	平均値に基づく	.209	3	12	.888
	中央値に基づく	.134	3	12	.938
	中央値と調整済み自由度に基づく	.134	3	8.339	.937
	トリム平均値に基づく	.180	3	12	.908
腹ビレ	平均値に基づく	.251	3	12	.859
	中央値に基づく	.150	3	12	.927
	中央値と調整済み自由度に基づく	.150	3	6.906	.926
	トリム平均値に基づく	.238	3	12	.868

従属変数の誤差分散がグループ間で等しいという帰無仮説を検定します。

a. 計画: 切片 + ステージ

被験者間効果の検定

ソース	従属変数	タイプ III 平方和	自由度	平均平方	F 値	有意確率	偏イータ 2 乗	非心度パラメータ
修正モデル	背ビレ	3.002[a]	3	1.001	7.927	.004	.665	23.782
	筋肉部分	2.662[b]	3	.887	5.810	.011	.592	17.431
	腹ビレ	2.135[c]	3	.712	5.099	.017	.560	15.296
切片	背ビレ	64.803	1	64.803	513.29	.000	.977	513.287
	筋肉部分	86.956	1	86.956	569.42	.000	.979	569.423
	腹ビレ	37.210	1	37.210	266.58	.000	.957	266.579
ステージ	背ビレ	3.003	3	1.001	7.927	.004	.665	23.782 ← ④
	筋肉部分	2.662	3	.887	5.810	.011	.592	17.431
	腹ビレ	2.135	3	.712	5.099	.017	.560	15.296
誤差	背ビレ	1.515	12	.126				
	筋肉部分	1.833	12	.153				
	腹ビレ	1.675	12	.140				
総和	背ビレ	69.320	16					
	筋肉部分	91.450	16					
	腹ビレ	41.020	16					
修正総和	背ビレ	4.517	15					
	筋肉部分	4.494	15					
	腹ビレ	3.810	15					

【出力結果の読み取り方・その 2】

⬅③　各変数ごとに，ルビーンの等分散性の検定を行っています.

このことを確認してみましょう.

そこで，表 11.1.1 の背ビレのデータを取り上げて，

p.24 の 1 元配置の分散分析をしてみると，

次のような等分散性の検定が出力されます.

等分散性の検定

		Levene 統計量	自由度 1	自由度 2	有意確率
背ビレ	平均値に基づく	2.875	3	12	.080
	中央値に基づく	2.421	3	12	.117
	中央値と調整済み自由度に基づく	2.421	3	4.164	.202
	トリム平均値に基づく	2.868	3	12	.081

このLevene 統計量や
有意確率は
p.182 の③と
一致していますね

⬅④　各変数ごとに，1 元配置の分散分析を行っています.

このことを確認してみましょう.

そこで，表 11.1.1 の背ビレのデータを取り上げて，

p.24 の 1 元配置の分散分析をしてみると，

次のような分散分析表が出力されます.

分散分析

背ビレ

	平方和	自由度	平均平方	F 値	有意確率
グループ間	3.003	3	1.001	7.927	.004
グループ内	1.515	12	.126		
合計	4.518	15			

このF 値や有意確率は
p.182 の④と
一致していることが
わかります

11.3 多重比較の手順

【統計処理の手順】

手順 1 次の多変量の画面から始めます. その後の検定(H) をクリック.

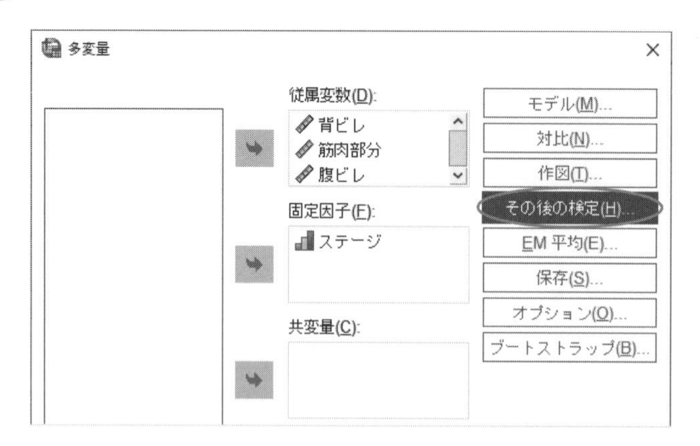

手順 2 次の観測平均のその後の多重比較の画面になるので

因子(F) の中のステージをカチッとして, ➡ をクリック.

多変量: 観測平均のその後の多重比較

因子(F):
ステージ

その後の検定(P):
ステージ

等分散を仮定する
最小有意差(L)　Student-Newman-Keuls(S)　Waller-Duncan(W)
Bonferroni(B)　Tukey(T)　タイプ I/タイプ II 誤り比(/) 100
Sidak(I)　Tukey の b(K)　Dunnett(E)
Scheffe(C)　Duncan(D)　対照カテゴリ(Y): 最後
R-E-G-W-F(R)　Hochberg の GT2(H)　検定
R-E-G-W-Q(Q)　Gabriel(G)　両側(2)　< 対照カテゴリ(O)　> 対照カテゴリ(N)

手順 3 いろいろな多重比較の中から，研究に適した手法を選択しよう！

たとえば，Tukey(T) をカチッとして，続行(C)．

どの多重比較を
選択すべきか迷ったら
Tukey(T)
をチェックしましょう

手順 4 次の画面に戻ったら，あとは OK ボタンをマウスでカチッ！

【SPSS による出力】——多変量分散分析の多重比較——

その後の検定

ステージ

多重比較

Tukey HSD

従属変数	(I) ステージ	(J) ステージ	平均値の差 (I-J)	標準誤差	有意確率	95% 信頼区間		
						下限	上限	
背ビレ	ステージ55	ステージ59	.075	.2512	.990	-.671	.821	
		ステージ61	.775*	.2512	.041	.029	1.521	
		ステージ63	1.000*	.2512	.009	.254	1.746	
	ステージ59	ステージ55	-.075	.2512	.990	-.821	.671	
		ステージ61	.700	.2512	.068	-.046	1.446	
		ステージ63	.925*	.2512	.014	.179	1.671	← ⑤
	ステージ61	ステージ55	-.775*	.2512	.041	-1.52	-.029	
		ステージ59	-.700	.2512	.068	-1.45	.046	
		ステージ63	.225	.2512	.807	-.521	.971	
	ステージ63	ステージ55	-1.000*	.2512	.009	-1.75	-.254	
		ステージ59	-.925*	.2512	.014	-1.67	-.179	
		ステージ61	-.225	.2512	.807	-.971	.521	
筋肉部分	ステージ55	ステージ59	.250	.2763	.803	-.570	1.070	
		ステージ61	.650	.2763	.140	-.170	1.470	
		ステージ63	1.075*	.2763	.010	.255	1.895	
	ステージ59	ステージ55	-.250	.2763	.803	-1.07	.570	
		ステージ61	.400	.2763	.496	-.420	1.220	
		ステージ63	.825*	.2763	.049	.005	1.645	
	ステージ61	ステージ55	-.650	.2763	.140	-1.47	.170	← ⑥
		ステージ59	-.400	.2763	.496	-1.22	.420	
		ステージ63	.425	.2763	.447	-.395	1.245	
	ステージ63	ステージ55	-1.075*	.2763	.010	-1.90	-.255	
		ステージ59	-.825*	.2763	.049	-1.65	-.005	
		ステージ61	-.425	.2763	.447	-1.25	.395	
腹ビレ	ステージ55	ステージ59	.125	.2642	.964	-.659	.909	
		ステージ61	.775	.2642	.053	-.009	1.559	
		ステージ63	.800*	.2642	.045	.016	1.584	
	ステージ59	ステージ55	-.125	.2642	.964	-.909	.659	
		ステージ61	.650	.2642	.118	-.134	1.434	
		ステージ63	.675	.2642	.101	-.109	1.459	← ⑦
	ステージ61	ステージ55	-.775	.2642	.053	-1.56	.009	
		ステージ59	-.650	.2642	.118	-1.43	.134	
		ステージ63	.025	.2642	1.000	-.759	.809	
	ステージ63	ステージ55	-.800*	.2642	.045	-1.58	-.016	
		ステージ59	-.675	.2642	.101	-1.46	.109	
		ステージ61	-.025	.2642	1.000	-.809	.759	

【出力結果の読み取り方】

←⑤　背ビレについての多重比較です.

ところで……

下の出力結果は，表 11.1.1 の背ビレのデータを取り上げて，
テューキーの方法による多重比較をしています.

下の平均値の差と有意確率の値は，p.186 の⑤と一致しています.

多重比較

従属変数:　背ビレ
Tukey HSD

(I) ステージ	(J) ステージ	平均値の差 (I-J)	標準誤差	有意確率	95% 信頼区間 下限	95% 信頼区間 上限
ステージ55	ステージ59	.0750	.2512	.990	-.671	.821
	ステージ61	.7750*	.2512	.041	.029	1.521
	ステージ63	1.0000*	.2512	.009	.254	1.746
ステージ59	ステージ55	-.0750	.2512	.990	-.821	.671
	ステージ61	.7000	.2512	.068	-.046	1.446
	ステージ63	.9250*	.2512	.014	.179	1.671
ステージ61	ステージ55	-.7750*	.2512	.041	-1.521	-.029
	ステージ59	-.7000	.2512	.068	-1.446	.046
	ステージ63	.2250	.2512	.807	-.521	.971
ステージ63	ステージ55	-1.0000*	.2512	.009	-1.746	-.254
	ステージ59	-.9250*	.2512	.014	-1.671	-.179
	ステージ61	-.2250	.2512	.807	-.971	.521

*. 平均値の差は 0.05 水準で有意です。

背ビレだけで多重比較を
するときの手順は
2 章の p.30 も参考にしてね

←⑥　筋肉部分についての多重比較です.

←⑦　腹ビレについての多重比較です.

【多変量検定と固有値の計算】

多変量検定では，次の４つの統計量が登場します．

Pillaiのトレース，Wilksのラムダ，Hotellingのトレース，Royの最大根

この４つの統計量は，SPSSのアルゴリズムによると

H＝仮説平方和積和行列，　E＝誤差平方和積和行列

としたとき，$E^{-1}H$の固有値

$$\lambda_1 \geqq \lambda_2 \geqq \cdots \geqq \lambda_s$$

を次の式に代入すれば，求められます．

- Pillaiのトレース　… $T = \sum_{i=1}^{s} \frac{\lambda_i}{1+\lambda_i}$　⬅ Pillai's trace
- Wilksのラムダ　… $T = \prod_{i=1}^{s} \frac{1}{1+\lambda_i}$　⬅ Wilks' lambda
- Hotellingのトレース　… $T = \sum_{i=1}^{s} \lambda_i$　⬅ Hotelling's trace
- Royの最大根　… $T = \frac{\lambda_1}{1+\lambda_1}$　⬅ Roy's largest root

　… $T = \lambda_1$　⬅ Roy's largest root

固有値の計算は，次のSPSSシンタックスコマンドを利用しましょう．

表11.1.1のデータの場合……

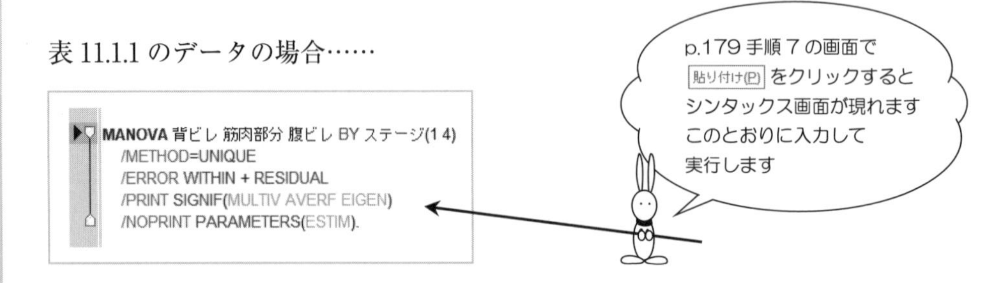
```
MANOVA 背ビレ 筋肉部分 腹ビレ BY ステージ(1 4)
  /METHOD=UNIQUE
  /ERROR WITHIN + RESIDUAL
  /PRINT SIGNIF(MULTIV AVERF EIGEN)
  /NOPRINT PARAMETERS(ESTIM).
```


のように，シンタックスコマンドを用意して，実行すると……

次のような出力結果を得ます．

```
* * * * * * * * * * * * * * * * * * A n a l y s i s   o f   V a r i a n c e -- Design  1 * * * * * *

 EFFECT .. ステージ
 Multivariate Tests of Significance (S = 3, M = -1/2, N = 4 )

 Test Name          Value       Approx. F     Hypoth. DF     Error DF     Sig. of F

 Pillais          1.19828        2.66029           9.00        36.00          .018
 Hotellings       3.12251        3.00686           9.00        26.00          .013
 Wilks             .15820        3.08348           9.00        24.49          .013
 Roys              .68010

 - - - - - - - - - - - - - - - - - - - - - - - - - - - - - - - - - - - - - - - - - - - - -
 Eigenvalues and Canonical Correlations

 Root No.      Eigenvalue          Pct.      Cum. Pct.     Canon Cor.

       1          2.12599      68.08610       68.08610         .82468
       2           .97006      31.06665       99.15275         .70171
       3           .02646        .84725      100.00000         .16054

 - - - - - - - - - - - - - - - - - - - - - - - - - - - - - - - - - - -
```


- Pillais　…1.19828

$$\frac{\lambda_1}{1+\lambda_1}+\frac{\lambda_2}{1+\lambda_2}+\frac{\lambda_3}{1+\lambda_3}$$

$$=\frac{2.126}{1+2.126}+\frac{0.970}{1+0.970}+\frac{0.026}{1+0.026}=1.198$$

- Hotellings…3.12251

$$\lambda_1+\lambda_2+\lambda_3$$

$$=2.126+0.970+0.026=3.122$$

- Wilks　…0.15820

$$\frac{1}{1+\lambda_1}\times\frac{1}{1+\lambda_2}\times\frac{1}{1+\lambda_3}$$

$$=\frac{1}{1+2.126}\cdot\frac{1}{1+0.970}\cdot\frac{1}{1+0.026}=0.158$$

- Roys　…2.126

$$\lambda_1$$

第12章 混合モデルによる２元配置の分散分析

12.1 はじめに

次の表 12.1.1 は，固定因子 A，変量因子 B，くり返し数が２の２元配置のデータです．

因子Ａと因子Ｂのランダムな組合せ (A_i, B_j) を２回くり返します

表 12.1.1　固定因子 A と変量因子 B

A ＼ B		変量因子 B		
		水準 B_1	水準 B_2	水準 B_3
固定因子A	水準 A_1	13.2 11.9	16.1 15.1	9.1 8.2
	水準 A_2	22.8 18.5	24.5 24.2	11.9 13.7
	水準 A_3	21.8 32.1	26.9 28.3	15.1 16.2
	水準 A_4	25.7 29.5	30.1 29.6	15.2 14.8

くり返し数が２

このデータの型は13章のデータの型と同じです

２元配置の分散分析と分割実験の違いは？

【混合モデルにおける 2 元配置のデータ入力の型】

混合モデルで分析するときは，次のようにデータを入力します．

	固定A	変量B	くり返し	測定値
1	1	1	1	13.2
2	1	1	2	11.9
3	1	2	1	16.1
4	1	2	2	15.1
5	1	3	1	9.1
6	1	3	2	8.2
7	2	1	1	22.8
8	2	1		
9	2	2		
10	2	2		
11	2	3		
12	2	3		
13	3	1		
14	3	1		
15	3	2		
16	3	2		
17	3	3		
18	3	3		
19	4	1		
20	4	1		
21	4	2		
22	4	2		
23	4	3		
24	4	3		
25				

データ　ビュー　変数　ビュー

	固定A	変量B	くり返し	測定値
1	水準A1	水準B1	1	13.2
2	水準A1	水準B1	2	11.9
3	水準A1	水準B2	1	16.1
4	水準A1	水準B2	2	15.1
5	水準A1	水準B3	1	9.1
6	水準A1	水準B3	2	8.2
7	水準A2	水準B1	1	22.8
8	水準A2	水準B1	2	18.5
9	水準A2	水準B2	1	24.5
10	水準A2	水準B2	2	24.2
11	水準A2	水準B3	1	11.9
12	水準A2	水準B3	2	13.7
13	水準A3	水準B1	1	21.8
14	水準A3	水準B1	2	32.1
15	水準A3	水準B2	1	26.9
16	水準A3	水準B2	2	28.3
17	水準A3	水準B3	1	15.1
18	水準A3	水準B3	2	16.2
19	水準A4	水準B1	1	25.7
20	水準A4	水準B1	2	29.5
21	水準A4	水準B2	1	30.1
	準A4	水準B2	2	29.6
	準A4	水準B3	1	15.2
	準A4	水準B3	2	14.8

	名前	尺度
1	固定A	順序
2	変量B	順序
3	くり返し	スケール
4	測定値	スケール
5		

12.2 2元配置（固定因子と変量因子）の分散分析の手順

【統計処理の手順】

手順 1 分析(A) のメニューから 混合モデル(X) を選択し，続いて
サブメニューの 線型(L) をクリックします．

ファイル(F)　編集(E)　表示(V)　データ(D)　変換(T)　分析(A)　グラフ(G)　ユーティリティ(U)　拡張機能(X)　ウィンド

	固定A	変量B	くり返し
1	水準A1	水準B1	1
2	水準A1	水準B1	2
3	水準A1	水準B2	1
4	水準A1	水準B2	2
5	水準A1	水準B3	1
6	水準A1	水準B3	2
7	水準A2	水準B1	1
8	水準A2	水準B1	2

検定力分析(P)
報告書(P)
記述統計(E)
ベイズ統計(B)
テーブル(B)
平均の比較(M)
一般線型モデル(G)
一般化線型モデル(Z)
混合モデル(X)
相関(C)
回帰(R)

線型(L)...
一般化線型(G)...

手順 2 次の縦に長〜い画面になったら，そのまま 続行 をクリック．

手順 3 次の線型混合モデルの画面に変わったら，

測定値を 従属変数(D) の中に移動します．

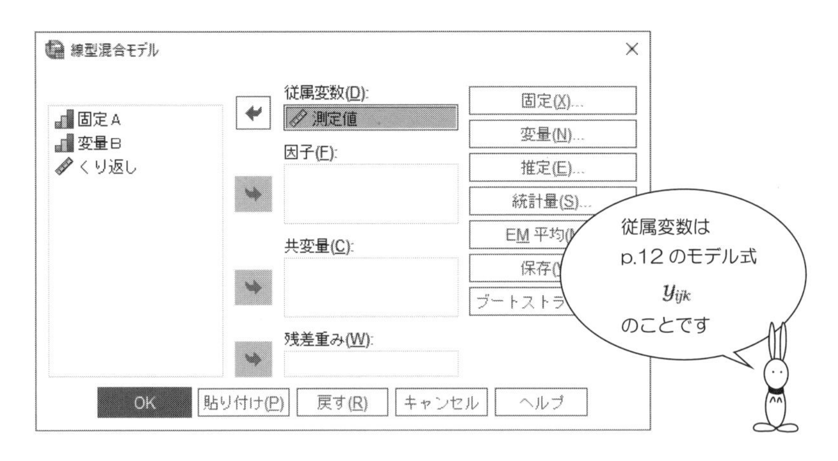

手順 4 固定 A と変量 B を，それぞれ 因子(F) の中へ移動し，

画面右の 固定(X) をクリック．

手順 5 次の固定効果の画面になったら……

手順 6 固定 A をクリックして，追加(A) をクリック．

固定 A が モデル(O) の中へ移動したら，続行(C)．

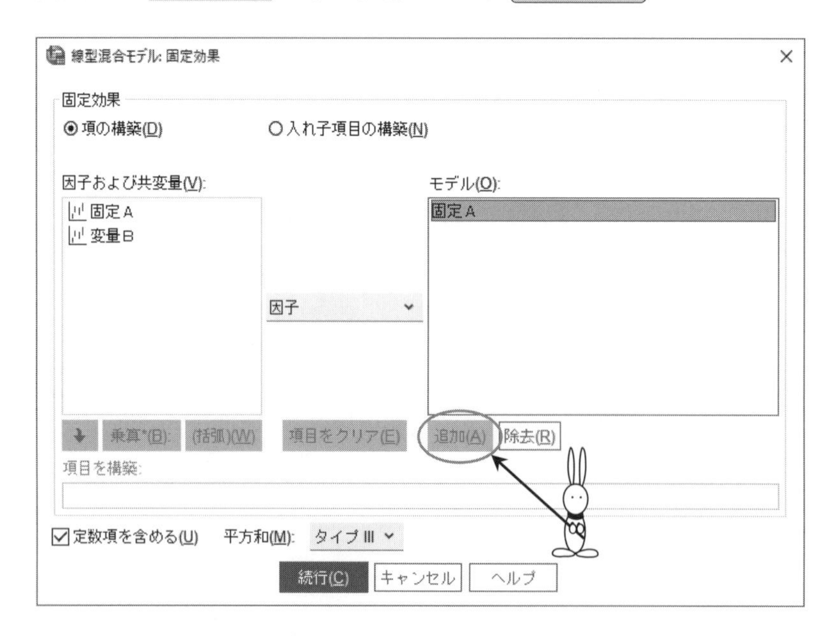

手順 7 次の画面にもどったら，画面右の 変量(N) をクリックして……

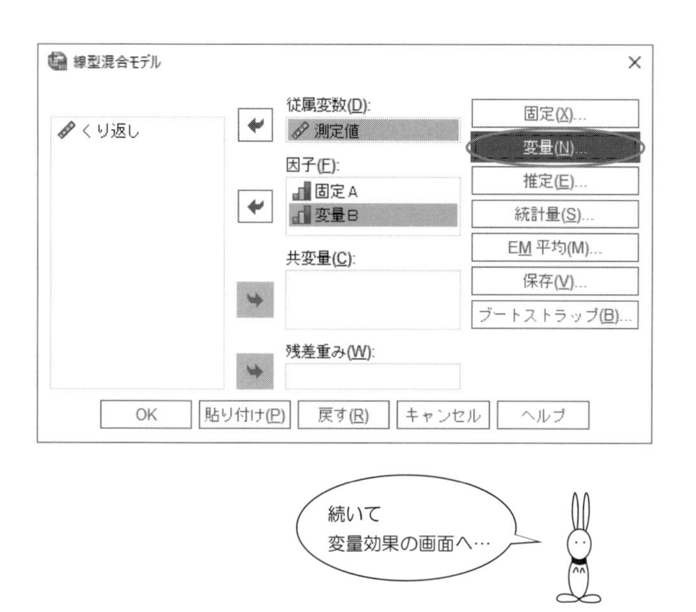

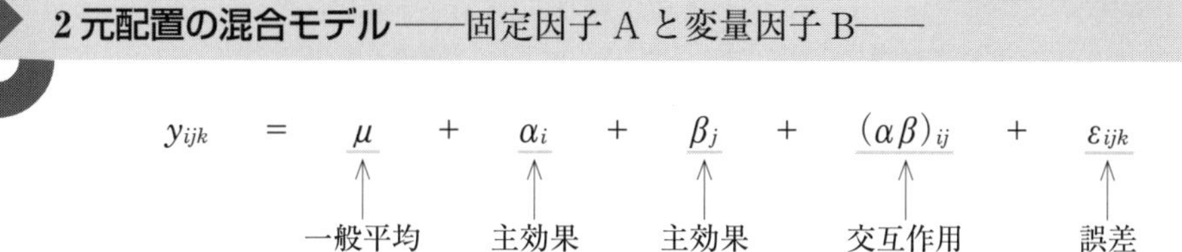

手順 8 次の変量効果の画面になったら，変量 B をクリックして

追加(A) をクリック．

手順 9 変量 B が モデル(M) の中へ移動したら，Ctrl キーを押したまま固定 A と変量 B をクリック．さらに，交互作用を選択して 追加(A) をクリック．

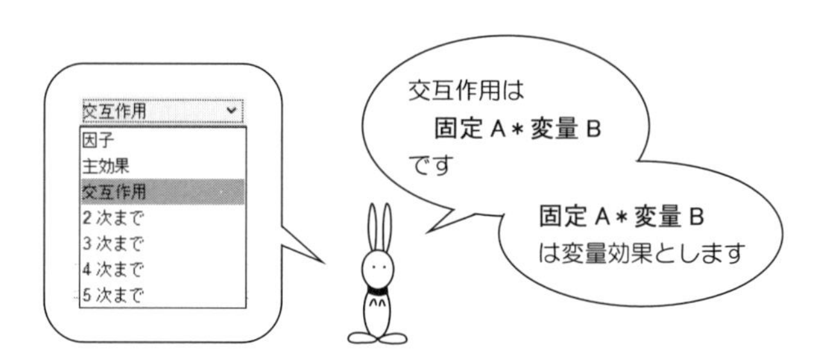

手順 10 モデル(M) の中が，次のようになったら，続行(C) .

線型混合モデル: 変量効果

変量効果 1の 1

前へ(P)　次(X)

共分散タイプ(V)　分散成分

変量効果

◉ 項の構築(D)　○ 入れ子項目の構築(N)　□ 定数項を含める(U)

因子および共変量(F):

固定 A

変量 B

交互作用

モデル(M):

変量 B

固定 A *変量 B

乗算*(B)　(括弧)(W)　項目をクリア(E)　追加(A)　除去(R)

項目を構築:

被験者のグループ化:

被験者(S):

組み合わせ(O):

□ この変量効果のセットに対するパラメータ予測の表示(Y)

続行(C)　キャンセル　ヘルプ

手順 11 次の画面にもどったら， 統計量(S) をクリック．

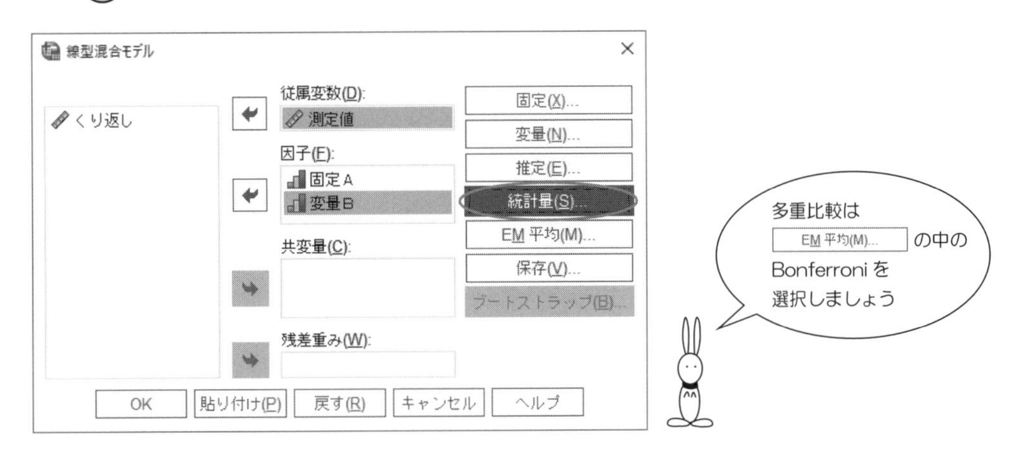

手順 12 次の統計量の画面になったら，6ヶ所をチェックします．

そして， 続行(C) ．

あとは， OK ボタンをマウスでカチッ！

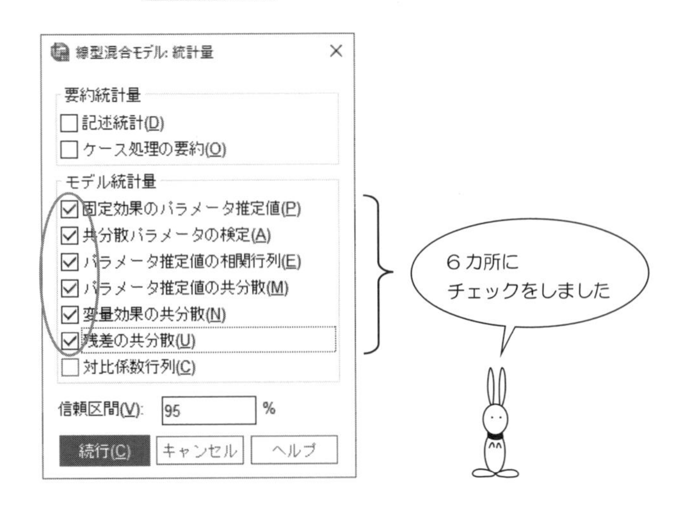

【SPSS による出力・その 1】――2 元配置（固定 A と変量 B）の分散分析――

混合モデル分析

モデル次元[a]

		レベル数	共分散構造	パラメータ数
固定効果	切片	1		1
	固定A	4		3
変量効果	変量B + 固定A * 変量B[b]	15	分散成分	2
残差				1
合計		20		7

← ①

a. 従属変数: 測定値。

b. バージョン 11.5 では、RANDOM サブコマンドのシンタックスの規則が変更されています。同じコマンドのシンタックスを指定しても、前のバージョンとは違う結果が得られることもあります。バージョン 11 のシンタックスを使用している場合、詳細は現在のバージョンのシンタックスのマニュアルを参照してください。

情報量基準[a]

-2 制限された対数尤度	110.485
赤池情報基準 (AIC)	116.485
Hurvich and Tsai 基準 (AICC)	117.985
Bozdogan 基準 (CAIC)	122.472
Schwarz's Bayesian 基準 (BIC)	119.472

← ②

情報量基準は、「小さいほど良い (smaller is better)」形式で表示されます。

a. 従属変数: 測定値。

12 章　固定因子＋変量因子
13 章　分割実験

12 章，13 章は
同じ数値のデータです

モデルが異なると
出力結果のどこが変わるのか
比べてみましょう！

【出力結果の読み取り方・その1】

⬅① モデルの構成に関する出力

固定効果のモデルに

固定 A

を取り込んでいます．

変量効果のモデルに

{ 変量 B
  固定 A ＊変量 B

を取り込んでいます．

このモデル式は，次のようになります．

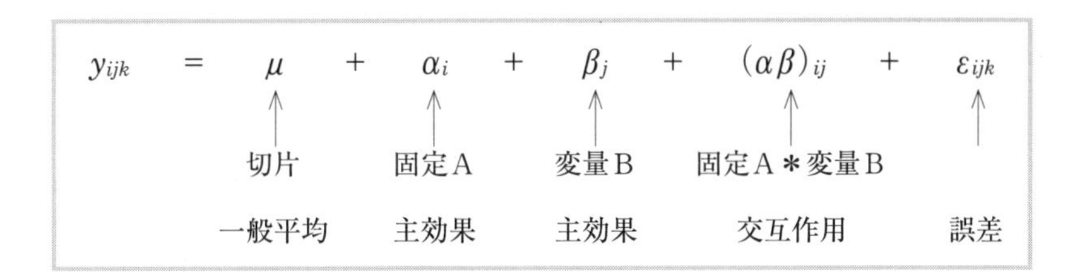

⬅② モデルの当てはまりに関する情報量基準

たとえば，赤池情報量基準 AIC は

AIC ＝ 116.485

となります．この情報量基準は，単独では使われません．

データに，いくつかのモデルを当てはめたとき

“情報量基準が最も小さくなるモデルが，その中での最適モデル”

となります．

【SPSS による出力・その 2】——2 元配置（固定 A と変量 B）の分散分析——

固定効果

固定効果のタイプ III 検定[a]

ソース	分子の自由度	分母の自由度	F 値	有意
切片	1	2	32.954	.029
固定 A	3	6	19.339	.002

← ③

a. 従属変数: 測定値。

固定効果の推定[a]

パラメータ	推定値	標準誤差	自由度	t 値	有意	95% 信頼区間	
						下限	上限
切片	24.150000	3.607073	2.399	6.695	.013	10.858622	37.441378
[固定 A=1]	-11.883333	1.750727	6	-6.788	.001	-16.167209	-7.599458
[固定 A=2]	-4.883333	1.750727	6	-2.789	.032	-9.167209	-.599458
[固定 A=3]	-.750000	1.750727	6	-.428	.683	-5.033876	3.533876
[固定 A=4]	0[b]	0	.	.	.	.	.

← ⑤

a. 従属変数: 測定値。

b. このパラメータは冗長であるため 0 に設定されています。

④

分析 ➡ 一般線型モデル ➡ 一変量 を選択して
固定 A を固定因子　変量 B を変量因子　とすると
次のような出力になります

被験者間効果の検定

従属変数: 測定値

ソース		タイプ III 平方和	自由度	平均平方	F 値	有意確率
切片	仮説	9381.260	1	9381.260	32.954	.029
	誤差	569.356	2	284.678[a]		
固定 A	仮説	533.488	3	177.829	19.339	.002
	誤差	55.171	6	9.195[b]		
変量 B	仮説	569.356	2	284.678	30.960	.001
	誤差	55.171	6	9.195[b]		
固定 A * 変量 B	仮説	55.171	6	9.195	1.477	.266
	誤差	74.715	12	6.226[c]		

【出力結果の読み取り方・その 2】

⬅③　固定因子 A に関する差の検定

仮説 H_0：4 つの水準 A_1，A_2，A_3，A_4 の間に差はない．

有意確率 0.002 ≦有意水準 0.05 なので，仮説 H_0 は棄却されます．

したがって，“4 つの水準間に差がある” ことがわかります．

⬅④

	主効果	水準の平均（周辺平均）
A_1	$\alpha_1 = -11.883$	$24.150 - 11.883 = 12.267$
A_2	$\alpha_2 = -4.883$	$24.150 - 4.883 = 19.267$
A_3	$\alpha_3 = -0.750$	$24.150 - 0.750 = 23.4$
A_4	$\alpha_4 = 0$	$24.150 - 0 = 24.150$
切片	$\mu = 24.150$	⬅一般平均

⬅⑤　水準 A_1 の主効果の区間推定

$$-16.167209 = -11.883333 - t_6(0.025) \times 1.750727$$

$$-7.599458 = -11.883333 + t_6(0.025) \times 1.750727$$

⬅⑤　水準 A_1 の主効果の検定

仮説 H_0：主効果 $\alpha_1 = 0$　（ただし，主効果 $\alpha_4 = 0$ と設定）

検定統計量 t 値　　$-6.788 = \dfrac{-11.883333}{1.750727}$

有意確率 0.001≦有意水準 0.05 なので，仮説 H_0 は棄却されます．

したがって，水準 A_4 と水準 A_1 の間に差があります．

【SPSSによる出力・その3】――2元配置（固定Aと変量B）の分散分析――

共分散パラメータ

共分散パラメータの推定[a]

パラメータ		推定値	標準誤差	Wald の Z	有意	95% 信頼区間	
						下限	上限
残差		6.226250	2.541856	2.449	.014	2.797209	13.858880
変量B	分散	34.435347	35.590927	.968	.333	4.541908	261.078184
固定A * 変量B	分散	1.484444	2.942981	.504	.614	.030480	72.295507

a. 従属変数: 測定値。

← ⑥

共分散パラメータの推定値のための相関行列[a]

パラメータ		残差	変量B 分散	固定A * 変量B 分散
残差		1	.000	-.432
変量B	分散	.000	1	-.017
固定A * 変量B	分散	-.432	-.017	1

a. 従属変数: 測定値。

共分散パラメータの推定値のための共分散行列[a]

パラメータ		残差	変量B 分散	固定A * 変量B 分散
残差		6.461032	.000000	-3.230516
変量B	分散	.000000	1266.714059	-1.761470
固定A * 変量B	分散	-3.230516	-1.761470	8.661139

a. 従属変数: 測定値。

← ⑦

【出力結果の読み取り方・その 3】

⬅⑥　変量効果の推定値と検定と区間推定

- 変量 B の分散の推定値＝34.435347

- 変量 B の分散の検定

　　仮説 H_0：変量 B の分散＝0

　　有意確率 0.333＞有意水準 0.05 なので，仮説 H_0 は棄却されません．

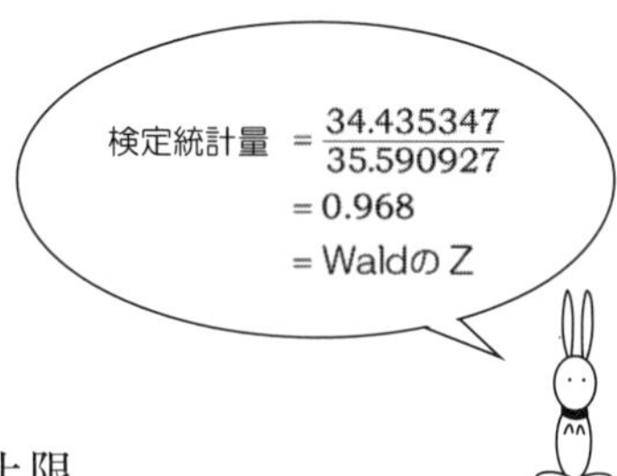

- 変量 B の分散の信頼係数 95％信頼区間

下限				上限
4.541908	≦	変量 B の分散	≦	261.078184

⬅⑦　変量効果の推定値の分散共分散行列

$$6.461031 = (2.541856)^2$$

$$1266.714059 = (35.590927)^2$$

$$8.661139 = (2.942981)^2$$

【SPSS による出力・その 4】——2 元配置（固定 A と変量 B）の分散分析——

変量効果共分散構造（G）

変量B[a]

	[変量B=1]	[変量B=2]	[変量B=3]
[変量B=1]	34.435347	0	0
[変量B=2]	0	34.435347	0
[変量B=3]	0	0	34.435347

← ⑧

分散成分

a. 従属変数: 測定値。

固定A * 変量B[a]

	[固定A=1] * [変量B=1]	[固定A=1] * [変量B=2]	[固定A=1] * [変量B=3]	[固定A=2] * [変量B=1]	[固定A=2] * [変量B=2]	[固定A=2] * [変量B=3]	[固定A=3] * [変量B=1]	[固定A=3] * [変量B=2]	[固定A=3] * [変量B=3]	[固定A=4] * [変量B=1]	[固定A=4] * [変量B=2]	[固定A=4] * [変量B=3]
[固定A=1] * [変量B=1]	1.484444	0	0	0	0	0	0	0	0	0	0	0
[固定A=1] * [変量B=2]	0	1.484444	0	0	0	0	0	0	0	0	0	0
[固定A=1] * [変量B=3]	0	0	1.484444	0	0	0	0	0	0	0	0	0
[固定A=2] * [変量B=1]	0	0	0	1.484444	0	0	0	0	0	0	0	0
[固定A=2] * [変量B=2]	0	0	0	0	1.484444	0	0	0	0	0	0	0
[固定A=2] * [変量B=3]	0	0	0	0	0	1.484444	0	0	0	0	0	0
[固定A=3] * [変量B=1]	0	0	0	0	0	0	1.484444	0	0	0	0	0
[固定A=3] * [変量B=2]	0	0	0	0	0	0	0	1.484444	0	0	0	0
[固定A=3] * [変量B=3]	0	0	0	0	0	0	0	0	1.484444	0	0	0
[固定A=4] * [変量B=1]	0	0	0	0	0	0	0	0	0	1.484444	0	0
[固定A=4] * [変量B=2]	0	0	0	0	0	0	0	0	0	0	1.484444	0
[固定A=4] * [変量B=3]	0	0	0	0	0	0	0	0	0	0	0	1.484444

← ⑨

分散成分

a. 従属変数: 測定値。

残差共分散 (R) 行列[a]

	残差
残差	6.226250

← ⑩

a. 従属変数: 測定値。

残差＝誤差

ペアごとの対比較[a]

(I) 固定A	(J) 固定A	平均値の差 (I-J)	標準誤差	自由度	有意[c]	95% 平均差信頼区間[c] 下限	上限
水準A1	水準A2	-7.000*	1.751	6	.043	-13.763	-.237
	水準A3	-11.133*	1.751	6	.004	-17.896	-4.370
	水準A4	-11.883*	1.751	6	.003	-18.646	-5.120
水準A2	水準A1	7.000*	1.751	6	.043	.237	13.763
	水準A3	-4.133	1.751	6	.337	-10.896	2.630
	水準A4	-4.883	1.751	6	.190	-11.646	1.880
水準A3	水準A1	11.133*	1.751	6	.004	4.370	17.896
	水準A2	4.133	1.751	6	.337	-2.630	10.896
	水準A4	-.750	1.751	6	1.000	-7.513	6.013
水準A4	水準A1	11.883*	1.751	6	.003	5.120	18.646
	水準A2	4.883	1.751	6	.190	-1.880	11.646
	水準A3	.750	1.751	6	1.000	-6.013	7.513

← ⑪

【出力結果の読み取り方・その 4】

⬅⑧　変量効果の分散共分散行列

34.435347＝変量 B の分散

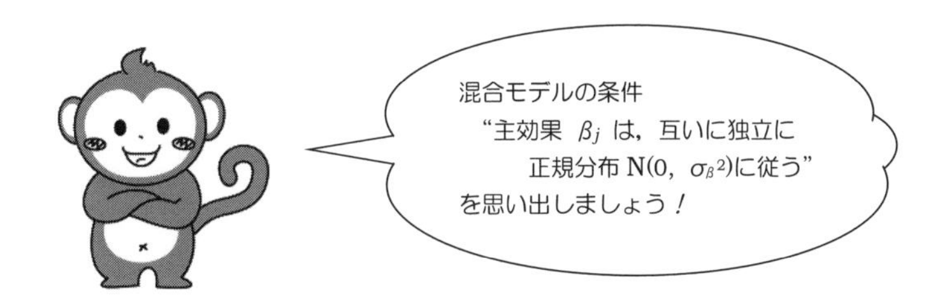

⬅⑨　変量効果の分散共分散行列

1.484444＝固定 A ＊変量 B の分散

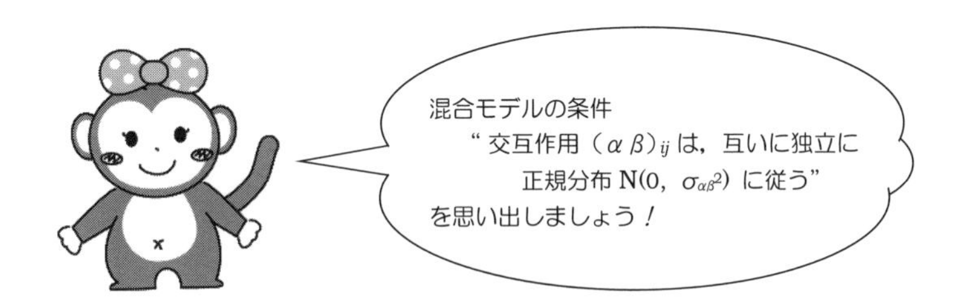

⬅⑩　誤差の分散共分散行列

6.226250＝誤差の分散

⬅⑪　ボンフェローニの方法による多重比較

第13章 混合モデルによる分割実験

13.1 はじめに

次の表 13.1.1 は，1次因子 A，2次因子 B，くり返し R が2の分割実験のデータです．

表 13.1.1　1次因子 A と 2次因子 B

A ＼ B		2次因子 B		
		水準 B_1	水準 B_2	水準 B_3
1次因子A	水準 A_1	13.2 11.9	16.1 15.1	9.1 8.2
	水準 A_2	22.8 18.5	24.5 24.2	11.9 13.7
	水準 A_3	21.8 32.1	26.9 28.3	15.1 16.2
	水準 A_4	25.7 29.5	30.1 29.6	15.2 14.8

くり返し R が2

1次因子 A＝固定因子
2次因子 B＝固定因子

このデータの型は
12章のデータの型と
同じです

分割実験と
2元配置の分散分析の
違いとは？

■分割実験の考え方とモデル

分割実験の考え方

分割実験は，最初に，固定因子 A の水準 A_i をランダムに配置し，次に，各水準 A_i ごとに固定因子 B の水準 B_j をランダムに配置します．

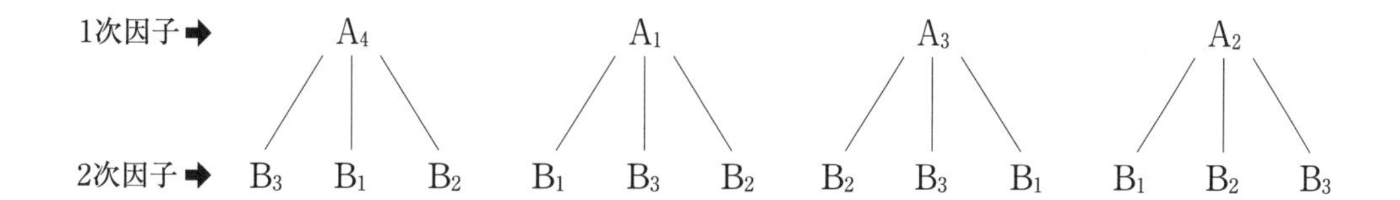

静かで緑豊かな山あいの宇摩村に，小さな酒蔵表中屋があります．
この酒蔵は小さいので，一度に多くの種類のお酒は造れません．
そこで，毎年，4 種類の酒米

山田錦 A_1，愛山 A_2，五百万石 A_3，雄町 A_4

のどれかをランダムに用意し，その酒米に対し，3 種類のお酒

本醸造酒 B_1，純米酒 B_2，吟醸酒 B_3

をランダムに造っています．

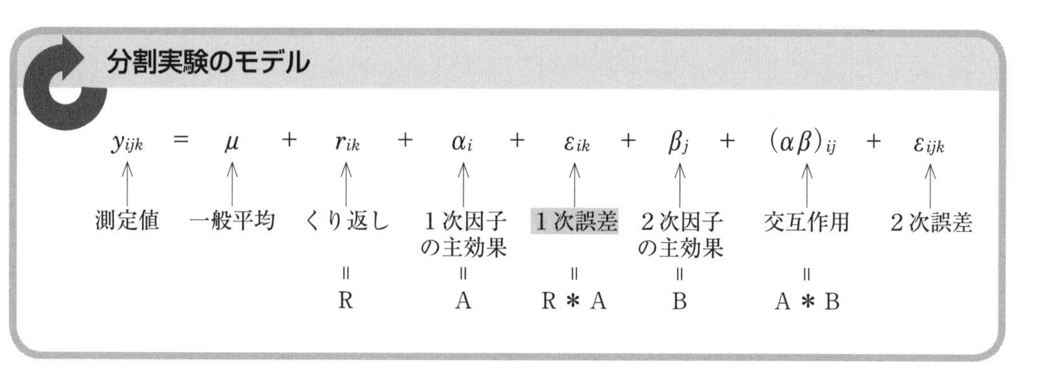

【分割実験の分析手順】

手順 1 次のモデルで，1次誤差R＊Aの検定をします．

1次誤差R＊Aの検定のためのモデル

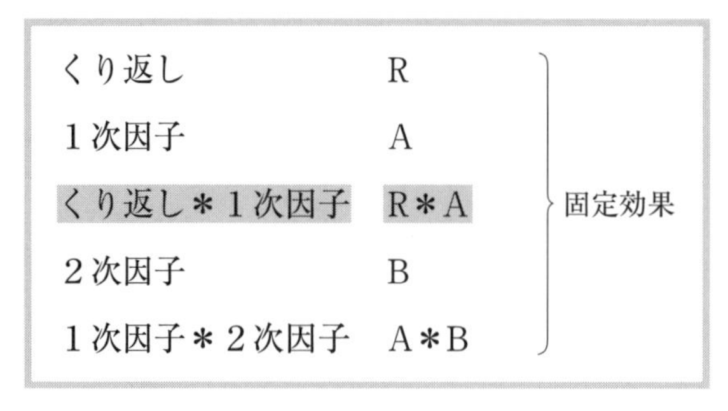

くり返し	R	固定効果
1次因子	A	
くり返し＊1次因子	R＊A	
2次因子	B	
1次因子＊2次因子	A＊B	

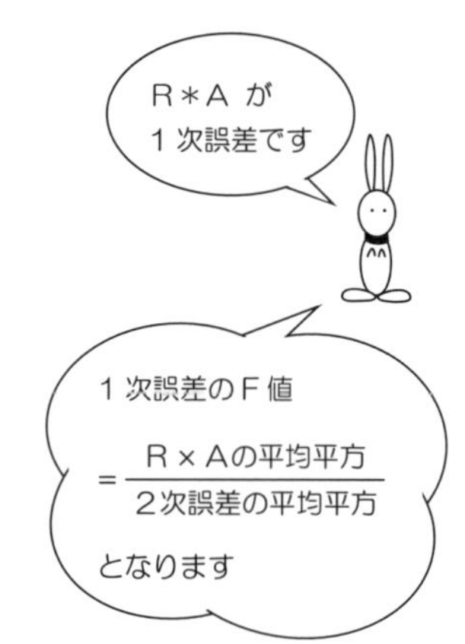

手順 2 次の2通りに分かれます．

その1. 1次誤差R＊Aの検定で棄却されない場合は
そのまま，分散分析に進む．

その2. 1次誤差R＊Aの検定で棄却された場合は
次のモデルを再構成して，分散分析をする．

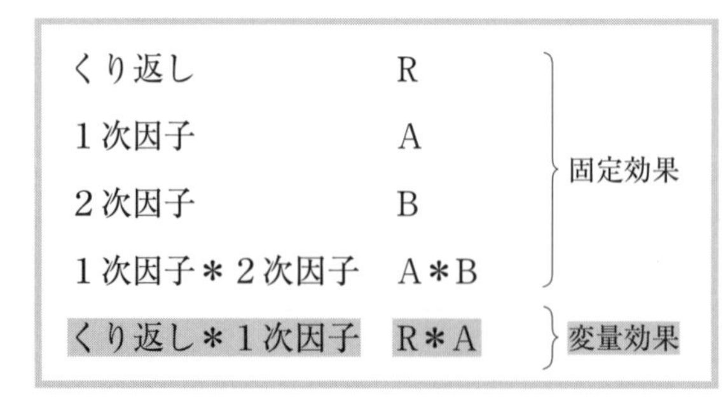

くり返し	R	固定効果
1次因子	A	
2次因子	B	
1次因子＊2次因子	A＊B	
くり返し＊1次因子	R＊A	変量効果

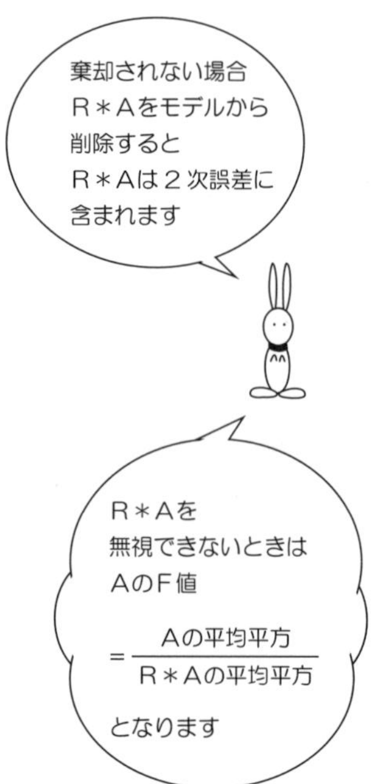

【混合モデルにおける分割実験のデータ入力の型】

混合モデルで分析するときは，次のようにデータを入力します．

	1次A	2次B	くり返しR	測定値
1	1	1	1	13.2
2	1	1	2	11.9
3	1	2	1	16.1
4	1	2	2	15.1
5	1	3	1	9.1
6	1	3	2	8.2
7	2	1	1	22.8
8	2	1	2	18.5
9	2	2		
10	2	2		
11	2	3		
12	2	3		
13	3	1		
14	3	1		
15	3	2		
16	3	2		
17	3	3		
18	3	3		
19	4	1		
20	4	1		
21	4	2		
22	4	2		
23	4	3		
24	4	3		
25				

データ ビュー　変数 ビュー

	1次A	2次B	くり返しR	測定値
1	水準A1	水準B1	1	13.2
2	水準A1	水準B1	2	11.9
3	水準A1	水準B2	1	16.1
4	水準A1	水準B2	2	15.1
5	水準A1	水準B3	1	9.1
6	水準A1	水準B3	2	8.2
7	水準A2	水準B1	1	22.8
8	水準A2	水準B1	2	18.5
9	水準A2	水準B2	1	24.5
10	水準A2	水準B2	2	24.2
11	水準A2	水準B3	1	11.9
12	水準A2	水準B3	2	13.7
13	水準A3	水準B1	1	21.8
14	水準A3	水準B1	2	32.1
15	水準A3	水準B2	1	26.9
16	水準A3	水準B2	2	28.3
17	水準A3	水準B3	1	15.1
18	水準A3	水準B3	2	16.2
19	水準A4	水準B1	1	25.7
20	水準A4	水準B1	2	29.5
21	水準A4	水準B2	1	30.1
	A4	水準B2	2	29.6
	A4	水準B3	1	15.2
	A4	水準B3	2	14.8

値ラベルを付けると……

変数ビュー では尺度の設定も忘れずに！

	名前	尺度
1	1次A	名義
2	2次B	名義
3	くり返しR	順序
4	測定値	スケール

13.2 1次誤差の検定の手順

【統計処理の手順】

手順 1 分析(A) のメニューから 混合モデル(X) を選択し，続いて

サブメニューの 線型(L) をクリックします.

	1次A	2次B	くり返しR
1	1	1	1
2	1	1	2
3	1	2	1
4	1	2	2
5	1	3	1
6	1	3	2
7	2	1	1
8	2	1	2

手順 2 次の画面になったら，そのまま 続行(C) をクリック.

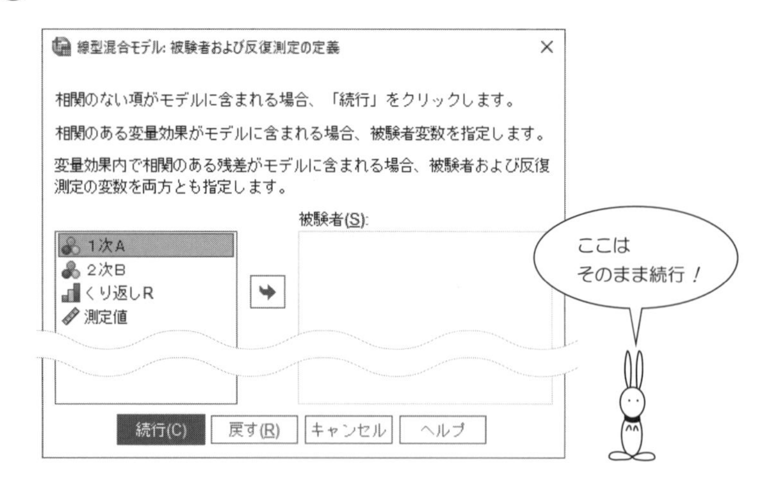

手順 3 次の線型混合モデルの画面に変わったら，測定値を選択して，

従属変数(D) の中へ移動します．

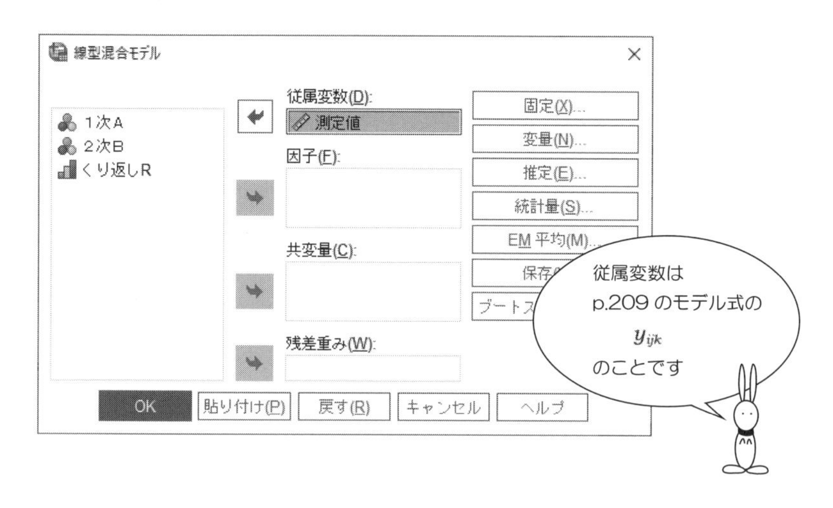

手順 4 続いて，1次A，2次B，くり返しRを

因子(F) の中へ移動し， 固定(X) をクリック．

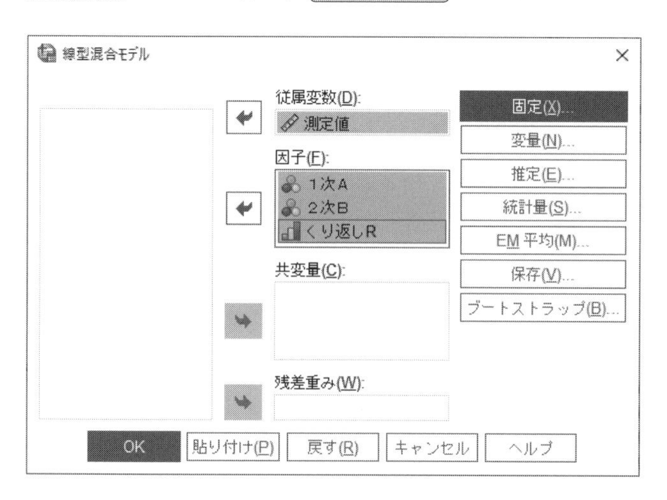

手順 5 固定効果の画面になったら，１次誤差の検定のためのモデルを モデル(O) の中へ構成します．

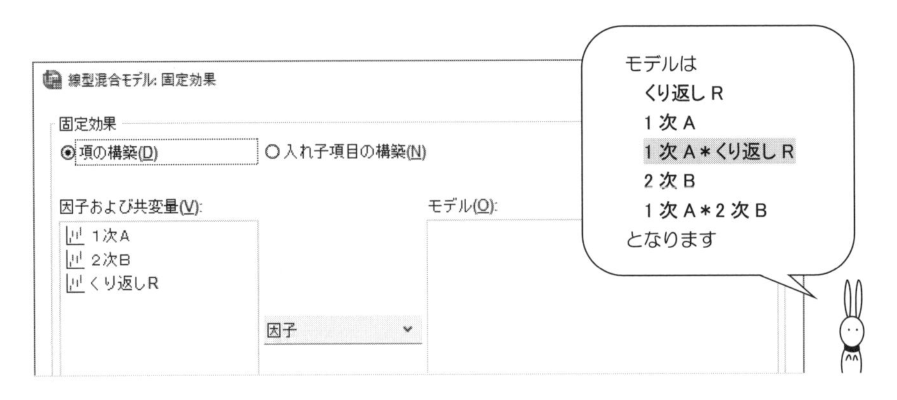

手順 6 くり返し R を選択して， 追加(A) をクリックすると モデル(O) の中へ移ります．続いて，１次 A を選択して， 追加(A) をクリック．

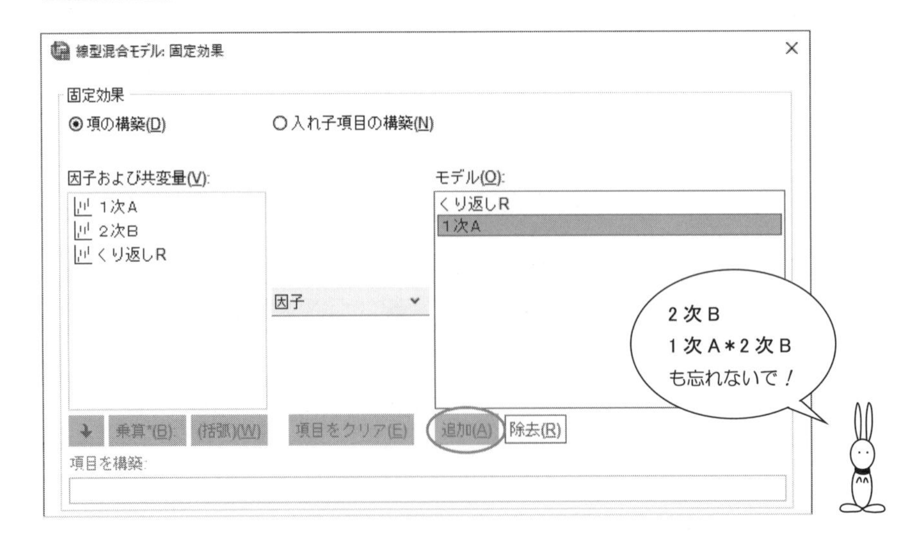

手順 7 1次Aをクリック，Ctrlを押したまま，くり返しRをクリック．

交互作用項を選択して 追加 をクリック．

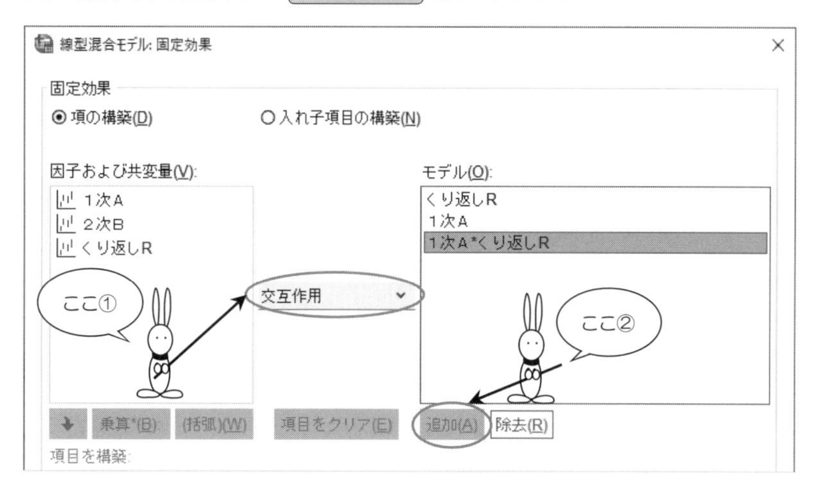

手順 8 次のようにモデルの構成ができたら， 続行(C) ．

あとは， OK をマウスでカチッ！

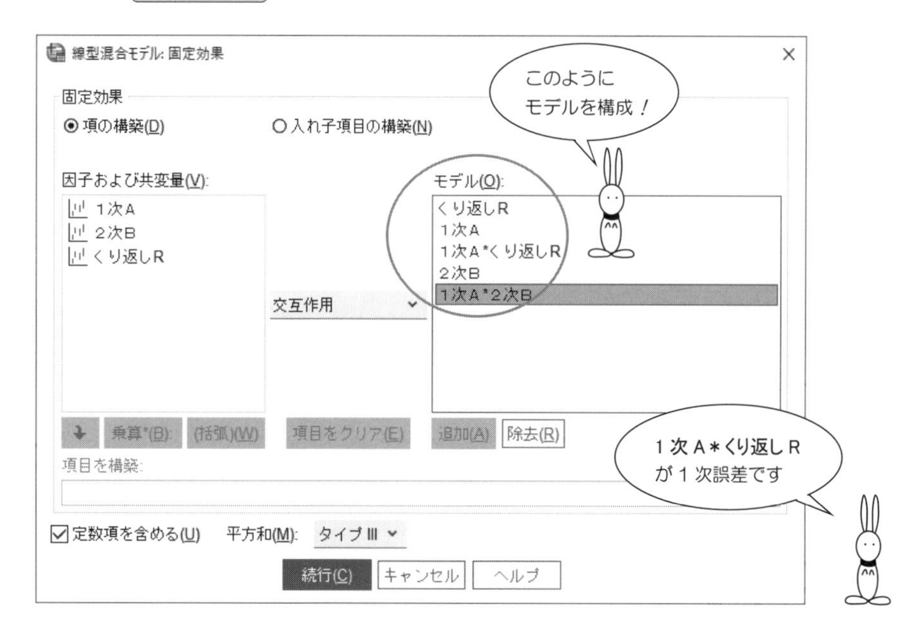

【SPSS による出力・その 1】——1 次誤差の検定

混合モデル分析

モデル次元[a]

		レベル数	パラメータ数
固定効果	切片	1	1
	くり返しR	2	1
	1次A	4	3
	1次A * くり返しR	8	3
	2次B	3	2
	1次A * 2次B	12	6
残差			1
合計		30	17

a. 従属変数: 測定値。

← ①

情報量基準[a]

-2 制限された対数尤度	46.095
赤池情報基準 (AIC)	48.095
Hurvich and Tsai 基準 (AICC)	48.762
Bozdogan 基準 (CAIC)	49.175
Schwarz's Bayesian 基準 (BIC)	48.175

情報量基準は、「小さいほど良い (smaller is better)」形式で表示されます。

a. 従属変数: 測定値。

共分散パラメータの推定[a]

パラメータ	推定値	標準誤差
残差	5.374167	2.687083

a. 従属変数: 測定値。

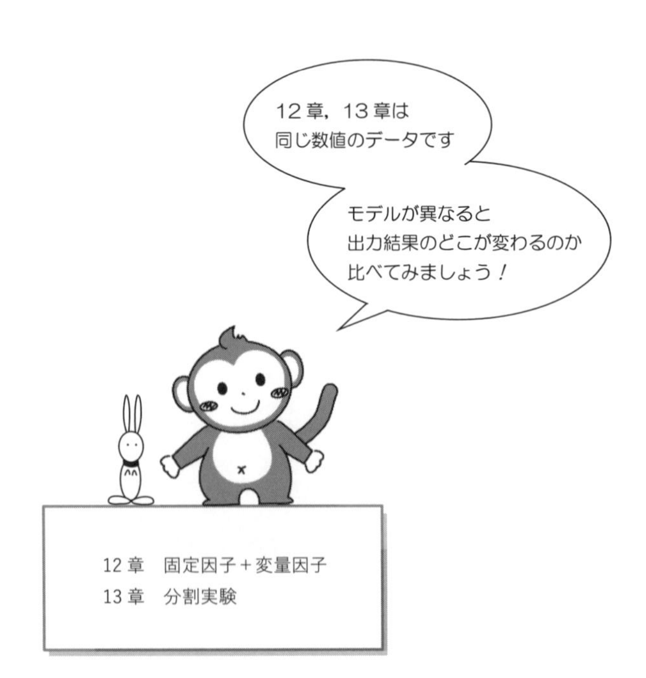

【出力結果の読み取り方・その1】――1次誤差の検定

⬅①　1次誤差 R＊A の検定のモデル構成に関する出力

固定効果のモデルに

- くり返し R
- 1次 A
- 1次 A ＊くり返し R
- 2次 B
- 1次 A ＊2次 B

を取り込んでいます．

このモデル式は，次のようになります．

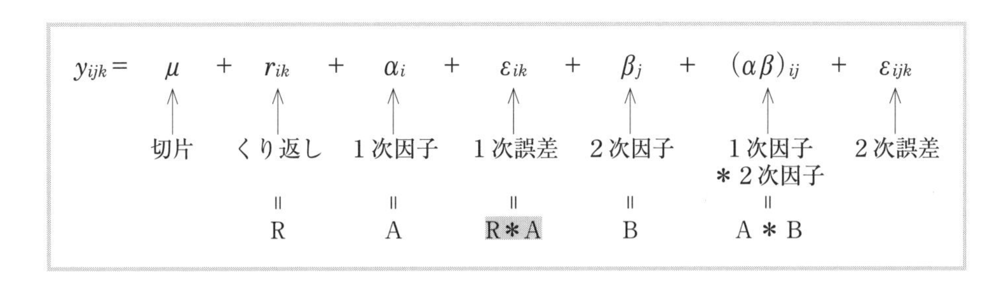

【SPSS による出力・その 2】——1 次誤差の検定——

固定効果

固定効果のタイプ III 検定[a]

ソース	分子の自由度	分母の自由度	F 値	有意
切片	1	8	1745.621	.000
くり返しR	1	8	.729	.418
1次A	3	8	33.090	.000
1次A * くり返しR	3	8	1.724	.239
2次B	2	8	52.972	.000
1次A * 2次B	6	8	1.711	.236

a. 従属変数: 測定値。

← ②

一般線型モデル → 1 変量　を利用すると
次のように平均平方を調べることができます

被験者間効果の検定

従属変数:　測定値

ソース	タイプ III 平方和	自由度	平均平方	F 値	有意確率
修正モデル	1189.736[a]	15	79.316	14.759	.000
切片	9381.260	1	9381.260	1745.621	.000
くり返しR	3.920	1	3.920	.729	.418
1次A	533.488	3	177.829	33.090	.000
1次A * くり返しR	27.801	3	9.267	1.724	.239
2次B	569.356	2	284.678	52.972	.000
1次A * 2次B	55.171	6	9.195	1.711	.236
誤差	42.993	8	5.374		
総和	10613.990	24			
修正総和	1232.730	23			

a. R2 乗 = .965 (調整済み R2 乗 = .900)

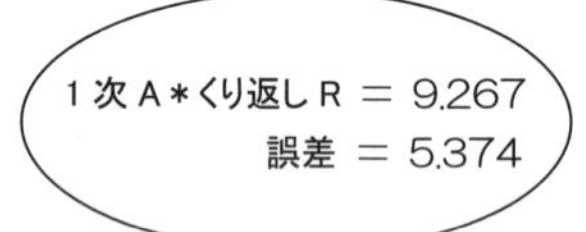

【出力結果の読み取り方・その2】——１次誤差の検定

⬅② １次誤差Ｒ＊Ａの検定

仮説 H_0：１次誤差 １次Ａ＊くり返しＲ＝０

有意確率 0.239 ＞有意水準 0.05 なので，仮説 H_0 は棄却されません.

したがって…

１次誤差は考えなくてよいことがわかったので，

このまま，p.220 の分散分析に進みます.

ところで，このＦ値の計算は，次のようになっています.

- $1.724 = \dfrac{9.267}{5.374}$
- $33.090 = \dfrac{177.829}{5.374}$
- $52.972 = \dfrac{284.678}{5.374}$
- $1.711 = \dfrac{9.195}{5.374}$

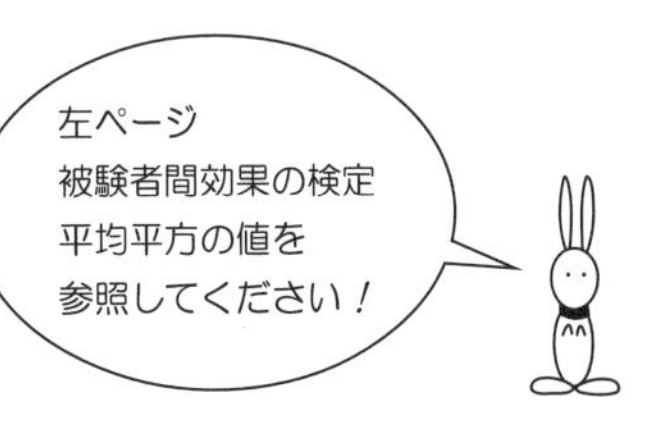

13.3 分割実験の手順——1次誤差を考えなくてよい場合

■1次因子，2次因子の分散分析

1次誤差は考えなくてよいことがわかったので……

次に

➡ 交互作用の検定 ……1次A＊2次B ⬅③

➡ 1次因子の分散分析 ……1次A ⬅④

➡ 2次因子の分散分析 ……2次B ⬅⑤

へと進みます.

【SPSSによる出力・その2】——1次誤差を考えなくてよい場合

固定効果のタイプIII検定[a]

ソース	分子の自由度	分母の自由度	F値	有意	
切片	1	8	1745.621	.000	
くり返しR	1	8	.729	.418	
1次A	3	8	33.090	.000	⬅④
1次A＊くり返しR	3	8	1.724	.239	
2次B	2	8	52.972	.000	⬅⑤
1次A＊2次B	6	8	1.711	.236	⬅③

a. 従属変数: 測定値。

1次誤差 1次A＊くり返しR を手順8のモデルから削除すると
このような出力になります

固定効果のタイプIII検定[a]

ソース	分子の自由度	分母の自由度	F値	有意
切片	1	11	1457.652	.000
くり返しR	1	11	.609	.452
1次A	3	11	27.631	.000
2次B	2	11	44.233	.000
1次A＊2次B	6	11	1.429	.287

a. 従属変数: 測定値。

【出力結果の読み取り方・その 2】——1次誤差を考えなくてよい場合

⬅③　交互作用 A＊B の検定

仮説 H_0：1次 A と 2次 B の交互作用＝0

有意確率 0.236 ＞有意水準 0.05 なので，仮説 H_0 は棄却されません．

したがって，“交互作用は存在しない”と考えてよさそうです．

この後は，④，⑤の検定へ進みます．

⬅④　1次因子 A の分散分析

仮説 H_0：4つの水準 A_1，A_2，A_3，A_4 の間に差はない．

有意確率 0.000 ≦有意水準 0.05 なので，仮説 H_0 は棄却されます．

したがって，“1次因子の4つの水準間に差がある”と考えられます．

この後は，多重比較へ進みます．☞ p.224 の⑦

⬅⑤　2次因子 B の分散分析

仮説 H_0：3つの水準 B_1，B_2，B_3 の間に差はない．

有意確率 0.000 ≦有意水準 0.05 なので，仮説 H_0 は棄却されます．

したがって，“2次因子の3つの水準間に差がある”ことがわかりました．

この後は，多重比較へ進みます．☞ p.226 の⑨

■ 1 次因子，2 次因子の周辺平均と多重比較

【統計処理の手順】のつづき

手順 9 多重比較をするときは， EM平均(M) をクリックします．

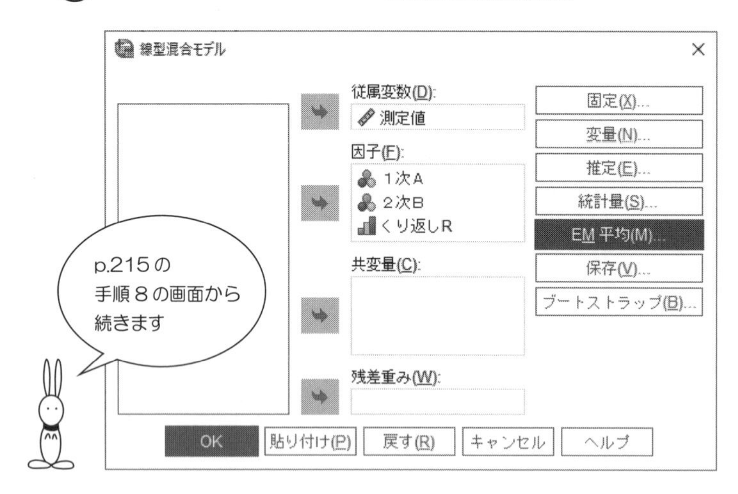

手順 10 次の EM 平均の画面になったら，

1 次 A，2 次 B を 平均値の表示(M) の中へ移動．

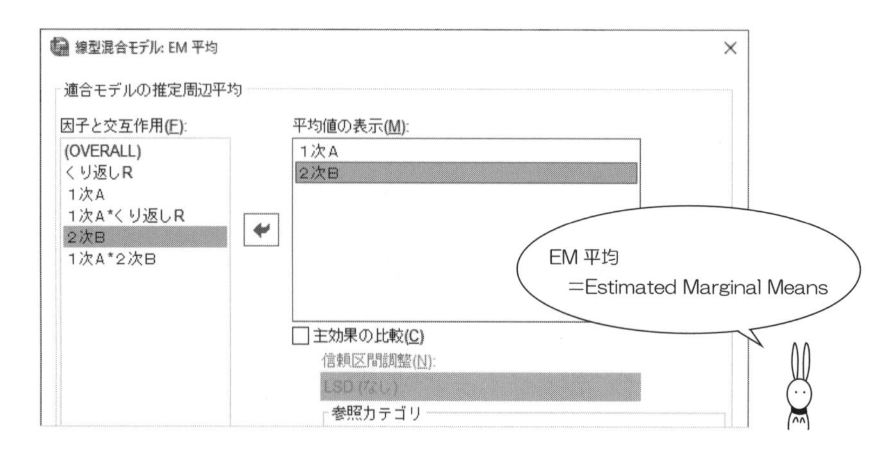

手順 11 次のように，□ 主効果の比較(C) をチェック．信頼区間調整(N) の中から，Bonferroni を選択して， 続行 ．

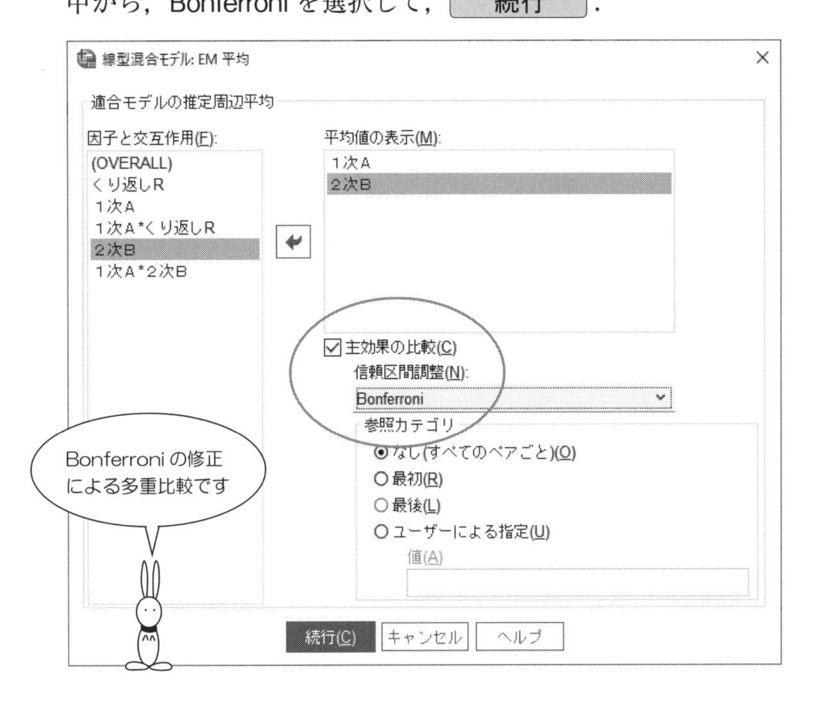

手順 12 次の画面にもどったら，あとは OK ボタンをマウスでカチッ！

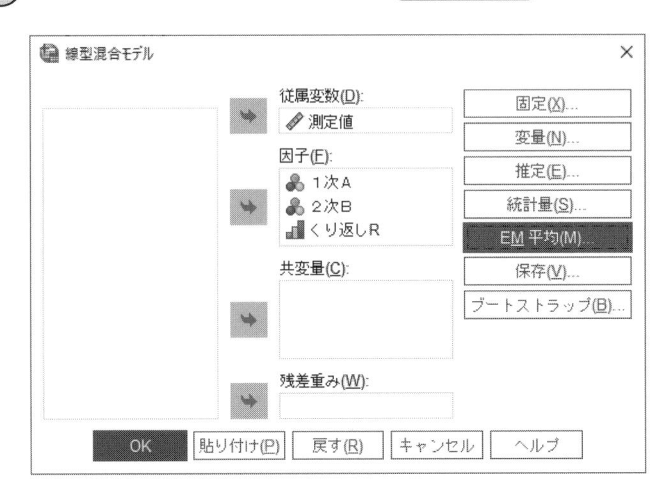

【SPSS による出力・その 3】――1 次誤差を考えなくてよい場合――

推定周辺平均

1. 1次A

推定値[a]

1次A	平均	標準誤差	自由度	95% 信頼区間	
				下限	上限
水準A1	12.267	.946	8	10.084	14.449
水準A2	19.267	.946	8	17.084	21.449
水準A3	23.400	.946	8	21.218	25.582
水準A4	24.150	.946	8	21.968	26.332

a. 従属変数: 測定値。

← ⑥

ペアごとの対比較[a]

(I) 1次A	(J) 1次A	平均値の差 (I-J)	標準誤差	自由度	有意[c]	95% 平均差信頼区間[c]	
						下限	上限
水準A1	水準A2	-7.000*	1.338	8	.005	-11.656	-2.344
	水準A3	-11.133*	1.338	8	.000	-15.790	-6.477
	水準A4	-11.883*	1.338	8	.000	-16.540	-7.227
水準A2	水準A1	7.000*	1.338	8	.005	2.344	11.656
	水準A3	-4.133	1.338	8	.090	-8.790	.523
	水準A4	-4.883*	1.338	8	.039	-9.540	-.227
水準A3	水準A1	11.133*	1.338	8	.000	6.477	15.790
	水準A2	4.133	1.338	8	.090	-.523	8.790
	水準A4	-.750	1.338	8	1.000	-5.406	3.906
水準A4	水準A1	11.883*	1.338	8	.000	7.227	16.540
	水準A2	4.883*	1.338	8	.039	.227	9.540
	水準A3	.750	1.338	8	1.000	-3.906	5.406

推定周辺平均に基づく

*. 平均値の差は .05 水準で有意です。

a. 従属変数: 測定値。

c. 多重比較の調整: Bonferroni。

← ⑦

【出力結果の読み取り方・その 3】——1 次誤差を考えなくてよい場合

⬅⑥　1 次因子 A の周辺平均の推定値と区間推定

- 水準 A_1 の周辺平均の推定値

$$12.267 = \frac{13.2 + 11.9 + 16.1 + 15.1 + 9.1 + 8.2}{6}$$

- 水準 A_1 の周辺平均の区間推定

$$10.084 = 12.267 - t(8\,;\,0.025) \times 0.946$$

$$14.449 = 12.267 + t(8\,;\,0.025) \times 0.946$$

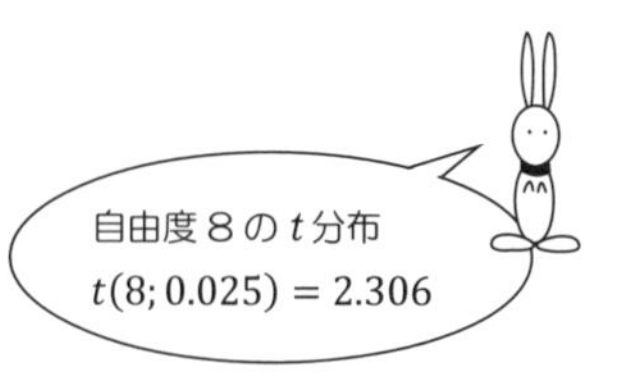

⬅⑦　1 次因子 A における Bonferroni の修正による多重比較

＊印のある水準の組み合わせに，有意差があります．

＊ ……｛水準 A_1　と　水準 A_2｝

＊ ……｛水準 A_1　と　水準 A_3｝

＊ ……｛水準 A_1　と　水準 A_4｝

＊ ……｛水準 A_2　と　水準 A_4｝

【SPSS による出力・その 4】——1 次誤差を考えなくてよい場合——

2. 2次B

推定値[a]

2次B	平均	標準誤差	自由度	95% 信頼区間 下限	95% 信頼区間 上限
水準B 1	21.937	.820	8	20.047	23.828
水準B 2	24.350	.820	8	22.460	26.240
水準B 3	13.025	.820	8	11.135	14.915

← ⑧ (水準B 1 の下限 20.047・上限 23.828 を丸で囲む)

a. 従属変数: 測定値。

ペアごとの対比較[a]

(I) 2次B	(J) 2次B	平均値の差 (I-J)	標準誤差	自由度	有意[c]	95% 平均差信頼区間[c] 下限	95% 平均差信頼区間[c] 上限
水準B 1	水準B 2	-2.413	1.159	8	.213	-5.908	1.083
	水準B 3	8.912*	1.159	8	.000	5.417	12.408
水準B 2	水準B 1	2.413	1.159	8	.213	-1.083	5.908
	水準B 3	11.325*	1.159	8	.000	7.829	14.821
水準B 3	水準B 1	-8.912*	1.159	8	.000	-12.408	-5.417
	水準B 2	-11.325*	1.159	8	.000	-14.821	-7.829

← ⑨ (水準B 2–水準B 3 の行)

推定周辺平均に基づく

*. 平均値の差は .05 水準で有意です。

a. 従属変数: 測定値。

c. 多重比較の調整: Bonferroni。

【出力結果の読み取り方・その 4】——1 次誤差を考えなくてよい場合

⬅⑧　2 次因子 B の周辺平均の推定値と区間推定

● 水準 B_1 の周辺平均の推定値

$$21.938 = \frac{13.2 + 11.9 + 22.8 + 18.5 + 21.8 + 32.1 + 25.7 + 29.5}{8}$$

● 水準 B_1 の周辺平均の区間推定

$$20.047 = 21.938 - t(8\,;\,0.025) \times 0.820$$

$$23.828 = 21.938 + t(8\,;\,0.025) \times 0.820$$

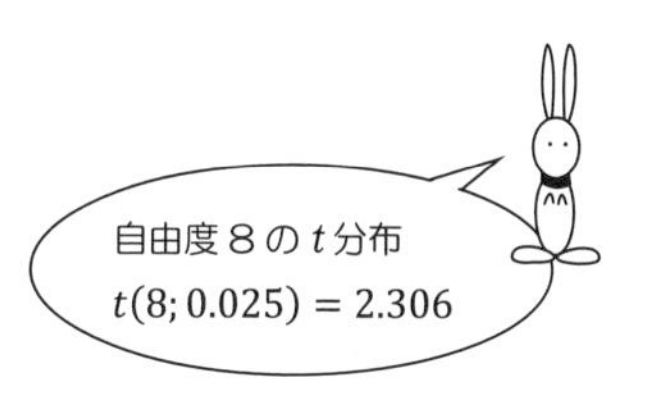

⬅⑨　2 次因子 B における Bonferroni の修正による多重比較

＊印のある水準の組み合わせに，有意差があります．

＊ ……｛ 水準 B_1 と 水準 B_3 ｝

＊ ……｛ 水準 B_2 と 水準 B_3 ｝

13.4 分割実験の手順――1次誤差が存在する場合

分割実験のモデル

$$y_{ijk} = \mu + r_{ik} + \alpha_i + \underset{\sim}{\varepsilon_{ik}} + \beta_j + (\alpha\beta)_{ij} + \varepsilon_{ijk}$$

r_{ik}	α_i	ε_{ik}	β_j	$(\alpha\beta)_{ij}$	ε_{ijk}
↑	↑	↑	↑	↑	↑
		1次誤差？			
R	A	R＊A	B	A＊B	2次誤差

において，1次誤差の存在を無視できないときは

モデルを再構成するために，次の手順に進みます．

【統計処理の手順のつづき】

手順 9 モデルを再構成するために， 固定(X) をクリックします．

手順 10 次の固定効果の画面になったら，１次Ａ＊くり返しＲを除去し……

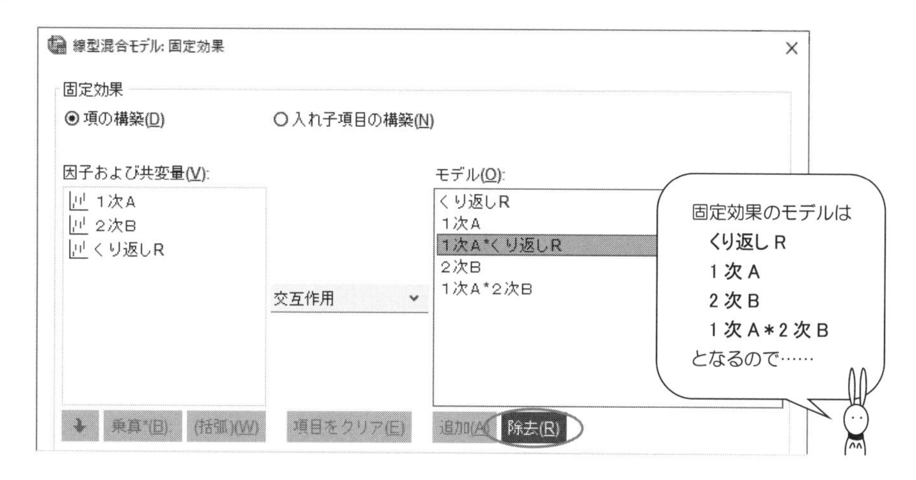

手順 11 次のように，モデル(O) の中に，新しいモデルを再構成し

続行(C) をクリック．

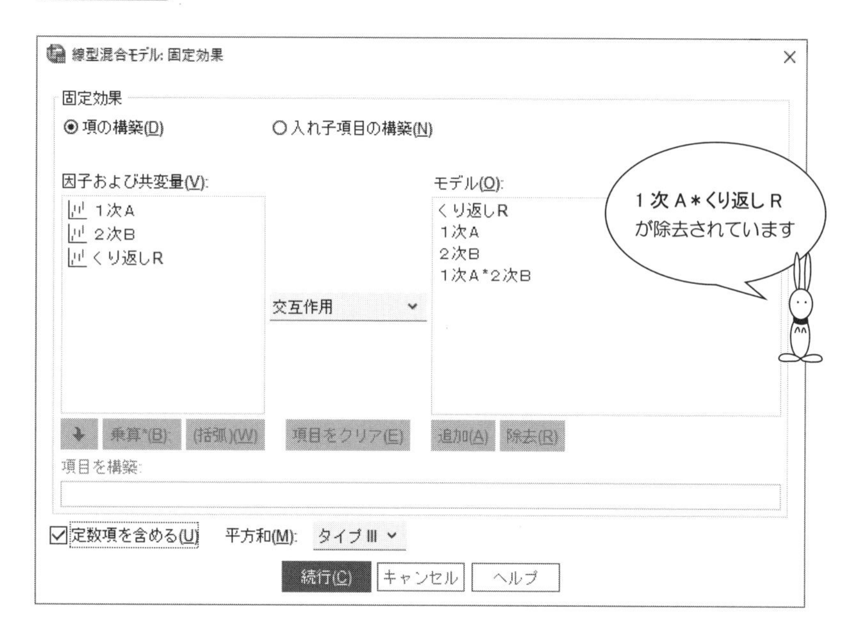

手順 12 次の画面にもどったら，［変量(N)］をクリックします．

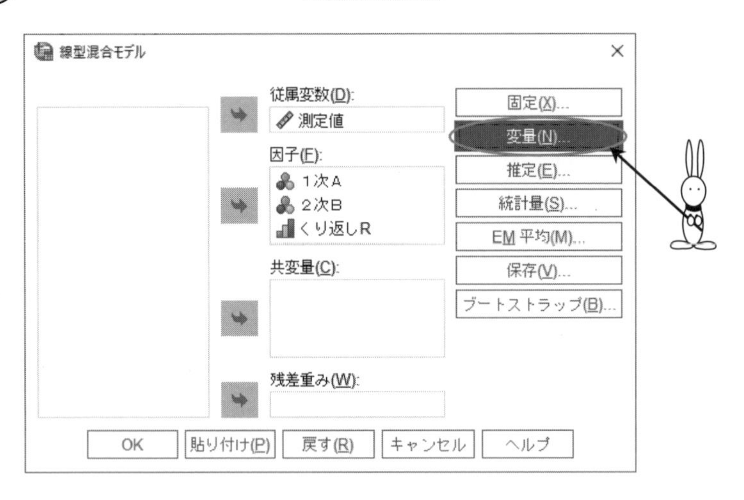

手順 13 次の変量効果の画面になったら……

手順⑭ モデル(M) の中へ，1次A＊くり返しRを構成して，続行(C).

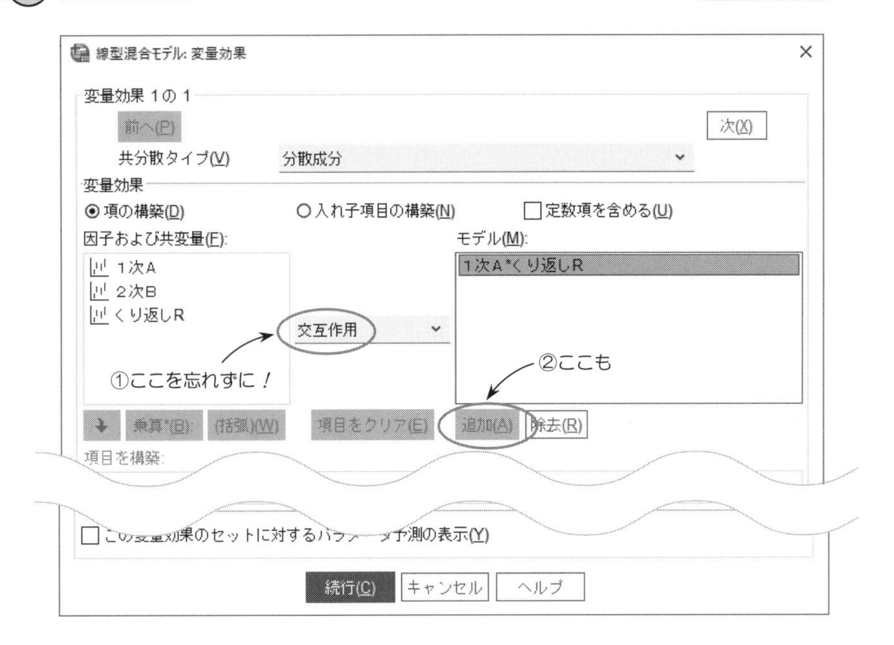

手順⑮ 次の画面にもどってきたら，

あとは，OK ボタンをマウスでカチッ！

線型混合モデル

従属変数(D):
測定値
因子(F):
1次A
2次B
くり返しR
共変量(C):
残差重み(W):

固定(X)...
変量(N)...
推定(E)...
統計量(S)...
EM 平均(M)...
保存(V)...
ブートストラップ(B)...

OK 貼り付け(P) 戻す(R) キャンセル ヘルプ

【SPSS による出力・その 5】——1 次誤差が存在する場合——

混合モデル分析

モデル次元[a]

		レベル数	共分散構造	パラメータ数
固定効果	切片	1		1
	くり返しR	2		1
	1次A	4		3
	2次B	3		2
	1次A * 2次B	12		6
変量効果	1次A * くり返しR[b]	8	分散成分	1
残差				1
合計		30		15

a. 従属変数: 測定値。

b. バージョン 11.5 では、RANDOM サブコマンドのシンタックスの規則が変更されています。同じコマンドのシンタックスを指定しても、前のバージョンとは違う結果が得られることもあります。バージョン 11 のシンタックスを使用している場合、詳細は現在のバージョンのシンタックスのマニュアルを参照してください。

固定効果

固定効果のタイプ III 検定[a]

ソース	分子の自由度	分母の自由度	F 値	有意	
切片	1	3	1012.321	.000	
くり返しR	1	3	.423	.562	
1次A	3	3	19.189	.018	← ⑩
2次B	2	8.000	52.972	.000	← ⑫
1次A * 2次B	6	8.000	1.711	.236	← ⑪

a. 従属変数: 測定値。

被験者間効果の検定

従属変数: 測定値

ソース	タイプ III 平方和	自由度	平均平方	F 値	有意確率
修正モデル	1189.736[a]	15	79.316	14.759	.000
切片	9381.260	1	9381.260	1745.621	.000
くり返しR	3.920	1	3.920	.729	.418
1次A	533.488	3	177.829	33.090	.000
1次A * くり返しR	27.801	3	9.267	1.724	.239
2次B	569.356	2	284.678	52.972	.000
1次A * 2次B	55.171	6	9.195	1.711	.236
誤差	42.993	8	5.374		
総和	10613.990	24			
修正総和	1232.730	23			

a. R2 乗 = .965 (調整済み R2 乗 = .900)

p.218 の被験者間効果の検定
平均平方のところを見ると
1 次 A ＝ 177.829
1 次 A＊くり返し R ＝ 9.267
になっています！

【出力結果の読み取り方・その5】——1次誤差が存在する場合

⬅⑩　1次誤差R＊Aが存在するときの1次因子Aの分散分析

仮説 H_0：4つの水準 A_1，A_2，A_3，A_4 の間に差はない

有意確率 0.018 ≦有意水準 0.05 なので

仮説 H_0 は棄却されます．したがって，

“4つの水準間に差がある”

ことがわかります.

検定統計量F値の計算は，次のようになります

$$\frac{1\text{次A}}{1\text{次A}*\text{くり返しR}} = \frac{177.829}{9.267} = 19.189$$

1次誤差が存在するときは
1次A＊くり返しR
が変量効果になっています

⬅⑪　交互作用A＊Bの検定

仮説 H_0：1次Aと2次Bの交互作用＝0

有意確率 0.236 ＞有意水準 0.05 なので，仮説 H_0 は棄却されません.

したがって，“交互作用は存在しない”と考えられます.

⬅⑫　2次因子Bの分散分析

仮説 H_0：3つの水準 B_1，B_2，B_3 の間に差はない

有意確率 0.000 ≦有意水準 0.05 なので，仮説 H_0 は棄却されます.

したがって，“3つの水準間に差がある”ことがわかります.

第14章 混合モデルによる1元配置の分散分析 ——経時測定データ——

14.1 はじめに

次のデータは，薬物投与による心拍数を

{ 1回目 投与前 ⟶ 2回目 投与1分後 ⟶ 3回目 投与5分後 ⟶ 4回目 投与10分後 }

のように，4回続けて測定した結果です．

薬物投与によって，被験者の心拍数は変化したのでしょうか？

表 14.1.1　薬物投与による心拍数（D. M. Fisher）

被験者＼時間	投与前	投与1分後	投与5分後	投与10分後
A_1	67	92	87	68
A_2	92	112	94	90
A_3	58	71	69	62
A_4	61	90	83	66
A_5	72	85	72	69

⬅経時測定
対応のある因子
反復測定

参考文献［10］p.68〜75

【混合モデルにおける１元配置の経時測定データ入力の型】

混合モデルで分析をするときは，次のようにデータを入力します．

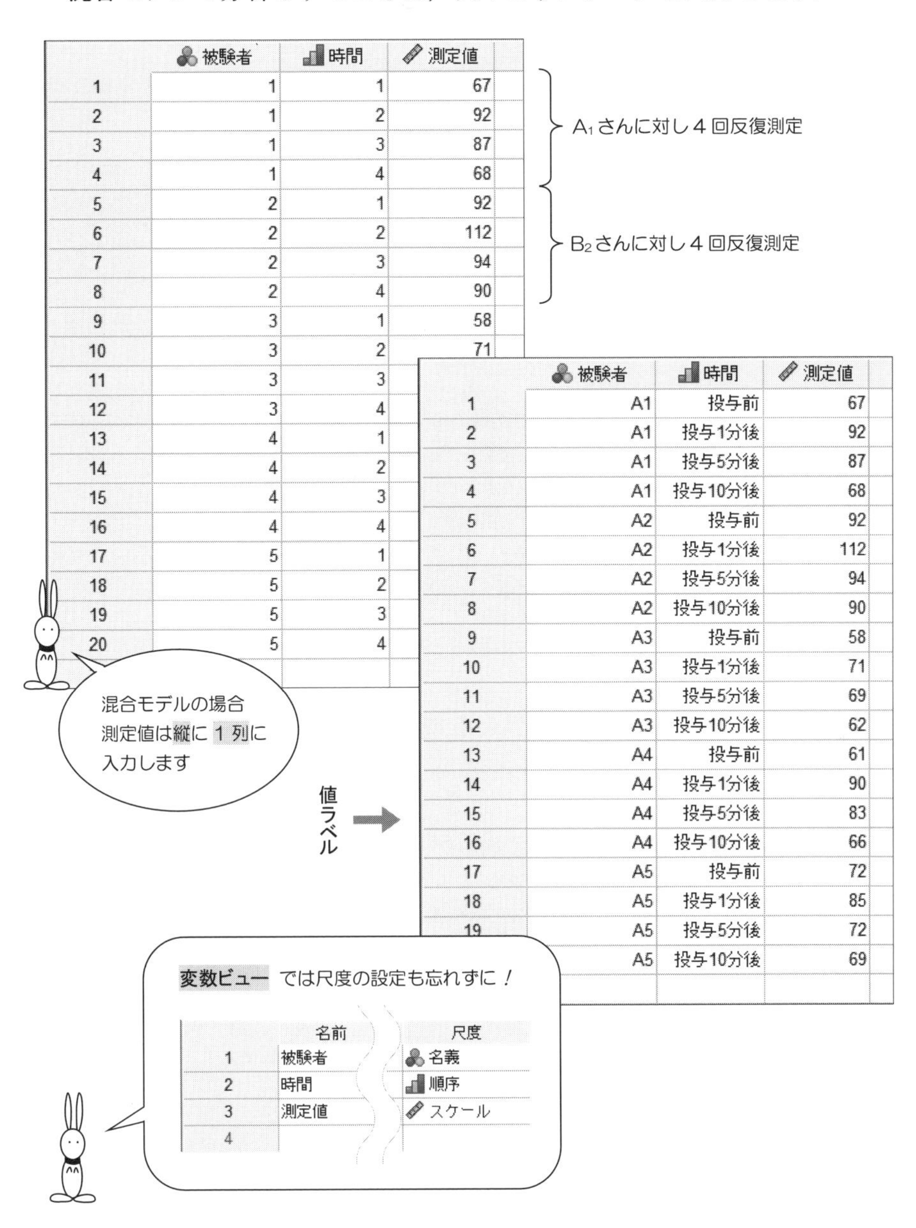

	被験者	時間	測定値
1	1	1	67
2	1	2	92
3	1	3	87
4	1	4	68
5	2	1	92
6	2	2	112
7	2	3	94
8	2	4	90
9	3	1	58
10	3	2	71
11	3	3	
12	3	4	
13	4	1	
14	4	2	
15	4	3	
16	4	4	
17	5	1	
18	5	2	
19	5	3	
20	5	4	

	被験者	時間	測定値
1	A1	投与前	67
2	A1	投与1分後	92
3	A1	投与5分後	87
4	A1	投与10分後	68
5	A2	投与前	92
6	A2	投与1分後	112
7	A2	投与5分後	94
8	A2	投与10分後	90
9	A3	投与前	58
10	A3	投与1分後	71
11	A3	投与5分後	69
12	A3	投与10分後	62
13	A4	投与前	61
14	A4	投与1分後	90
15	A4	投与5分後	83
16	A4	投与10分後	66
17	A5	投与前	72
18	A5	投与1分後	85
19	A5	投与5分後	72
	A5	投与10分後	69

	名前	尺度
1	被験者	名義
2	時間	順序
3	測定値	スケール
4		

14.2 1元配置の経時測定データの手順

【統計処理の手順】

手順 1 分析(A) のメニューから 混合モデル(X) を選択し，続いて

サブメニューの 線型(L) をクリックします.

手順 2 次の縦に長〜い画面になったら，**被験者を** 被験者(S) の中へ移動.

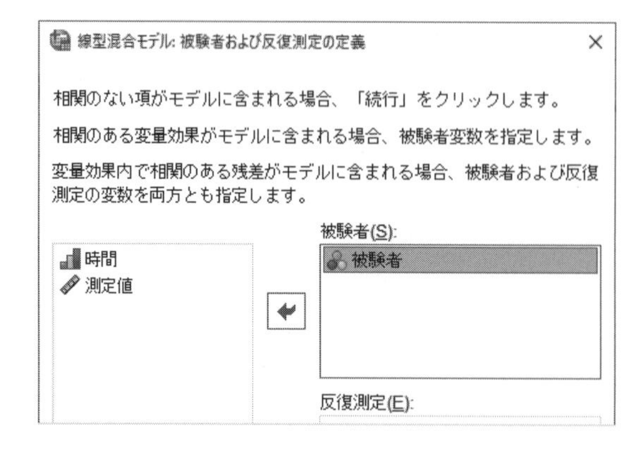

手順 3 続いて，時間を 反復測定(E) の中へ移動します.

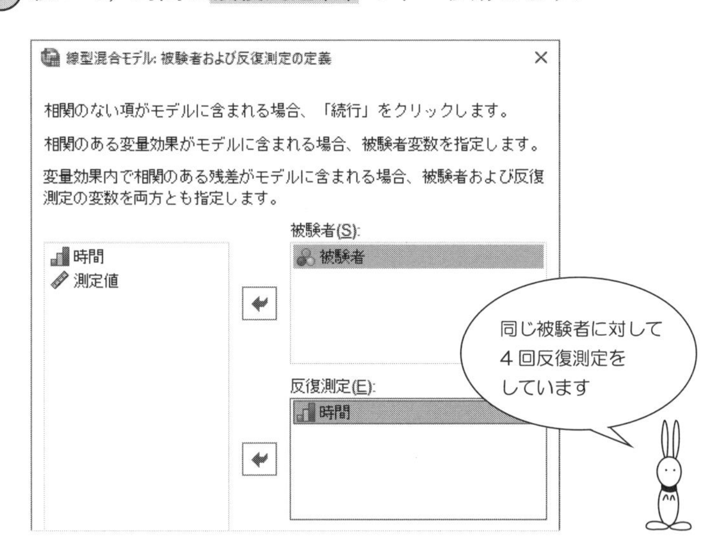

手順 4 さらに，画面下の 反復測定共分散(V) の中から，

複合シンメトリを選択して， 続行(C) .

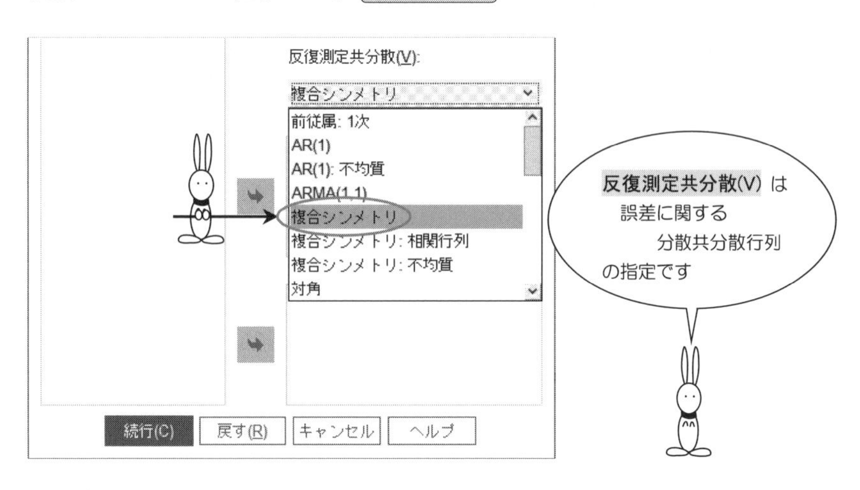

手順 5 次の線型混合モデルの画面になったら，

測定値を 従属変数(D) の中へ移動します．

線型混合モデル
被験者
時間
従属変数(D):
測定値
因子(F):
共変量(C):
残差重み(W):
固定(X)...
変量(N)...
推定(E)...
統計量(S)...
EM 平均(M)...
保存(V)...
ブートストラップ(B)...
OK
貼り付け(P)
戻す(R)
キャンセル
ヘルプ

手順 6 続いて，時間を 因子(F) の中へ移動し，画面右の 固定(X) をクリック．

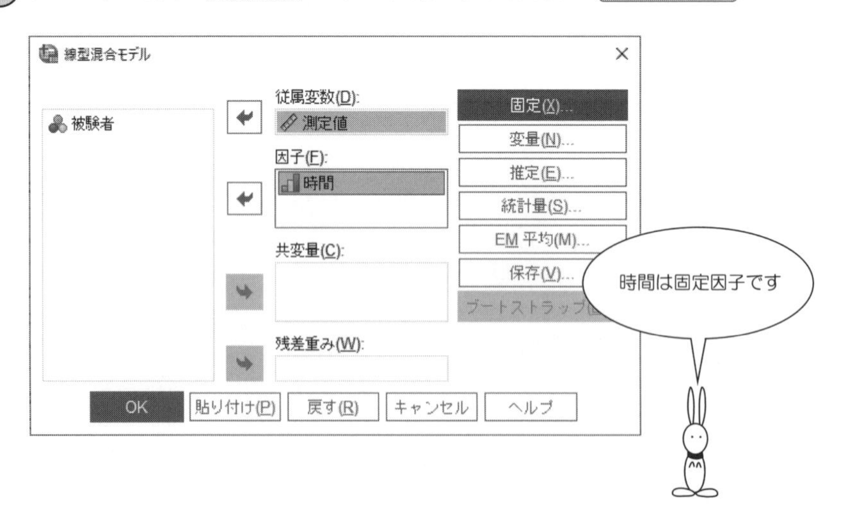

手順 7 次の固定効果の画面になったら，

時間をクリック．続けて 追加(A) をクリックして，

モデル(O) の中へ移動します．そして， 続行(C) ．

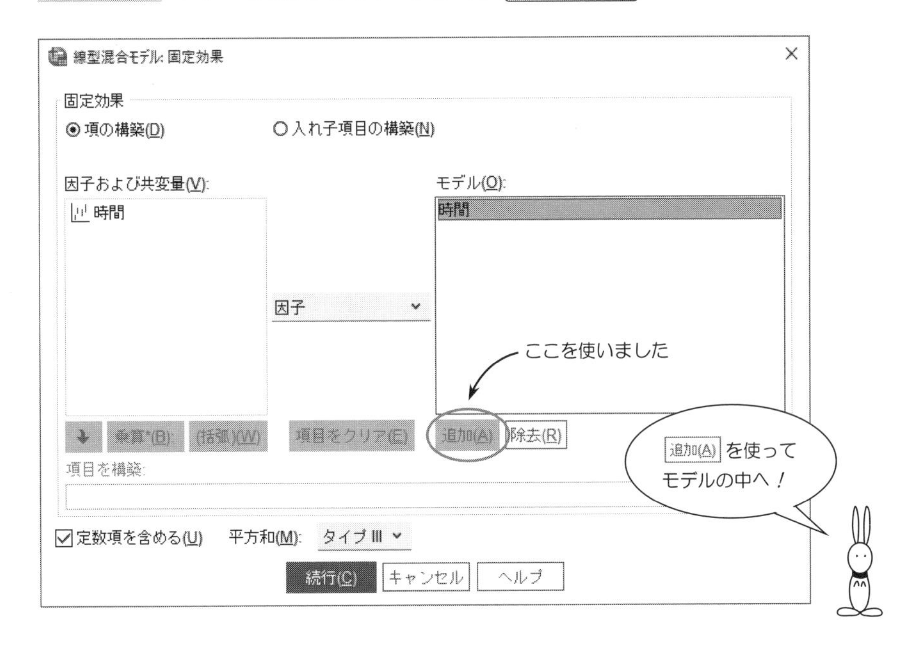

手順 8 次の画面にもどったら， 統計量(S) をクリック．

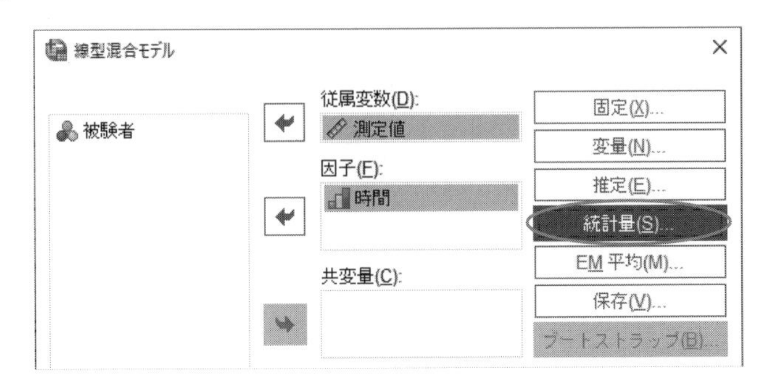

手順 9 次の統計量の画面になったら，

次のようにチェックして， 続行 ．

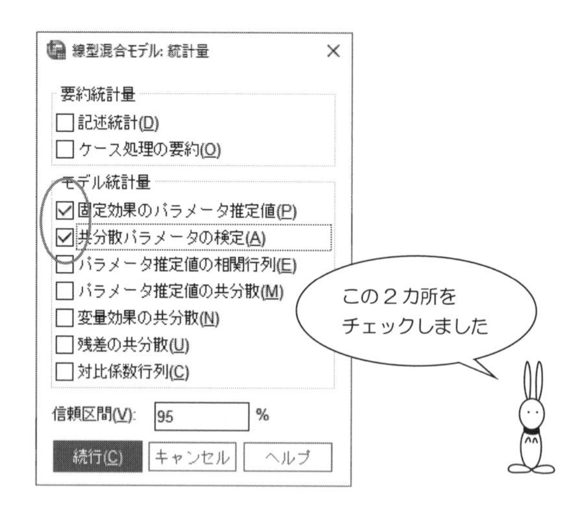

手順 10 次の画面にもどってきたら， EM平均(M) をクリック．

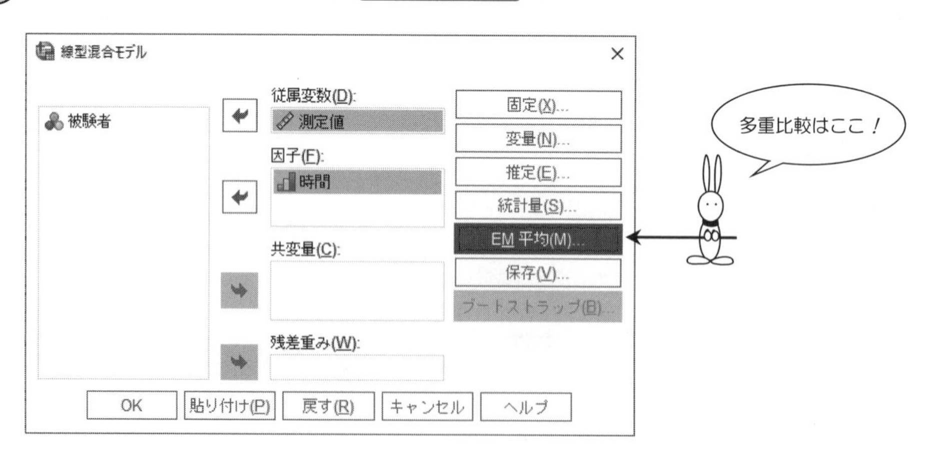

手順 11 次の EM 平均の画面になったら，時間をクリックして

平均値の表示(M) の中へ移動.

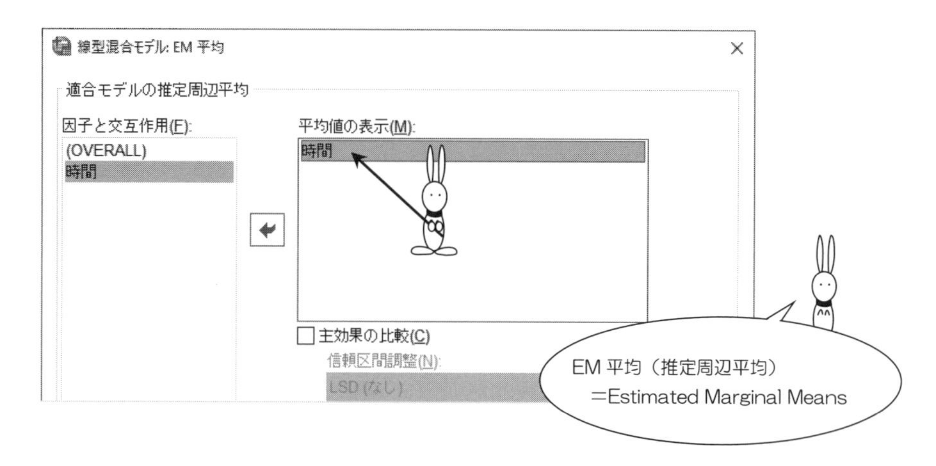

手順 12 続いて，□ 主効果の比較(C) をチェックして，Bonferroni を選択.

さらに……

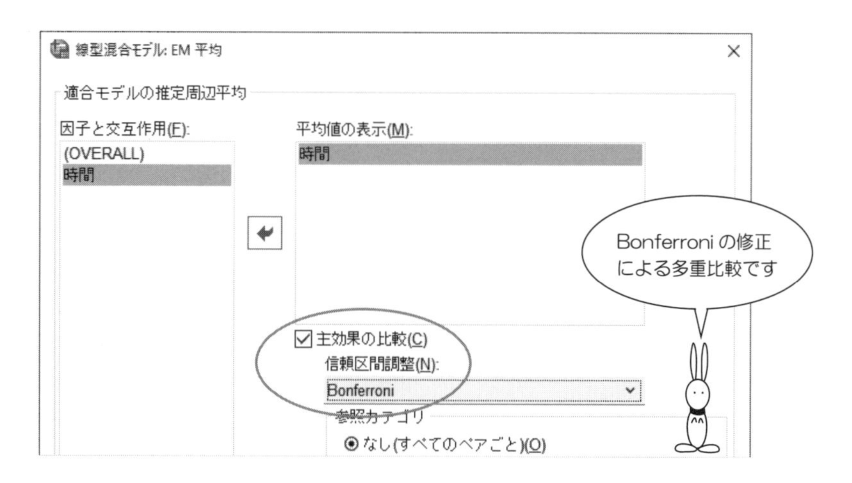

手順⑬ 参照カテゴリ の中の○ 最初(R) をクリックして， 続行(C) .

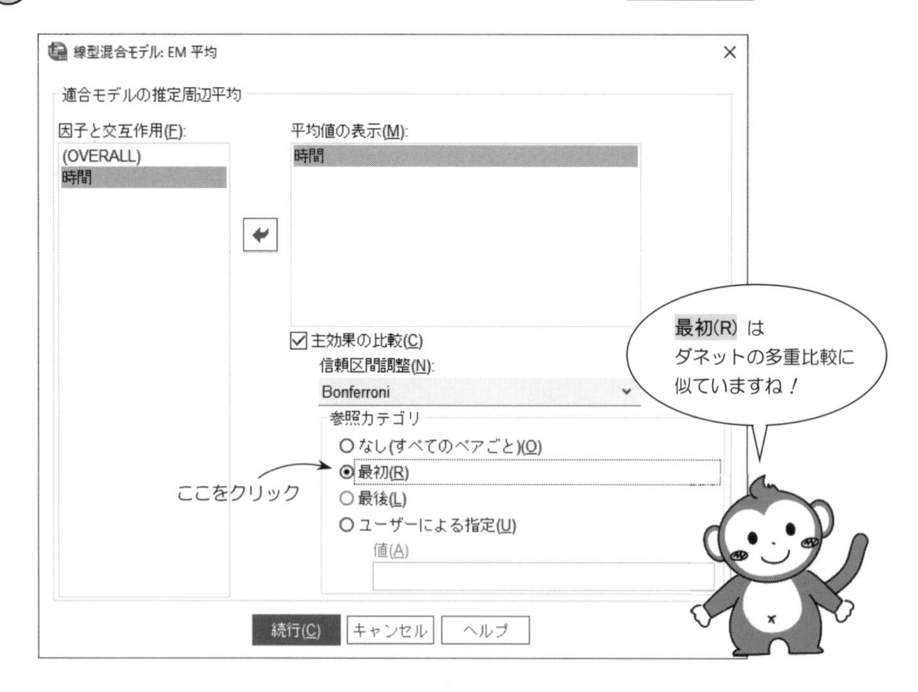

手順⑭ 次の画面にもどってきたら，あとは OK ボタンをマウスでカチッ！

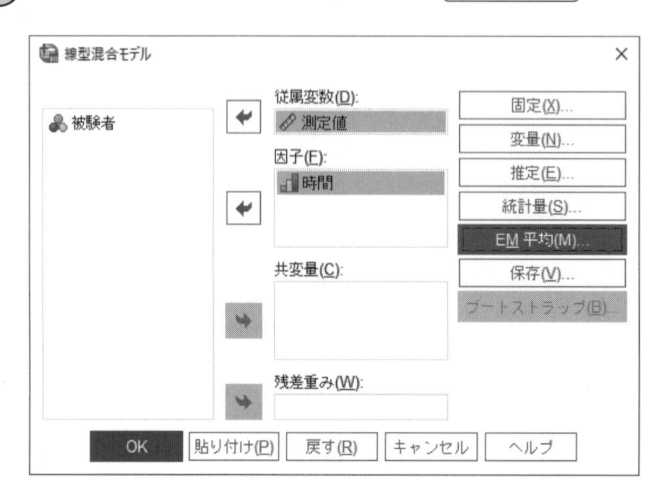

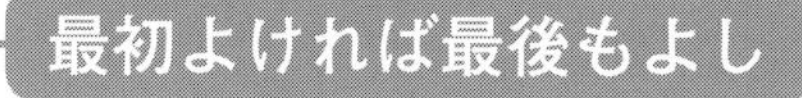

EM 平均の 参照カテゴリ は，次のようになっています．

⦿なし(O)（すべてのペアごと）

投与前　　投与１分後　　投与５分後　　投与10分後

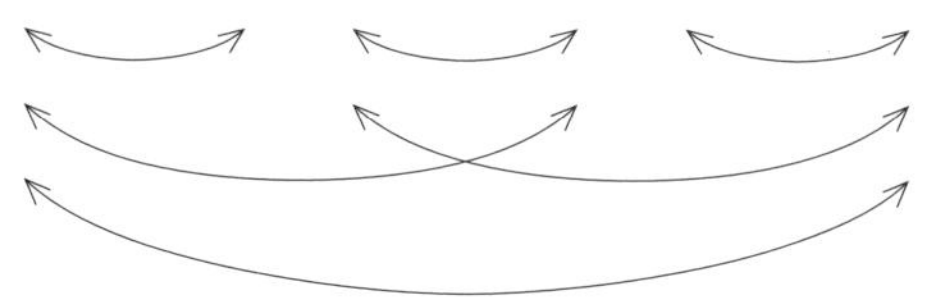

⦿最初(R)

投与前　　投与１分後　　投与５分後　　投与10分後

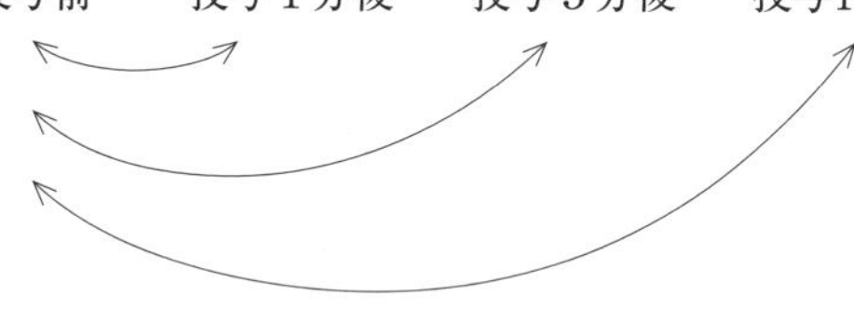

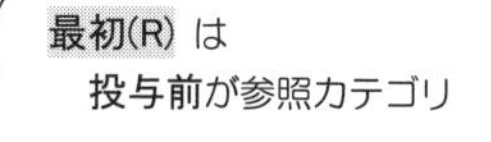

⦿最後(L)

投与前　　投与１分後　　投与５分後　　投与10分後

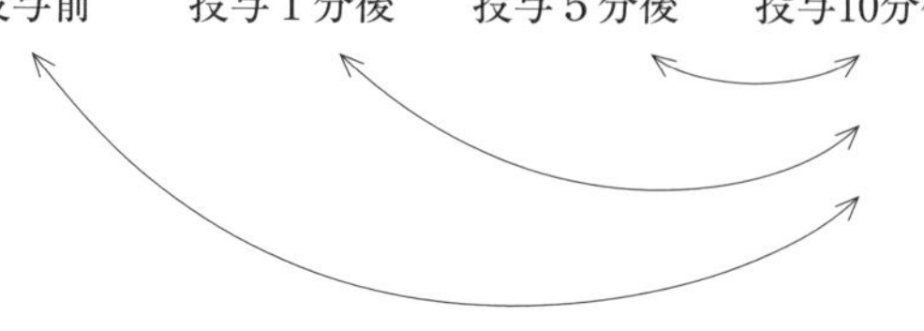

【SPSS による出力・その 1】——混合モデルによる 1 元配置の分散分析——

混合モデル分析

モデル次元[a]

		レベル数	共分散構造	パラメータ数	被験者変数	被験者数
固定効果	切片	1		1		
	時間	4		3		
反復効果	時間	4	複合シンメトリ	2	被験者	5
合計		9		6		

a. 従属変数: 測定値。

← ①

情報量基準[a]

-2 制限された対数尤度	115.880
赤池情報基準 (AIC)	119.880
Hurvich and Tsai 基準 (AICC)	120.803
Bozdogan 基準 (CAIC)	123.425
Schwarz's Bayesian 基準 (BIC)	121.425

情報量基準は、「小さいほど良い (smaller is better)」形式で表示されます。

a. 従属変数: 測定値。

← ②

複合シンメトリとは
次のような分散共分散行列のことです

$$\begin{bmatrix} \sigma^2 & \sigma_1 & \sigma_1 \\ \sigma_1 & \sigma^2 & \sigma_1 \\ \sigma_1 & \sigma_1 & \sigma^2 \end{bmatrix} \quad \text{または} \quad \begin{bmatrix} \sigma^2+\sigma_1 & \sigma_1 & \sigma_1 \\ \sigma_1 & \sigma^2+\sigma_1 & \sigma_1 \\ \sigma_1 & \sigma_1 & \sigma^2+\sigma_1 \end{bmatrix}$$

CAIC は
AIC の改良版です

【出力結果の読み取り方・その 1】

⬅① モデルの構成に関する出力

- 固定効果のモデルに

　　時間

を取り込んでいます.

- 反復効果は

　　時間

になっています.

- 反復測定の共分散構造は

　　複合シンメトリ

を指定しています.

- 被験者の数は

　　5

です.

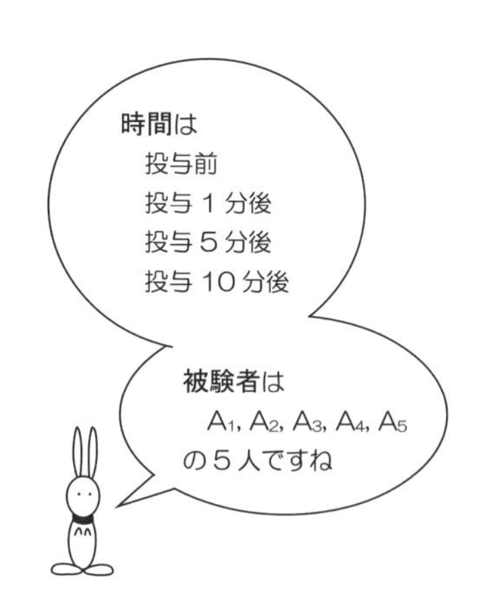

⬅② モデルの当てはまりに関する情報量基準

赤池情報量基準 AIC は

$$AIC = 119.880$$

となっています.

この情報量基準は単独で使われることはありません.

データにいくつかのモデルを当てはめ,

“その情報量基準の最も小さいモデルが最適モデル”

となります.

【SPSS による出力・その 2】——混合モデルによる 1 元配置の分散分析——

固定効果

固定効果のタイプ III 検定[a]

ソース	分子の自由度	分母の自由度	F 値	有意
切片	1	4	220.635	.000
時間	3	12.000	17.500	.000

a. 従属変数: 測定値。

← ③

混合モデル③の出力と
比べてみましょう

次の出力は，表 14.1.1 のデータを

一般線形モデル(G) → 反復測定(R)

で分析した結果です
つまり，第 4 章の p.68 と同じです

被験者内効果の検定

測定変数名: MEASURE_1

ソース		タイプ III 平方和	自由度	平均平方	F 値	有意確率
時間	球面性の仮定	1330.000	3	443.333	17.500	.000
	Greenhouse-Geisser	1330.000	1.664	799.215	17.500	.003
	Huynh-Feldt	1330.000	2.706	491.515	17.500	.000
	下限	1330.000	1.000	1330.000	17.500	.014
誤差 (時間)	球面性の仮定	304.000	12	25.333		
	Greenhouse-Geisser	304.000	6.657	45.669		
	Huynh-Feldt	304.000	10.824	28.087		
	下限	304.000	4.000	76.000		

← ③′

【出力結果の読み取り方・その 2】

⬅③　固定因子に関する差の検定（分散分析）

仮説 H_0：投与前，投与 1 分後，投与 5 分後，投与 10 分後において
心拍数は変化していない．

有意確率 0.000 ≦有意水準 0.05 なので，仮説 H_0 は棄却されます．

したがって，

“投与前，投与 1 分後，投与 5 分後，投与 10 分後において
心拍数は変化している”

と考えられます．

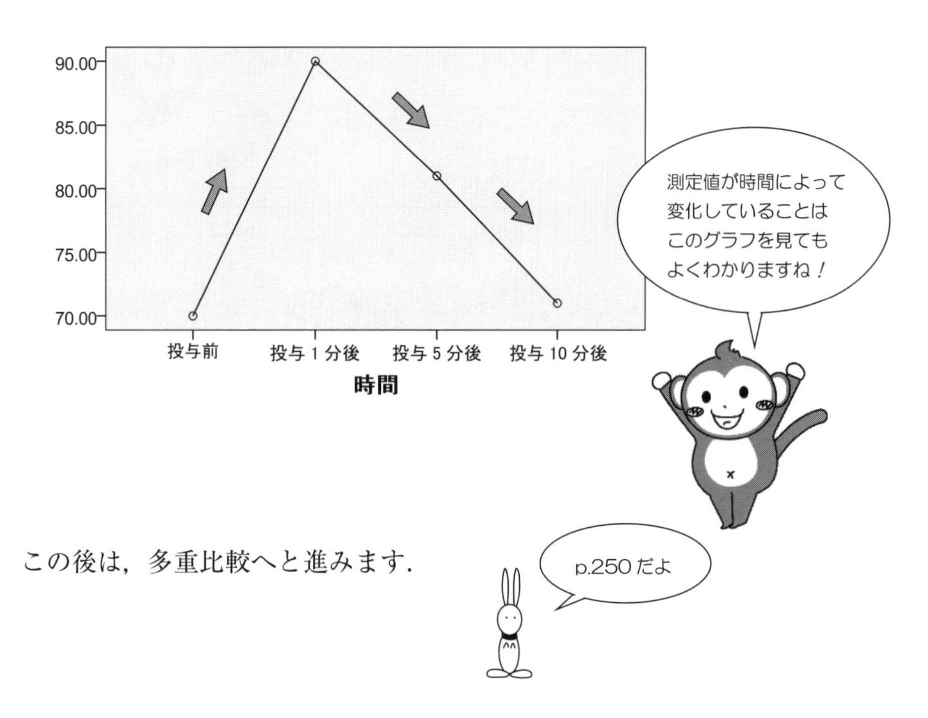

この後は，多重比較へと進みます．

p.250 だよ

【SPSS による出力・その 3】――混合モデルによる 1 元配置の分散分析――

固定効果の推定[a]

パラメータ	推定値	標準誤差	自由度	t 値	有意	95% 信頼区間 下限	95% 信頼区間 上限	
切片	71.000000	5.601339	5.146	12.676	.000	56.723175	85.276825	
[時間=1]	-1.000000	3.183290	12.000	-.314	.759	-7.935792	5.935792	← ⑤
[時間=2]	19.000000	3.183290	12.000	5.969	.000	12.064208	25.935792	← ⑥
[時間=3]	10.000000	3.183290	12.000	3.141	.009	3.064208	16.935792	← ⑦
[時間=4]	0[b]	0	.	.	.	.	.	

a. 従属変数: 測定値。

b. このパラメータは冗長であるため 0 に設定されています。

共分散パラメータ

共分散パラメータの推定[a]

パラメータ		推定値	標準誤差	Wald の Z	有意	95% 信頼区間 下限	95% 信頼区間 上限
反復測定	CS 対角オフセット	25.333333	10.342290	2.449	.014	11.381271	56.388938
	CS 共分散	131.541667	97.526627	1.349	.177	-59.607010	322.690343

a. 従属変数: 測定値。

【出力結果の読み取り方・その 3】

⬅④　主効果α_1，α_2，α_3，α_4 における推定値

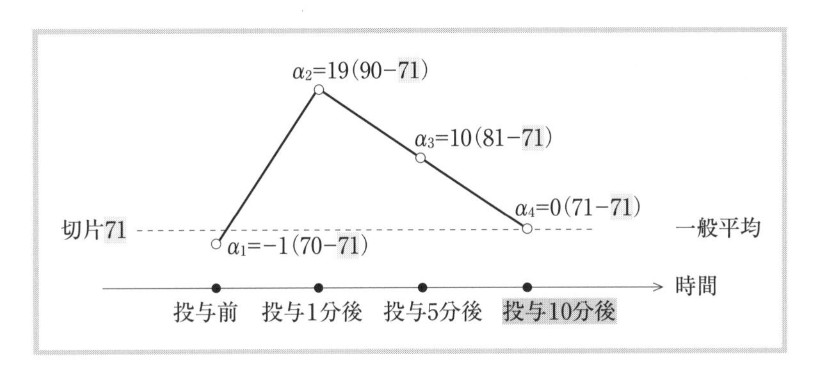

⬅⑤　主効果 α_1 の検定

仮説 H_0：主効果 $\alpha_1 = 0$　　（ただし，$\alpha_4 = 0$ と設定）

有意確率 0.759 >有意水準 0.05 なので，仮説 H_0 は棄却されません．

したがって，投与前と投与 10 分後の測定値に有意差があるとはいえません．

⬅⑥　主効果 α_2 の検定

仮説 H_0：主効果 $\alpha_2 = 0$　　（ただし，$\alpha_4 = 0$ と設定）

有意確率 0.000 ≦有意水準 0.05 なので，仮説 H_0 は棄却されます．

したがって，投与 1 分後と投与 10 分後の測定値に有意差があります．

⬅⑦　主効果 α_3 の検定

仮説 H_0：主効果 $\alpha_3 = 0$　　（ただし，$\alpha_4 = 0$ と設定）

有意確率 0.009 ≦有意水準 0.05 なので，仮説 H_0 は棄却されます．

したがって，投与 5 分後と投与 10 分後の測定値に有意差があります．

【SPSS による出力・その 4】——混合モデルによる 1 元配置の分散分析——

推定周辺平均

時間

推定値[a]

時間	平均	標準誤差	自由度	95% 信頼区間 下限	95% 信頼区間 上限
投与前	70.000	5.601	5.146	55.723	84.277
投与1分後	90.000	5.601	5.146	75.723	104.277
投与5分後	81.000	5.601	5.146	66.723	95.277
投与10分後	71.000	5.601	5.146	56.723	85.277

a. 従属変数: 測定値。

← ⑧

ペアごとの対比較[a]

(I) 時間	(J) 時間	平均値の差 (I-J)	標準誤差	自由度	有意[c]	95% 平均差信頼区間[c] 下限	95% 平均差信頼区間[c] 上限
投与1分後	投与前	20.000*	3.183	12.000	.000	11.152	28.848
投与5分後	投与前	11.000*	3.183	12.000	.014	2.152	19.848
投与10分後	投与前	1.000	3.183	12.000	1.000	-7.848	9.848

推定周辺平均に基づく

*. 平均値の差は .05 水準で有意です。

a. 従属変数: 測定値。

c. 多重比較の調整: Bonferroni。

← ⑨

1 変量検定[a]

分子の自由度	分母の自由度	F 値	有意
3	12.000	17.500	.000

F は 時間 の効果の検定を行います。この検定は、推定周辺平均中の一時独立対比較検定に基づいています。

a. 従属変数: 測定値。

← ⑩

【出力結果の読み取り方・その4】

⬅⑧　4つの時間における測定値の平均推定値と区間推定

投与前	投与1分後	投与5分後	投与10分後
67	92	87	68
92	112	94	90
58	71	69	62
61	90	83	66
72	85	72	69
70.000	90.000	81.000	71.000

⬅時間

⬅周辺平均

● 投与前における測定値の平均の区間推定

下限　　　　　　　　　　上限

55.723 ≦ 測定値の平均 ≦ 84.277

⬅⑨　Bonferroniの修正による多重比較

＊印のある組み合わせに，有意差があります．

＊ ……｛投与前　と　投与1分後｝

＊ ……｛投与前　と　投与5分後｝

⬅⑩　固定効果の分散分析

p.246の③と同じ結果です．

念には念を入れ

EM 平均のところ（p.242 の手順 13）で

Bonferroni

○ なし(O)(すべてのペアごと)

を選択すると，すべての組み合わせに対する多重比較をおこないます．

ペアごとの対比較[a]

(I) 時間	(J) 時間	平均値の差 (I-J)	標準誤差	自由度	有意[c]	95% 平均差信頼区間[c] 下限	上限
投与前	投与1分後	-20.000*	3.183	12.000	.000	-30.036	-9.964
	投与5分後	-11.000*	3.183	12.000	.029	-21.036	-.964
	投与10分後	-1.000	3.183	12.000	1.000	-11.036	9.036
投与1分後	投与前	20.000*	3.183	12.000	.000	9.964	30.036
	投与5分後	9.000	3.183	12.000	.092	-1.036	19.036
	投与10分後	19.000*	3.183	12.000	.000	8.964	29.036
投与5分後	投与前	11.000*	3.183	12.000	.029	.964	21.036
	投与1分後	-9.000	3.183	12.000	.092	-19.036	1.036
	投与10分後	10.000	3.183	12.000	.051	-.036	20.036
投与10分後	投与前	1.000	3.183	12.000	1.000	-9.036	11.036
	投与1分後	-19.000*	3.183	12.000	.000	-29.036	-8.964
	投与5分後	-10.000	3.183	12.000	.051	-20.036	.036

← ⑪

推定周辺平均に基づく

*. 平均値の差は .05 水準で有意です。

a. 従属変数: 測定値。

c. 多重比較の調整: Bonferroni。

Bonferroni の不等式による修正

☑ 主効果の比較(C)
信頼区間調整(N):
LSD (なし)
参照カテゴリ
◉ なし(すべてのペアごと)(O)
○ 最初(R)
○ 最後(L)
○ ユーザーによる指定(U)

このLSD(なし) は
有意水準 5%の t 検定を
くり返しています
多重比較ではありません！

⬅⑪　経時測定データの場合

“最初の水準（＝投与前）を基準にとって多重比較をする”

ことが一般的ですが，このように

“すべての組み合わせに対して多重比較をする”

こともできます．

＊印のある水準の組み合わせに，有意差があります．

＊ ……｛投与前　と　投与１分後｝

＊ ……｛投与前　と　投与５分後｝

＊ ……｛投与１分後　と　投与10分後｝

第15章 混合モデルによる２元配置の分散分析 ——経時測定データ——

15.1 はじめに

次のデータは，２つのグループが運動負荷開始後，２種類の飲料水Ａ，Ｂを，それぞれ摂取したときの心拍数の変化を調べています．

飲料水の種類によって，心拍数の変化に違いがあるのでしょうか？

表 15.1.1　2 種類の飲料水摂取後の心拍数

被験者	飲料水Ａにおける心拍数		
	運動前	運動 90 分後	運動 180 分後
A_1	44	120	153
A_2	61	119	148
A_3	67	157	167
A_4	60	153	175
A_5	61	139	162

被験者	飲料水Ｂにおける心拍数		
	運動前	運動 90 分後	運動 180 分後
B_1	51	100	110
B_2	62	109	117
B_3	56	134	139
B_4	57	140	161
B_5	59	126	137

⬅経時測定
対応のある因子
反復測定

【混合モデルにおける２元配置の経時測定データ入力の型】

混合モデルで分析するときは，次のようにデータを入力します．

	グループ	被験者	時間	測定値
1	1	1	1	44
2	1	1	2	120
3	1	1	3	153
4	1	2	1	61
5	1	2	2	119
6	1	2	3	148
7	1	3	1	67
9	1	3		
10	1	4		
11	1	4		
12	1	4		
13	1	5		
14	1	5		
15	1	5		
16	2	6		
17	2	6		
18	2	6		
19	2	7		
20	2	7		
21	2	7		
22	2	8		
23	2	8		
24	2	8		
25	2	9		

	グループ	被験者	時間	測定値
1	グループA	A1	運動前	44
2	グループA	A1	運動90分後	120
3	グループA	A1	運動180分後	153
4	グループA	A2	運動前	61
5	グループA	A2	運動90分後	119
6	グループA	A2	運動180分後	148
7	グループA	A3	運動前	67
8	グループA	A3	運動90分後	157
9	グループA	A3	運動180分後	167
10	グループA	A4	運動前	60
11	グループA	A4	運動90分後	153
12	グループA	A4	運動180分後	175
13	グループA	A5	運動前	61
14	グループA	A5	運動90分後	139
15	グループA	A5	運動180分後	162
16	グループB	B1	運動前	51
17	グループB	B1	運動90分後	100
18	グループB	B1	運動180分後	110
19	グループB	B2	運動前	62
20	グループB	B2	運動90分後	109
21	グループB	B2	運動180分後	117
22	グループB	B3	運動前	56
23	グループB	B3	運動90分後	134
	グループB	B3	運動180分後	139
	グループB	B4	運動前	57
	グループB	B4	運動90分後	140
	グループB	B4	運動180分後	161
	グループB	B5	運動前	59
	グループB	B5	運動90分後	126
	グループB	B5	運動180分後	137

	名前	尺度
1	グループ	名義
2	被験者	名義
3	時間	順序
4	測定値	スケール
5		

15.2 混合モデル ⇨ 線型を選択した場合の手順

【統計処理の手順】

手順 1 分析(A) のメニューから 混合モデル(X) を選択し，続いて

サブメニューの 線型(L) をクリックします.

手順 2 次の画面になったら，グループと被験者を，被験者(S) の中へ移動.

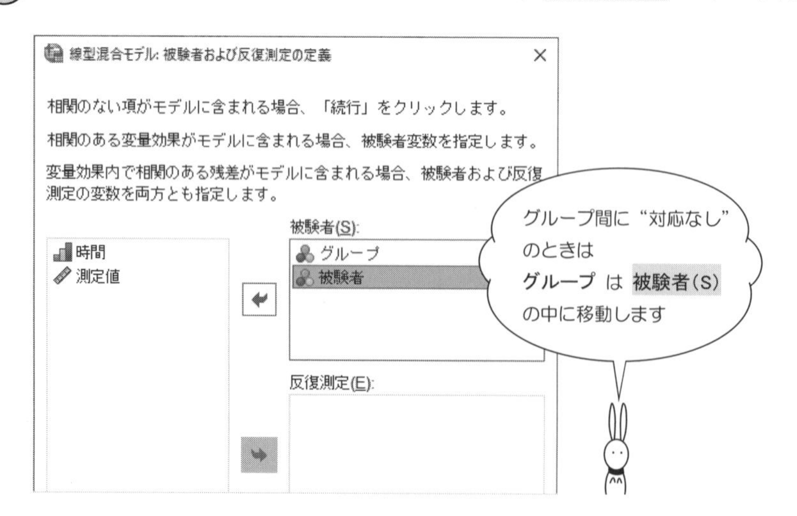

手順 3 続いて，時間をクリックして，反復測定(E) の中へ移動します．

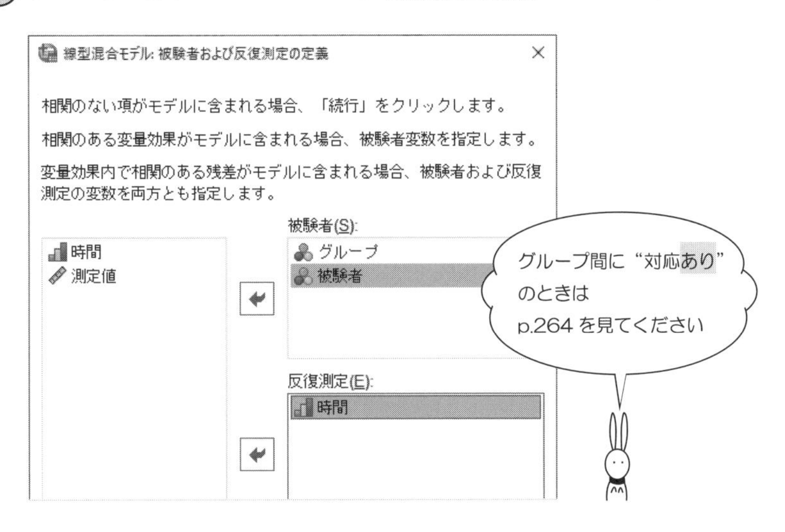

手順 4 反復測定共分散(V) のところをクリックすると，次のようなメニューが用意されているので，複合シンメトリを選択します．

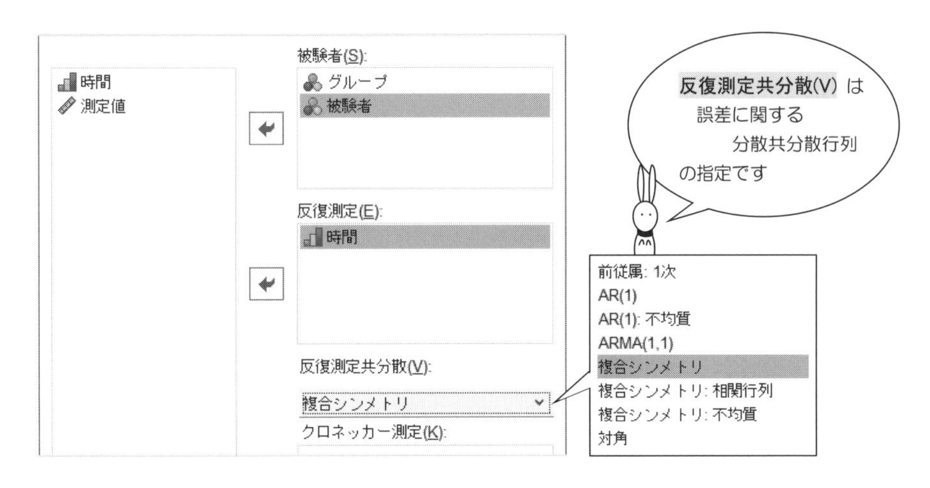

手順 5 そして，続行(C)．

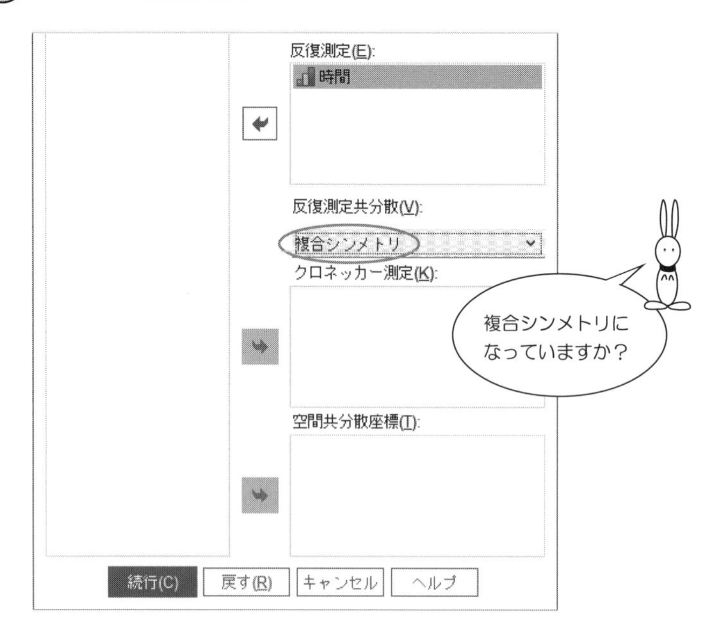

手順 6 次の線型混合モデルの画面に変わったら，

測定値を 従属変数(D) の中へ移動します．

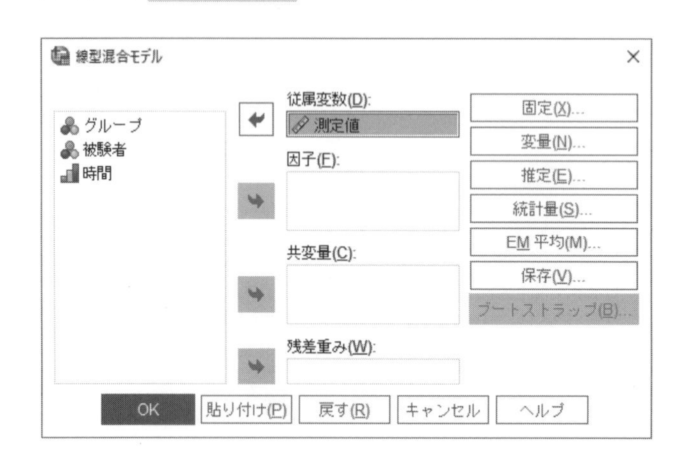

手順 7 続いて，グループと時間を 因子(F) の中へ移動し

画面右の 固定(X) をクリック．

手順 8 次の固定効果の画面になったら，Ctrlキーを押したまま

グループと時間をクリックして， 追加(A) をクリック．

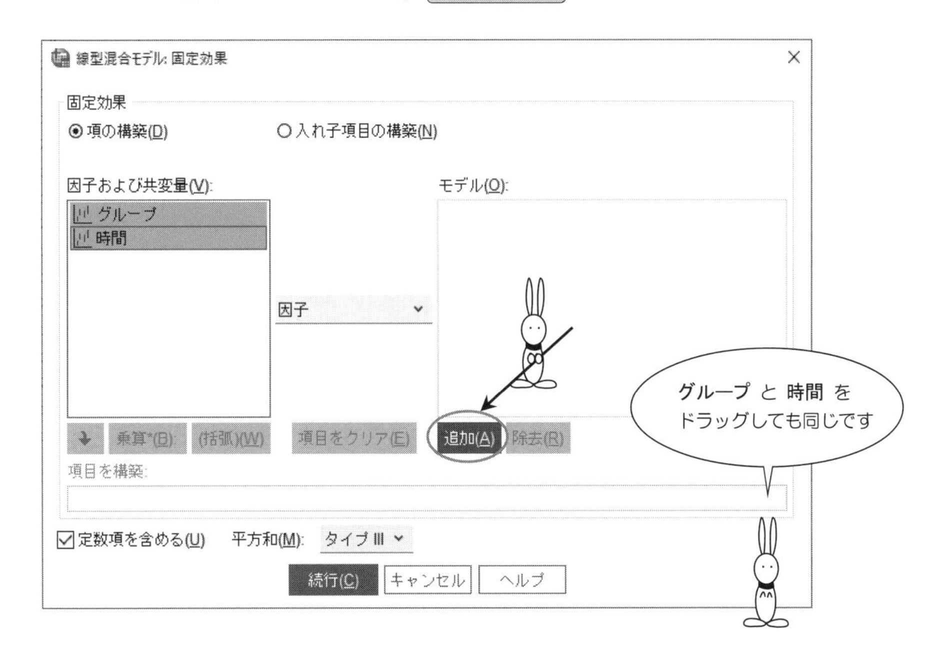

手順 9 すると，モデル(O) の中が次のようになります．
そして，続行(C)．

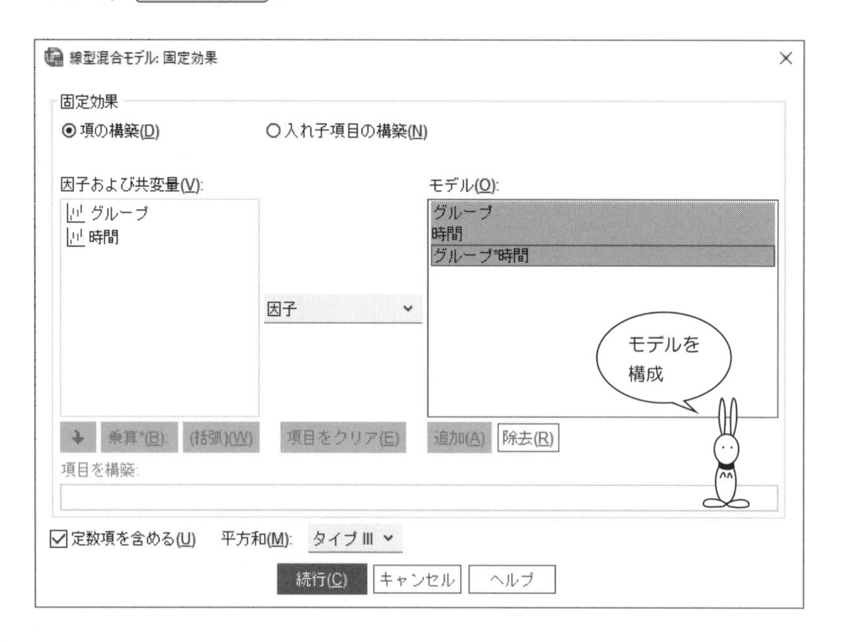

手順 10 次の画面にもどったら，統計量(S) をクリック．

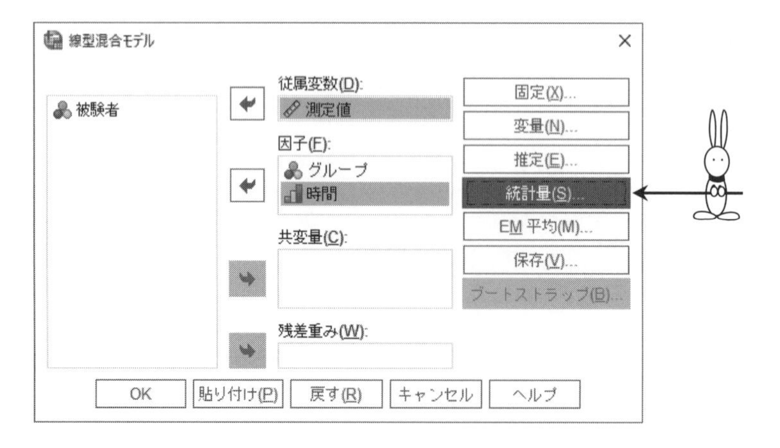

手順 11 次の統計量の画面になったら，２ヶ所にチェックをして，

続行(C) .

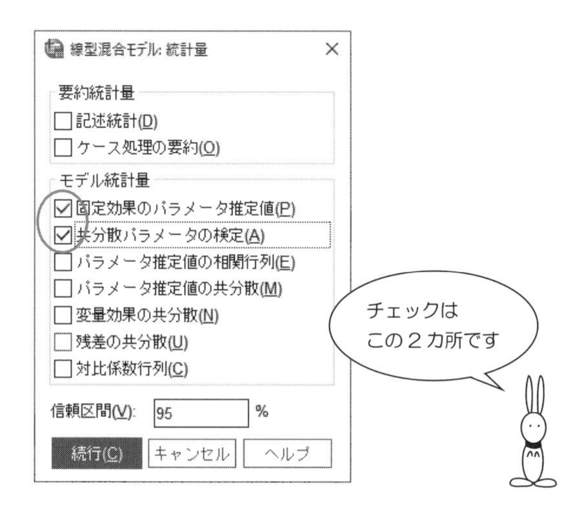

手順 12 次の画面にもどったら， EM平均(M) をクリック．

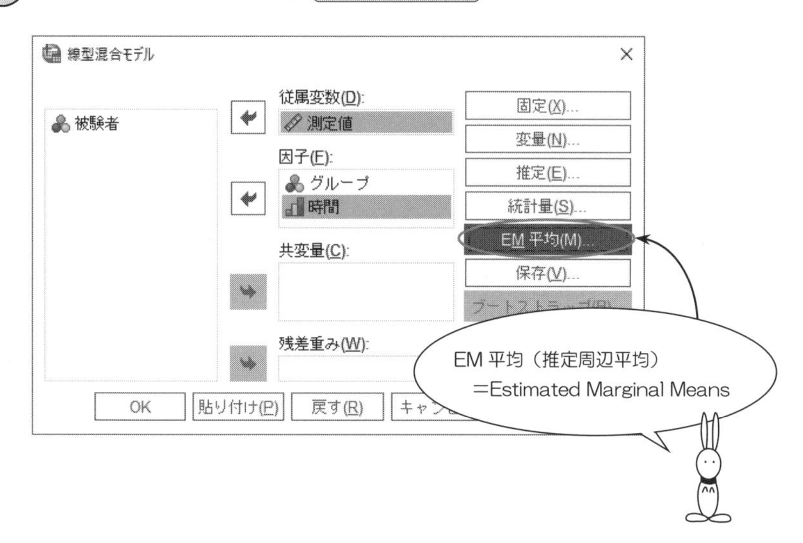

手順 13 次の EM 平均の画面になったら，グループと時間をそれぞれ

平均値の表示(M) の中へ移動．

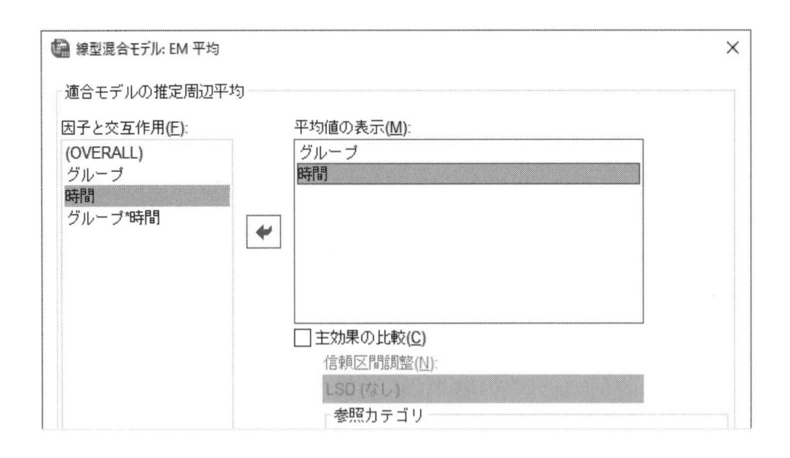

手順 14 続いて，□ 主効果の比較(C) をチェック．

さらに，信頼区画調整(N) のところで，Bonferroni を！

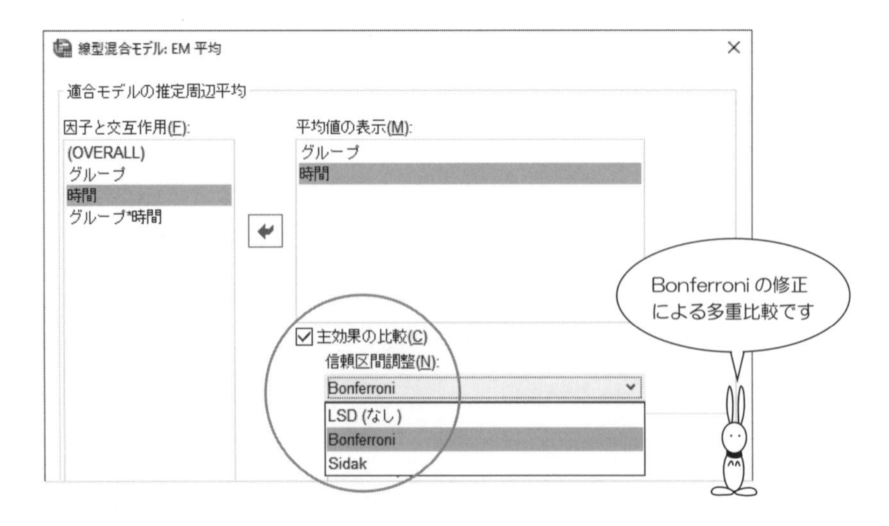

手順15 このとき，グループの参照カテゴリは

⦿なし(すべてのペアごと)(O)を選択！

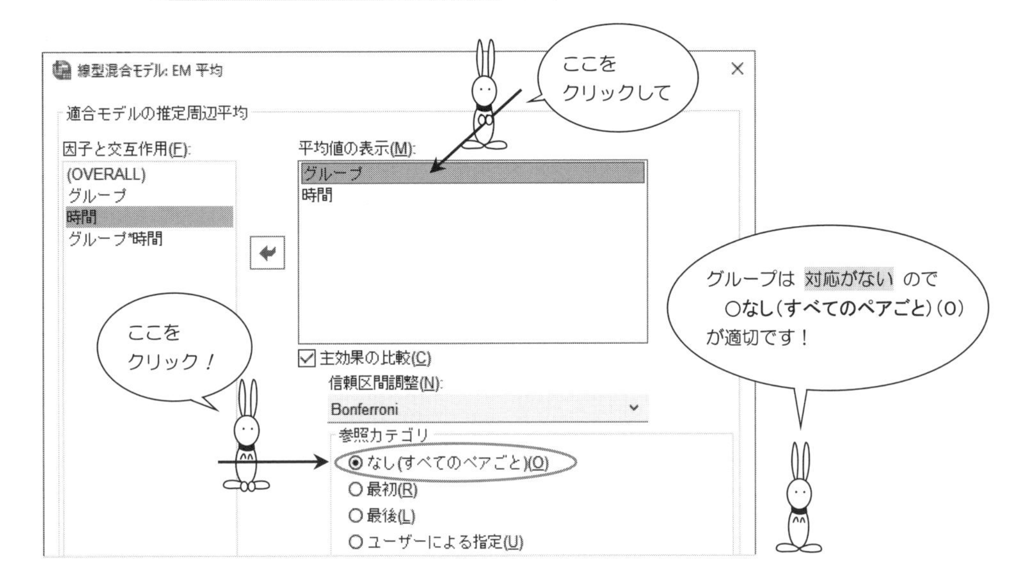

手順16 次に，時間の参照カテゴリは

⦿最初(R)

を選択します．そして，続行(C)．あとは，OK をカチッ!!

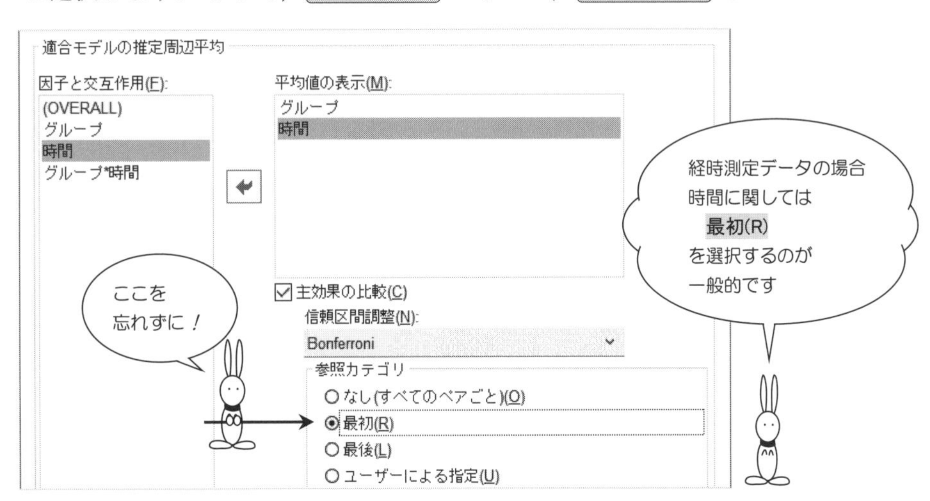

【SPSSによる出力・その1】——混合モデルによる2元配置の分散分析——

混合モデル分析

モデル次元[a]

		レベル数	共分散構造	パラメータ数	被験者変数	被験者数
固定効果	切片	1		1		
	グループ	2		1		
	時間	3		2		
	グループ * 時間	6		2		
反復効果	時間	3	複合シンメトリ	2	グループ * 被験者	10
合計		15		8		

a. 従属変数: 測定値。

← ①

情報量基準[a]

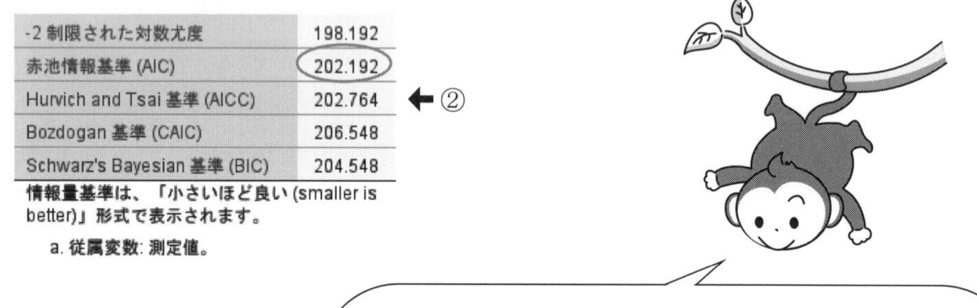

-2 制限された対数尤度	198.192
赤池情報基準 (AIC)	202.192
Hurvich and Tsai 基準 (AICC)	202.764
Bozdogan 基準 (CAIC)	206.548
Schwarz's Bayesian 基準 (BIC)	204.548

情報量基準は、「小さいほど良い (smaller is better)」形式で表示されます。

a. 従属変数: 測定値。

← ②

グループ間に対応があるときは
p.256 手順②，p.257 手順③
のところで，次のようにグループを移動します

グループ
時間
測定値
被験者(S):
被験者
反復測定(E):
グループ
時間

【出力結果の読み取り方・その1】

⬅① モデルの構成に関する出力

- 固定効果のモデルに

  グループ
  時間
  グループ＊時間

  を取り込んでいます．

- 反復効果は

  時間

  になっています．

- 反復測定の共分散構造は

  複合シンメトリ

  です．

- 被験者の数は

  10

  です．

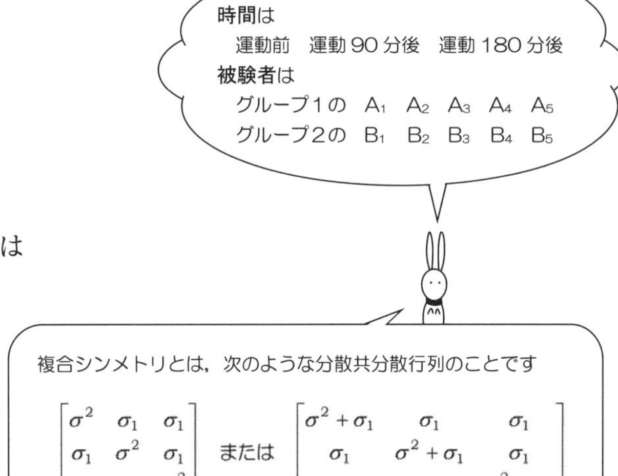

⬅② モデルの当てはまりに関する情報量基準

赤池情報量基準 AIC は AIC＝202.192 となっています．

この情報量基準は，単独で使われることはありません．

データにいくつかのモデルを当てはめ，その情報量基準の最も小さいモデルが最適モデルとなります．

【SPSS による出力・その 2】——混合モデルによる 2 元配置の分散分析——

固定効果

固定効果のタイプ III 検定[a]

ソース	分子の自由度	分母の自由度	F 値	有意	
切片	1	8.000	871.577	.000	
グループ	1	8.000	4.052	.079	← ④
時間	2	16.000	248.803	.000	← ⑤
グループ * 時間	2	16.000	4.933	.021	← ③

a. 従属変数: 測定値。

固定効果の推定[a]

パラメータ	推定値	標準誤差	自由度	t 値	有意	95% 信頼区間	
						下限	上限
切片	132.800000	6.362651	14.822	20.872	.000	119.224167	146.375833
[グループ=1]	28.200000	8.998148	14.822	3.134	.007	9.000872	47.399128
[グループ=2]	0[b]	0	.	.	.	.	.
[時間=1]	-75.800000	5.993052	16.000	-12.648	.000	-88.504702	-63.095298
[時間=2]	-11.000000	5.993052	16.000	-1.835	.085	-23.704702	1.704702
[時間=3]	0[b]	0	.	.	.	.	.
[グループ=1] * [時間=1]	-26.600000	8.475455	16.000	-3.138	.006	-44.567161	-8.632839
[グループ=1] * [時間=2]	-12.400000	8.475455	16.000	-1.463	.163	-30.367161	5.567161
[グループ=1] * [時間=3]	0[b]	0	.	.	.	.	.
[グループ=2] * [時間=1]	0[b]	0	.	.	.	.	.
[グループ=2] * [時間=2]	0[b]	0	.	.	.	.	.
[グループ=2] * [時間=3]	0[b]	0	.	.	.	.	.

a. 従属変数: 測定値。

b. このパラメータは冗長であるため 0 に設定されています。

交互作用があるときの水準間の差の検定は
各グループごとに分析することになります
14 章を参照してください

【出力結果の読み取り方・その2】

⬅③　交互作用の検定

仮説 H_0：グループと時間の間に交互作用は存在しない．

有意確率 0.021 ≦有意水準 0.05 なので，仮説 H_0 は棄却されます．

したがって，

“グループと時間の間に交互作用が存在する”

と考えられます．

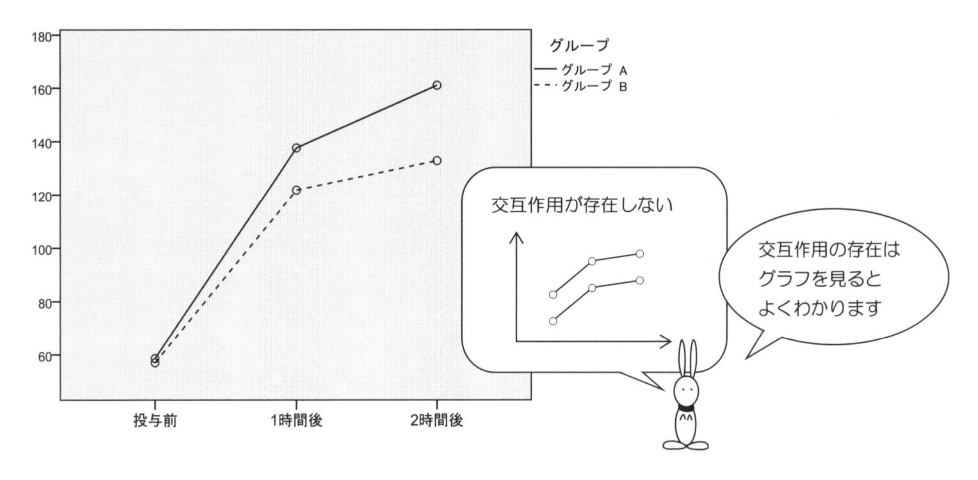

このように，交互作用が存在するということは

“2つのグループにおいて，心拍数の変化のパターンが異なる”

ことを示しています．

⬅④，⑤　グループの間の差の検定，時間の間の差の検定

交互作用が存在するときは，変化のパターンがグループごとで異なるので

これらの差の検定にはあまり意味がありません．

【SPSS による出力・その 3】——混合モデルによる 2 元配置の分散分析——

共分散パラメータ

共分散パラメータの推定[a]

パラメータ		推定値	標準誤差	Wald の Z	有意	95% 信頼区間 下限	95% 信頼区間 上限
反復測定	CS 対角オフセット	89.791667	31.746148	2.828	.005	44.904601	179.548270
	CS 共分散	112.625000	72.059013	1.563	.118	-28.608071	253.858071

a. 従属変数: 測定値。

推定周辺平均

固定効果の推定は
p.266 にあります

1. グループ

推定値[a]

グループ	平均	標準誤差	自由度	95% 信頼区間 下限	95% 信頼区間 上限
グループA	119.067	5.340	8.000	106.754	131.380
グループB	103.867	5.340	8.000	91.554	116.180

← ⑥

a. 従属変数: 測定値。

ペアごとの対比較[a]

(I) グループ	(J) グループ	平均値の差 (I-J)	標準誤差	自由度	有意[b]	95% 平均差信頼区間[b] 下限	95% 平均差信頼区間[b] 上限
グループA	グループB	15.200	7.551	8.000	.079	-2.213	32.613
グループB	グループA	-15.200	7.551	8.000	.079	-32.613	2.213

← ⑦

推定周辺平均に基づく

a. 従属変数: 測定値。

b. 多重比較の調整: Bonferroni。

1 変量検定[a]

分子の自由度	分母の自由度	F 値	有意
1	8.000	4.052	.079

F は グループ の効果の検定を行います。この検定は、推定周辺平均中の一時独立対比較検定に基づいています。

a. 従属変数: 測定値。

【出力結果の読み取り方・その 3】

⬅⑥　2 つのグループにおける測定値の平均推定値と区間推定

- グループ A における測定値の平均推定値

$$119.067 = \frac{44+120+153+61+\cdots+61+139+162}{15}$$

- グループ A における測定値の平均の区間推定

下限　　　　　　　　　　　　　　上限

106.754　≦　測定値の平均　≦　131.380

⬅⑦　2 つのグループにおける Bonferroni の修正による多重比較

＊印のある組み合わせに，有意差があります．

でも，……

【SPSSによる出力・その4】——混合モデルによる2元配置の分散分析——

2. 時間

推定値[a]

時間	平均	標準誤差	自由度	95% 信頼区間 下限	95% 信頼区間 上限
運動前	57.800	4.499	14.822	48.200	67.400
運動90分後	129.700	4.499	14.822	120.100	139.300
運動180分後	146.900	4.499	14.822	137.300	156.500

a. 従属変数: 測定値。

← ⑧

ペアごとの対比較[a]

(I) 時間	(J) 時間	平均値の差 (I-J)	標準誤差	自由度	有意[c]	95% 平均差信頼区間[c] 下限	95% 平均差信頼区間[c] 上限
運動90分後	運動前	71.900*	4.238	16.000	.000	61.421	82.379
運動180分後	運動前	89.100*	4.238	16.000	.000	78.621	99.579

推定周辺平均に基づく

*. 平均値の差は .05 水準で有意です。

a. 従属変数: 測定値。

c. 多重比較の調整: Bonferroni。

← ⑨

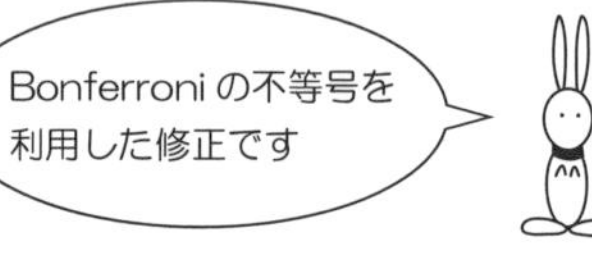

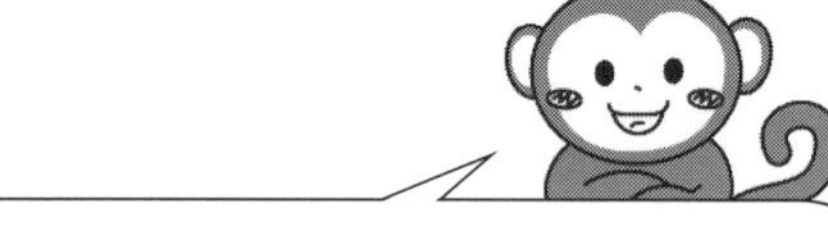

ペアごとの対比較[a]

(I) 時間	(J) 時間	平均値の差 (I-J)	標準誤差	自由度	有意c	95%平均差信頼区間[c] 下限	95%平均差信頼区間[c] 上限
運動 90 分後	運動前	79.000*	5.034	8.000	.000	65.149	92.851
運動 180 分後	運動前	102.400*	5.034	8.000	.000	88.549	116.251

← グループA

ペアごとの対比較[a]

(I) 時間	(J) 時間	平均値の差 (I-J)	標準誤差	自由度	有意c	95%平均差信頼区間[c] 下限	95%平均差信頼区間[c] 上限
運動 90 分後	運動前	64.800*	6.819	8.000	.000	46.038	83.562
運動 180 分後	運動前	75.800*	6.819	8.000	.000	57.038	94.562

← グループB

【出力結果の読み取り方・その 4】

←⑧　３つの時間における測定値の平均推定値と区間推定

- 投与前における測定値の平均推定値

$$57.800 = \frac{44+61+67+\cdots+56+57+59}{10}$$

- 投与前における測定値の平均の区間推定

下限　　　　　　　　　　　　上限

48.200　≦　測定値の平均　≦　67.400

←⑨　３つの時間における Bonferroni の修正による多重比較

＊印のある組み合わせに，有意差があります．

＊ ……{ 運動前 と　運動 90 分後 }

＊ ……{ 運動前 と　運動 180 分後 }

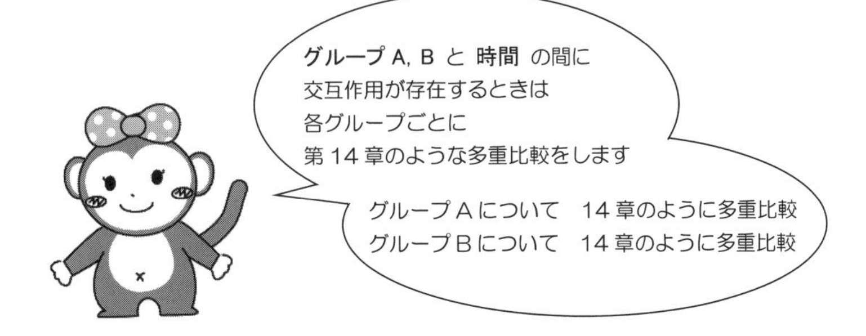

第16章 欠損値のある経時測定データを混合モデルで分析すると…

16.1 はじめに

次の表 16.1.1 には，６か所に欠損値があります．

表 16.1.1　欠損値のある経時測定データ

グループ A

被験者	投与前	1時間後	2時間後	3時間後	
A_1	4.24	4.71	—	3.58	⬅欠損値
A_2	3.78	4.15	4.41	5.45	
A_3	5.10	4.83	4.20	3.92	
A_4	2.72	3.72	2.80	2.50	
A_5	3.44	4.29	4.19	2.97	
A_6	4.31	4.37	3.30	2.83	

グループ B

被験者	投与前	1時間後	2時間後	3時間後	
B_1	5.68	—	4.29	4.13	⬅欠損値
B_2	7.64	—	11.80	5.45	⬅欠損値
B_3	4.54	6.42	7.62	8.06	
B_4	7.80	8.07	5.58	5.57	
B_5	2.82	4.59	4.12	3.16	
B_6	5.51	5.09	5.92	3.56	

グループ C

被験者	投与前	1時間後	2時間後	3時間後	
C_1	4.39	4.93	4.22	—	⬅欠損値
C_2	5.16	5.95	6.51	—	⬅欠損値
C_3	3.94	5.09	6.18	—	⬅欠損値
C_4	4.92	5.83	4.91	4.40	
C_5	2.30	3.01	2.69	1.73	
C_6	3.50	3.68	5.02	3.07	

このデータを，次の２通りの方法で分析してみましょう．

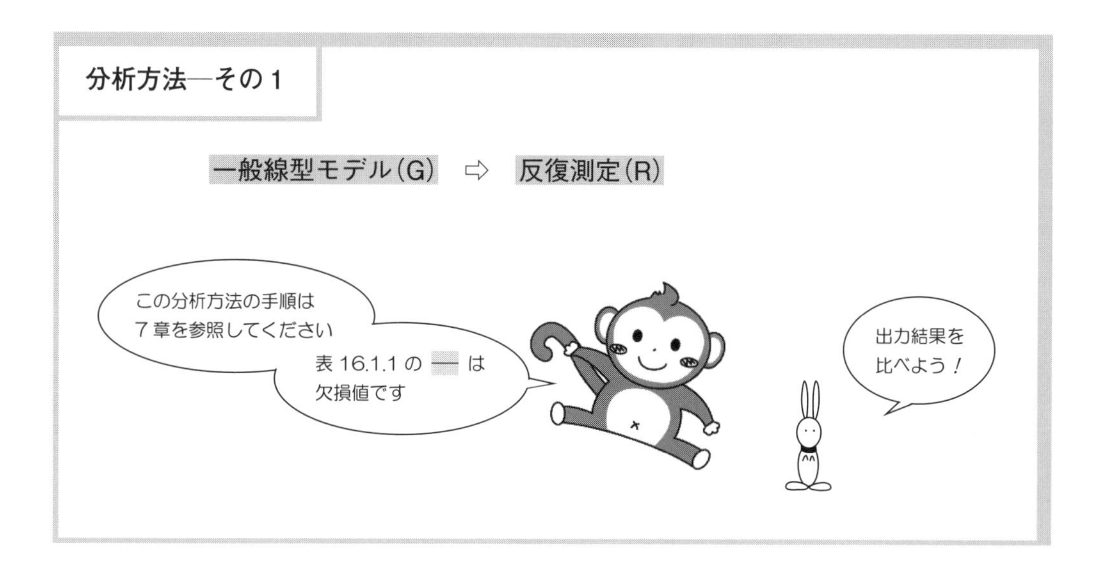

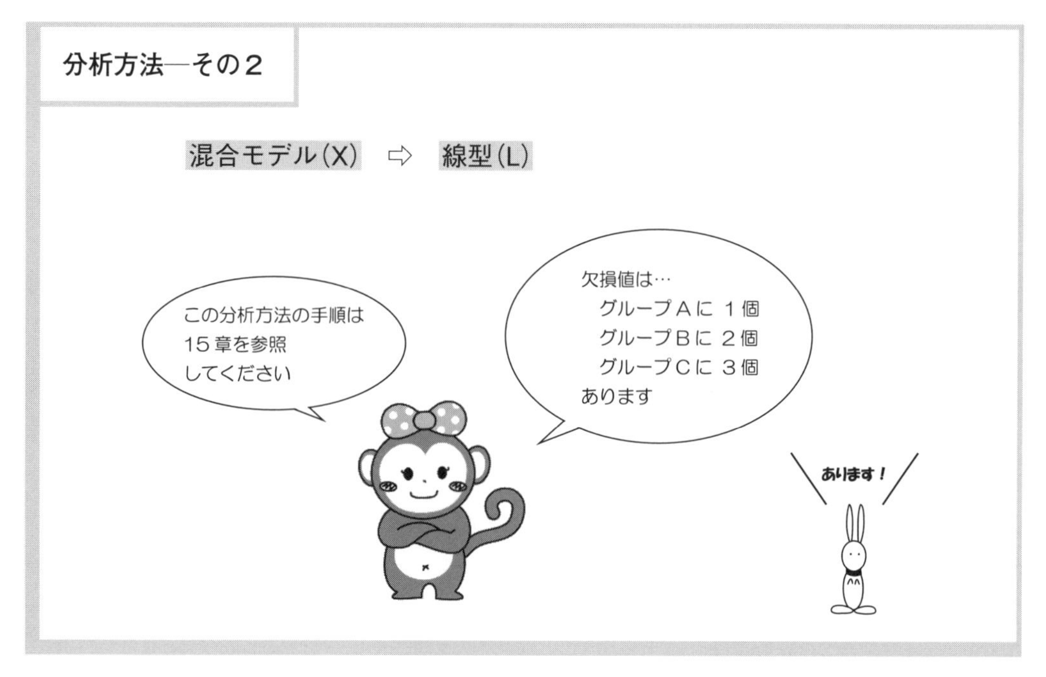

【反復測定におけるデータ入力の型】――一般線型モデル ⇨ 反復測定

表 16.1.1 のデータは，次のように入力します．

	グループ	被験者	投与前	1時間後	2時間後	3時間後	var
1	1	1	4.24	4.71	.	3.58	
2	1	2	3.78	4.15	4.41	5.45	
3	1	3	5.10	4.83	4.20	3.92	
4	1	4	2.72	3.72	2.80	2.50	
5	1	5	3.44	4.29	4.19	2.97	
6	1	6	4.31	4.37	3.30	2.83	
7	2	7	5.68	.	4.29	4.13	
8	2	8	7.64	.	11.80	5.45	
9	2	9	4.54	6.42	7.62	8.06	
10	2	10	7.80	8.07	5.58	5.57	
11	2	11	2.82	4.59	4.12	3.16	
12	2	12	5.51	5.09	5.92	3.56	
13	3	13	4.39	4.93	4.22	.	
14	3	14	5.16	5.95	6.51	.	
15	3	15	3.94	5.09	6.18	.	
16	3	16	4.92	5.83	4.91	4.40	
17	3	17	2.30	3.01	2.69	1.73	
18	[illegible]	18	3.50	3.68	5.02	3.07	
19							

こっちのデータは
反復測定用

空白のセルは
欠損値です

データの入力の型を
よ～く見比べて
ください！

分析の手順は

一般線型モデル

反復測定

【混合モデルにおけるデータ入力の型】——混合モデル ⇨ 線型

表 16.1.1 のデータは，次のように入力します．

	グループ	被験者	時間	測定値	var
1	1	1	1	4.24	
2	1	1	2	4.71	
3	1	1	3	.	
4	1	1	4	3.58	
5	1	2	1	3.78	
6	1	2	2	4.15	
7		2		4.41	
	1		2		
19	1	5	3	4.19	
20	1	5	4	2.97	
21	1	6	1	4.31	
22	1	6	2	4.37	
23	1	6	3	3.30	
24	1	6	4	2.83	
25	2	7	1	5.68	
26		7		.	
	3		1		
50	3	[illegible]	2	[illegible]	
51	3	13	3	4.22	
52	3	13	4	.	
53	3	14	1	5.16	
54	3	14	2	5.95	
55	3	14	3	6.51	
56	3	14	4	.	
57	3	15	1	3.94	
58	3	15	2	5.09	
59	3	15	3	6.18	
60	3	15	4	.	
61	[illegible]	16	[illegible]	4.92	
		16		[illegible]	
	3		4		
69	3	[illegible]	1	[illegible]	
70	3	18	2	3.68	
71	3	18	3	5.02	
72	3	18	4	3.07	
73					

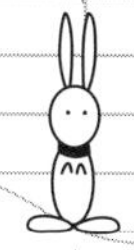

16.2 反復測定と混合モデルによる分散分析の比較

【一般線型モデル(G) ⇨ 反復測定(R)による出力・その 1】

一般線型モデル

被験者内因子

測定変数名: MEASU

時間	従属変数
1	投与前
2	1時間後
3	2時間後
4	3時間後

被験者間因子

		値ラベル	度数
グループ	1	グループA	5
	2	グループB	4
	3	グループC	3

⬅ 反復測定 ①

⬆反復測定 ①

グループ A の被験者数 = 5 = 6 − 1
グループ B の被験者数 = 4 = 6 − 2
グループ C の被験者数 = 3 = 6 − 3

したがって，反復測定による分散分析では
欠損値の数だけ，被験者の数が減っています.

【混合モデル(X) ⇨ 線型(L) による出力・その1】

混合モデル分析

これは
混合モデルの
分析結果です

モデル次元[a]

		レベル数	共分散構造	パラメータ数	被験者変数	被験者数
固定効果	切片	1		1		
	グループ	3		2		
	時間	4		3		
	グループ * 時間	12		6		
反復効果	時間	4	複合シンメトリ	2	グループ * 被験者	18
合計		24		14		

a. 従属変数: 測定値。

← 混合モデル ①

↑混合モデル ①

$$\left\{\begin{array}{l}\text{グループ A の被験者数} = 6 = 6 - 0 \\ \text{グループ B の被験者数} = 6 = 6 - 0 \\ \text{グループ C の被験者数} = 6 = 6 - 0\end{array}\right.$$

欠損値のある被験者が 6 人いますが

混合モデルでは，被験者の数が減っていません．

【一般線型モデル(G) ⇨ 反復測定(R)による出力・その2】

被験者内効果の検定

測定変数名: MEASURE_1

ソース		タイプ III 平方和	自由度	平均平方	F 値	有意確率
時間	球面性の仮定	5.918	3	1.973	2.438	.086
	Greenhouse-Geisser	5.918	1.681	3.521	2.438	.127
	Huynh-Feldt	5.918	2.483	2.384	2.438	.100
時間 * グループ	球面性の仮定	1.181	6	.197	.243	.958
	Greenhouse-Geisser	1.181	3.362	.351	.243	.884
	Huynh-Feldt	1.181	4.965	.238	.243	.938

← 反復測定 ②

被験者間効果の検定

ソース	タイプ III 平方和	自由度	平均平方	F 値	有意確率
切片	882.455	1	882.455	172.676	.000
グループ	31.052	2	15.526	3.038	.098
誤差	45.994	9	5.110		

← 反復測定 ③

⬆反復測定 ② 交互作用の検定

仮説 H_0：グループと時間の間に交互作用は存在しない．

有意確率 0.958 ＞有意水準 0.05 なので，仮説 H_0 は棄却されません．

したがって

“グループと時間の間に交互作用は存在しない”

と考えられます．

⬆反復測定 ③ グループ間の差の検定

仮説 H_0：グループ間に差はない．

有意確率 0.098 ＞有意水準 0.05 なので，仮説 H_0 は棄却されません．

したがって，グループ間に差があるとはいえません．

【混合モデル(X) ⇨ 線型(L)による出力・その2】

固定効果

固定効果のタイプ III 検定[a]

ソース	分子の自由度	分母の自由度	F 値	有意
切片	1	15.078	262.560	.000
グループ	2	15.070	4.364	.032
時間	3	39.495	3.864	.016
グループ * 時間	6	39.405	.494	.809

a. 従属変数: 測定値。

← 混合モデル ③（グループ .032）

← 混合モデル ②（グループ * 時間 .809）

こちらは混合モデル

⬆混合モデル ②　交互作用の検定

仮説 H_0：グループと時間の間に交互作用は存在しない．

有意確率 0.809 ＞有意水準 0.05 なので，仮説 H_0 は棄却されません．

したがって

“グループと時間の間に交互作用は存在しない”

と考えられます．

⬆混合モデル ③　グループ間の差の検定

仮説 H_0：グループ間に差はない．

有意確率 0.032 ≦有意水準 0.05 なので，仮説 H_0 は棄却されます．

したがって，グループ間に差があります．

【一般線型モデル(G) ⇨ 反復測定(R)による出力・その3】

推定周辺平均

グループ

これは
反復測定

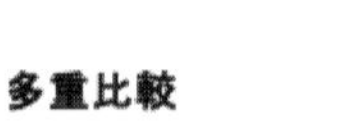

多重比較

測定変数名: MEASURE_1

Bonferroni

(I) グループ	(J) グループ	平均値の差 (I-J)	標準誤差	有意確率	95% 信頼区間 下限	95% 信頼区間 上限
グループA	グループB	-1.6629	.75824	.168	-3.8870	.5613
	グループC	.1090	.82547	1.000	-2.3124	2.5304
グループB	グループA	1.6629	.75824	.168	-.5613	3.8870
	グループC	1.7719	.86329	.211	-.7604	4.3042
グループC	グループA	-.1090	.82547	1.000	-2.5304	2.3124
	グループB	-1.7719	.86329	.211	-4.3042	.7604

観測平均値に基づいています。
誤差項は平均平方 (誤差) = 1.278 です。

← 反復測定 ④

↑反復測定 ④ Bonferroni の修正による多重比較

有意差がありません.

【混合モデル(X) ⇨ 線型(L)による出力・その3】

推定周辺平均

1. グループ

推定値[a]

グループ	平均	標準誤差	自由度	95% 信頼区間 下限	95% 信頼区間 上限
グループA	3.909	.498	14.525	2.845	4.972
グループB	5.887	.502	14.977	4.818	6.956
グループC	4.307	.508	15.738	3.228	5.386

a. 従属変数: 測定値。

ペアごとの対比較[a]

(I) グループ	(J) グループ	平均値の差 (I-J)	標準誤差	自由度	有意[c]	95% 平均差信頼区間[c] 下限	95% 平均差信頼区間[c] 上限
グループA	グループB	-1.978*	.707	14.751	.041	-3.885	-.071
	グループC	-.398	.711	15.128	1.000	-2.312	1.516
グループB	グループA	1.978*	.707	14.751	.041	.071	3.885
	グループC	1.580	.714	15.356	.127	-.338	3.498
グループC	グループA	.398	.711	15.128	1.000	-1.516	2.312
	グループB	-1.580	.714	15.356	.127	-3.498	.338

推定周辺平均に基づく

*. 平均値の差は .05 水準で有意です。

a. 従属変数: 測定値。

c. 多重比較の調整: Bonferroni。

⬅ 混合モデル ④

⬆混合モデル ④ Bonferroni の修正による多重比較

＊に，有意差があります．

＊ ……{ グループA と グループB }

参　考　文　献

［1］『The Oxford Dictionary of Statistical Terms』Oxford University Press, 2006

［2］『実験データの解析＜応用統計数学シリーズ＞』（広津千尋著，共立出版，1992）

［3］『入門実験計画法』（永田靖著，日科技連，2000）

［4］『統計学辞典』（竹内啓編集，東洋経済新報社，1989）

［5］『医学統計のための線型混合モデル―SAS によるアプローチ―』
（G.Verbeke, G.Molenberghs 編，松山裕，山口拓洋編訳，サイエンティスト社，2001）

◎以下 東京図書刊

［6］『よくわかる線型代数』（有馬哲，石村貞夫著，1986）

［7］『改訂版 すぐわかる多変量解析』（石村貞夫著，2020）

［8］『改訂版 すぐわかる統計解析』（石村貞夫著，2019）

［9］『すぐわかる統計用語の基礎知識』（石村貞夫，D．アレン，劉晨著，2016）

［10］『すぐわかる統計処理の選び方』（石村貞夫，石村光資郎著，2010）

［11］『入門はじめての統計解析』（石村貞夫著，2006）

［12］『入門はじめての多変量解析』（石村貞夫，石村光資郎著，2007）

［13］『入門はじめての分散分析と多重比較』（石村貞夫，石村光資郎著，2008）

［14］『入門はじめての統計的推定と最尤法』（石村貞夫，劉晨，石村光資郎著，2010）

［15］『入門はじめての時系列分析』（石村貞夫，石村友二郎著，2012）

［16］『SPSS による多変量データ解析の手順（第5版）』（石村貞夫他著，2016）

［17］『SPSS による医学・歯学・薬学のための統計解析（第4版）』（石村貞夫他著，2016）

［18］『SPSS による統計処理の手順（第9版）』（石村貞夫他著，2021）

索　引

英　字

ア　行

カ　行

サ 行

タ 行

ナ 行

ハ 行

マ　行

ヤ　行

ラ　行

著者紹介

石村光資郎（いしむらこうしろう）　2002年　慶應義塾大学理工学部数理科学科卒業
2008年　慶應義塾大学大学院理工学研究科基礎理工学専攻修了
現　在　東洋大学総合情報学部専任講師　博士（理学）

監修

石村貞夫（いしむらさだお）　1977年　早稲田大学大学院理工学研究科数学専攻修了
現　在　石村統計コンサルタント代表
理学博士
統計アナリスト

SPSSによる分散分析・混合モデル・多重比較の手順

2021年5月25日　第1版第1刷発行　　Printed in Japan

著　者　石村光資郎
監　修　石村貞夫
発行所　東京図書株式会社

〒102-0072 東京都千代田区飯田橋 3-11-19
振替 00140-4-13803　電話 03(3288)9461
http://www.tokyo-tosho.co.jp/

ISBN 978-4-489-02360-6